U0182935

中外学者
论AI

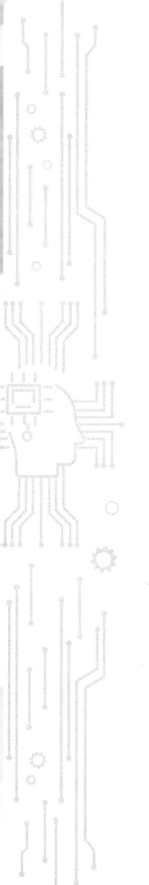

人工智能
实战进阶导引

人脸识别原理与实战

王文峰 安 鹏 王海洋 主 编

李小强 栾 博 张晶晶 副主编

清华大学出版社

北京

内 容 简 介

本书选择以遮挡人脸识别这一难题为例，探索人工智能技术实战进阶之路。采用 MATLAB、Python 等大众化的编程语言，依次探索遮挡人脸识别中的图像智能采集、图像智能去噪、图像非局部均值滤波、图像智能分割、图像区域生长、图像智能变换、图像边缘智能检测、图像智能融合、遮挡人脸深度学习、遮挡人脸智能识别等技术。本书以遮挡人脸识别问题为主线，对机器视觉算法的数学表达、模型推导和技术实现流程进行系统的介绍和讨论。

本书内容通俗易懂，适合对人工智能实战应用感兴趣但缺少专业指导的读者。无论是对遮挡人脸识别技术感兴趣的大学生，还是希望向人工智能领域转型的技术人员，都可以通过本书的指引，轻松实现人工智能实战进阶，体验成长与进步的喜悦。

图书在版编目（CIP）数据

人工智能实战进阶导引：人脸识别原理与实战/王文峰，安鹏，王海洋主编.—北京：清华大学出版社，2022.6

（中外学者论 AI）

ISBN 978-7-302-60329-0

Ⅰ.①人… Ⅱ.①王… ②安… ③王… Ⅲ.①人脸识别 Ⅳ.①TP391.41

中国版本图书馆 CIP 数据核字(2022)第 048172 号

责任编辑：王　芳
封面设计：刘　键
责任校对：韩天竹
责任印制：杨　艳

出版发行：清华大学出版社
　　　网　　　址：http://www.tup.com.cn，http://www.wqbook.com
　　　地　　　址：北京清华大学学研大厦 A 座　　邮　　编：100084
　　　社 总 机：010-83470000　　　　　　　　邮　　购：010-62786544
　　　投稿与读者服务：010-62776969，c-service@tup.tsinghua.edu.cn
　　　质量反馈：010-62772015，zhiliang@tup.tsinghua.edu.cn
　　　课件下载：http://www.tup.com.cn，010-83470236
印 装 者：北京嘉实印刷有限公司
经　销：全国新华书店
开　本：186mm×240mm　　印　张：16.5　　　　字　数：353 千字
版　次：2022 年 6 月第 1 版　　　　　　　　印　次：2022 年 6 月第 1 次印刷
印　数：1～2000
定　价：79.00 元

产品编号：087679-01

前 言
PREFACE

一般来说，人工智能的起源可以追溯到艾伦·麦席森·图灵（Alan M. Turing）在 1948 年撰写但未发表的论文 *Intelligent Machinery* 及在 1950 年发表的论文 *Computing Machinery and Intelligence*。2017 年，《福布斯》杂志整理了人工智能编年体简史，认为人工智能的起源至少可以追溯到 700 多年前。早在 1308 年，西班牙加泰罗尼亚诗人、神学家拉蒙·鲁尔（Ramon Lull）就提出了使用"逻辑机"从概念组合中创造新知识的方法，被认为是关于人工智能的最早畅想。400 多年后，托马斯·贝叶斯（Thomas Bayes）建立了用于推理事件概率的框架，该框架被广泛应用至今。之后科学家采用无线电、机械和自动控制等手段进行了一些有关智能机器的尝试。1948 年，神经学家威廉·格雷·沃尔特（William Grey Walter）制造了第一个机器人。1956 年，麦卡锡、明斯基等科学家在达特茅斯学院探讨了一个史无前例的问题，即"如何用机器模拟人的智能"，人工智能学科才正式诞生。在过去的 60 多年，人工智能先后经历了"狂热""寒冬"和"复兴"，最终进入平稳发展阶段，无时无刻不在改变着世界，已经成为真正的"世纪机遇"。

伴随着人工智能技术的发展，市场上已经出现了一些关于人工智能理论的著作。这些著作对于全面理解智能科学与技术相关理论具有重要意义。但是，对于需要尽快完成技术转型的开发者，更需要一本人工智能实战进阶指南引导类书籍。本书选择以遮挡人脸识别这一当今世界难题为例，探索人工智能技术实战进阶之路。采用 MATLAB、Python 等大众化的编程语言，以层层递进的方式依次探索图像智能采集、图像智能去噪、图像非局部均值滤波、图像智能分割、图像区域生长、图像智能变换、图像边缘智能检测、图像智能融合、遮挡人脸深度学习、遮挡人脸智能识别等技术。

目前，人工智能项目入门阶段常使用 MATLAB 和 Python 两种编程语言。其中，Python 应用正在逐步占据更大比重，但是 MATLAB 丰富强大的工具箱更适合人工智能初学者入门使用。为了帮助初学者快速入门，本书介绍的十项技术中，前八项技术采用 MATLAB 进行演示，后两项技术采用 Python 实现。

"视觉是智能的基石"，因此，本书以遮挡人脸识别问题为主线，对机器视觉算法的数学表达、模型推导和技术实现流程进行较为系统的介绍和讨论。

全书共 10 章，大致分为 3 部分。第 1 部分（第 1～3 章）为人工智能项目入门阶段，以遮挡人脸图像采集、去噪滤波等技术为例，演示了项目数据的采集和预处理技术。第 2 部分（第 4～7 章）为人工智能项目探索阶段，以遮挡人脸图像分割、区域生长、智能变换及边缘提取等技术为例,重现了项目实战前的探索过程。第 3 部分(第 8～10 章)为人工智能项目实战阶段,以遮挡人脸识别技术的最终实现为例,进一步演示了遮挡人脸智能融合、遮挡人脸深度学习、遮挡人脸智能识别等问题的分级探索、尝试及实战细节。各章节涉及的模型、算法与代码均已提供详尽的解释,确保零基础的读者也可以快速进阶。

本书也记录了笔者在上海市高水平产业基地"智能感知与遮挡人脸识别协同创新平台"建设过程中对人脸有无口罩检测、口罩分割提取、遮挡人脸识别等问题的部分思考、尝试与探索。希望能对读者有所启发,并可推广到智能科学与技术涉及的其他应用领域。

本书特色

(1) 引导启发。本书以富有挑战性的遮挡人脸识别问题为例,引导茫然不知从何处入手的初学者探索人工智能实战进阶之路;本书对人工智能的复杂学科思想进行了必要的梳理和凝练,帮助迫切需要向人工智能领域转型的开发人员打开"智能之门"。

(2) 循序渐进。本书集人工智能理论、算法、代码于一体,从最初级的实践探索开始,循序渐进,帮助初学者在较短的时间内全方位、系统地理解人工智能实战的技术原理,并且把这些技术原理应用在遮挡人脸识别中,做到原理与实战的融合与贯通。

(3) 容易上手。本书内容通俗易懂,极易上手,适合对人工智能实战应用感兴趣但缺少专业指导的读者。无论是对遮挡人脸识别技术感兴趣的大学生,还是希望向人工智能领域转型的技术人员,都可以通过本书的指引,轻松完成人工智能实战进阶。

致谢

本书包含了上海市高水平产业基地——"智能感知与遮挡人脸识别协同创新平台"建设项目、中国科学院维稳专项、国家千人计划项目可公开的部分成果。在此对中国科学院及上海应用技术大学领导的大力支持表示感谢! 感谢"智能感知与遮挡人脸识别协同创新平台"负责人钱平教授的指导! 感谢清华大学出版社王芳编辑贡献的时间和智慧! 本书所公开的宽度学习算法与代码已得到算法创始人、欧洲科学院外籍院士陈俊龙教授的许可,在此对陈教授深表谢意!

项目参与人(部分章节的合作作者)韩君驰、贺宇超、周奕君、张超、张桁、黄堃、李修涵、周子耀、刘习闻、韩子君、张思钰等参与代码调试,并授权笔者在书中使用其人脸数据,在此郑重感谢!

感谢家人! 家人的理解和支持,一直是我们前行的勇气和力量!

由于编者水平有限,书中不妥或疏漏之处在所难免,欢迎读者批评指正。

部分代码下载

编 者

2021 年 11 月

目录
CONTENTS

第 1 章　项目入门阶段一 ··· 1

1.1　最初的思考 ··· 1

1.2　研究平台架构 ·· 3

　　1.2.1　系统设计需求 ······························· 3

　　1.2.2　系统设计方案 ······························· 4

1.3　数据采集原理 ·· 5

　　1.3.1　确定取景范围 ······························· 5

　　1.3.2　低通采样原理 ······························· 5

　　1.3.3　数字信号重建 ······························· 6

1.4　开发界面设计 ·· 6

　　1.4.1　基本信息获取 ······························· 6

　　1.4.2　功能面板组成 ······························· 8

　　1.4.3　界面设计过程 ······························· 8

1.5　智能采集系统 ··· 16

　　1.5.1　图形用户界面 ······························ 16

　　1.5.2　技术模块演示 ······························ 17

1.6　小结 ··· 23

参考文献 ··· 24

第 2 章　项目入门阶段二 ······································· 25

2.1　不完美的智能 ··· 25

2.2　噪声处理算法 ··· 25

　　2.2.1　均值滤波去噪 ······························ 26

　　2.2.2　中值滤波去噪 ······························ 27

　　2.2.3　小波软阈值去噪 ·························· 29

　　　2.2.4　小波硬阈值去噪 ·· 32

　　　2.2.5　轮廓波阈值去噪 ·· 34

　2.3　模块化设计与调试 ·· 37

　　　2.3.1　技术模块布局 ·· 37

　　　2.3.2　技术模块演示 ·· 38

　　　2.3.3　核心代码 ·· 40

　2.4　小结 ·· 40

　参考文献 ·· 41

第3章　项目入门阶段三 ·· 42

　3.1　进一步的思考 ·· 42

　3.2　从局部到非局部 ·· 42

　　　3.2.1　非局部滤波原理 ·· 43

　　　3.2.2　存在的不足 ·· 44

　　　3.2.3　算法改进思路 ·· 45

　3.3　应用探索和尝试 ·· 46

　　　3.3.1　运动目标检测 ·· 46

　　　3.3.2　算法设计思想 ·· 48

　　　3.3.3　算法设计过程 ·· 48

　3.4　实验结果与结论 ·· 53

　　　3.4.1　预测实验结果 ·· 53

　　　3.4.2　观察收集实验结果 ·· 53

　　　3.4.3　实验结果分析 ·· 56

　3.5　小结 ·· 56

　参考文献 ·· 57

第4章　项目探索阶段一 ·· 58

　4.1　最初的假设 ·· 58

　4.2　边缘检测与分割 ·· 58

　　　4.2.1　主要的算法思想 ·· 58

　　　4.2.2　数学建模思路 ·· 59

　4.3　从边缘检测到阈值分割 ·· 66

　　　4.3.1　主要的算法思想 ·· 66

　　　4.3.2　数学建模思路 ·· 67

4.4　均衡化的考虑 ·· 79

4.4.1　图像均衡化原理 ·· 79

4.4.2　模型与算法设计 ·· 81

4.4.3　从均衡化到规范化 ······································ 84

4.5　模块化设计的探索 ·· 85

4.5.1　模块化的基本框架 ······································ 85

4.5.2　边缘检测技术模块 ······································ 87

4.5.3　阈值分割技术模块 ······································ 89

4.5.4　直方图均衡化模块 ······································ 91

4.6　小结 ·· 93

参考文献 ·· 94

第 5 章　项目探索阶段二 ··· 95

5.1　初始假设的拓展 ·· 95

5.2　区域生长算法原理 ·· 96

5.2.1　算法数据流分析 ·· 96

5.2.2　算法卷积层分析 ·· 99

5.2.3　策略信息点池化 ·· 101

5.2.4　逻辑回归与二分类 ······································ 102

5.3　遮挡区域提取实验 ·· 102

5.3.1　右侧脸＋N95 口罩 ····································· 103

5.3.2　左侧脸＋N95 口罩 ····································· 103

5.3.3　俯视脸＋N95 口罩 ····································· 103

5.3.4　仰视脸＋N95 口罩 ····································· 104

5.3.5　正脸＋医用外科口罩 ································· 104

5.3.6　左侧脸＋医用外科口罩 ···························· 105

5.3.7　右侧脸＋医用外科口罩 ···························· 105

5.3.8　俯视脸＋医用外科口罩 ···························· 106

5.3.9　仰视脸＋医用外科口罩 ···························· 106

5.4　区域生长算法核心代码展示 ·································· 107

5.4.1　MATLAB 核心代码 ··································· 107

5.4.2　Python 核心代码 ·· 110

5.5　小结 ·· 112

参考文献 ·· 113

第6章　项目探索阶段三 ·· 114

6.1　初始假设的延伸 ··· 114

6.2　数字图像的深度认知 ··· 114

　　6.2.1　从图像处理到图像理解 ·· 114

　　6.2.2　图像工程的三个层级 ·· 115

6.3　图像分割的数学定义 ··· 116

　　6.3.1　问题、特征与规律 ·· 116

　　6.3.2　分割条件的数学表达 ·· 117

　　6.3.3　目标区域与背景解释 ·· 117

6.4　图像变换与图像操作 ··· 118

　　6.4.1　图像变换原理 ·· 118

　　6.4.2　从变换到操作 ·· 120

　　6.4.3　实验结果展示 ·· 122

6.5　图像变换与图像分割的结合 ··· 124

　　6.5.1　阈值筛选优化思路 ·· 124

　　6.5.2　相关概率知识补充 ·· 124

　　6.5.3　分割过程的数学表达 ·· 126

6.6　人脸背景去除实验 ··· 127

　　6.6.1　阈值分割去除 ·· 127

　　6.6.2　裁剪分割去除 ·· 131

　　6.6.3　裁剪缩放分割旋转 ·· 133

6.7　小结 ·· 134

参考文献 ·· 134

第7章　项目探索阶段四 ·· 135

7.1　进一步的假设 ··· 135

7.2　从图像边缘到图像特征 ··· 135

　　7.2.1　检测方法的分类 ·· 135

　　7.2.2　图像特征的分类 ·· 136

　　7.2.3　边缘特征的分类 ·· 137

7.3　边缘的理解与表达 ··· 137

　　7.3.1　从函数的角度解释 ·· 137

　　7.3.2　基本算法思想解释 ·· 138

7.3.3　一阶导数与卷积操作 ⋯⋯⋯⋯⋯⋯⋯⋯⋯⋯⋯⋯⋯⋯⋯ 140

7.3.4　二阶导数与通用掩模 ⋯⋯⋯⋯⋯⋯⋯⋯⋯⋯⋯⋯⋯⋯⋯ 141

7.4　边缘检测深入解读 ⋯⋯⋯⋯⋯⋯⋯⋯⋯⋯⋯⋯⋯⋯⋯⋯⋯⋯⋯⋯ 142

7.4.1　Roberts 算子深入解读 ⋯⋯⋯⋯⋯⋯⋯⋯⋯⋯⋯⋯⋯⋯⋯ 142

7.4.2　Prewitt 算子深入解读 ⋯⋯⋯⋯⋯⋯⋯⋯⋯⋯⋯⋯⋯⋯⋯ 143

7.4.3　Sobel 算子深入解读 ⋯⋯⋯⋯⋯⋯⋯⋯⋯⋯⋯⋯⋯⋯⋯⋯ 144

7.4.4　LoG 算子深入解读 ⋯⋯⋯⋯⋯⋯⋯⋯⋯⋯⋯⋯⋯⋯⋯⋯⋯ 146

7.4.5　Canny 算子深入解读 ⋯⋯⋯⋯⋯⋯⋯⋯⋯⋯⋯⋯⋯⋯⋯⋯ 148

7.5　从边缘检测到边缘增强 ⋯⋯⋯⋯⋯⋯⋯⋯⋯⋯⋯⋯⋯⋯⋯⋯⋯⋯ 150

7.5.1　基本算法思想解释 ⋯⋯⋯⋯⋯⋯⋯⋯⋯⋯⋯⋯⋯⋯⋯⋯⋯ 150

7.5.2　算法设计与编程实现 ⋯⋯⋯⋯⋯⋯⋯⋯⋯⋯⋯⋯⋯⋯⋯⋯ 151

7.5.3　边缘增强的实验结果 ⋯⋯⋯⋯⋯⋯⋯⋯⋯⋯⋯⋯⋯⋯⋯⋯ 153

7.6　小结 ⋯⋯⋯⋯⋯⋯⋯⋯⋯⋯⋯⋯⋯⋯⋯⋯⋯⋯⋯⋯⋯⋯⋯⋯⋯⋯ 153

参考文献 ⋯⋯⋯⋯⋯⋯⋯⋯⋯⋯⋯⋯⋯⋯⋯⋯⋯⋯⋯⋯⋯⋯⋯⋯⋯⋯⋯⋯ 154

第 8 章　项目实战阶段一 ⋯⋯⋯⋯⋯⋯⋯⋯⋯⋯⋯⋯⋯⋯⋯⋯⋯⋯⋯⋯ 156

8.1　最初的尝试 ⋯⋯⋯⋯⋯⋯⋯⋯⋯⋯⋯⋯⋯⋯⋯⋯⋯⋯⋯⋯⋯⋯⋯ 156

8.2　从图像融合到人脸识别 ⋯⋯⋯⋯⋯⋯⋯⋯⋯⋯⋯⋯⋯⋯⋯⋯⋯⋯ 156

8.2.1　问题背景与解决方案 ⋯⋯⋯⋯⋯⋯⋯⋯⋯⋯⋯⋯⋯⋯⋯⋯ 156

8.2.2　解决方案的实现途径 ⋯⋯⋯⋯⋯⋯⋯⋯⋯⋯⋯⋯⋯⋯⋯⋯ 157

8.3　人脸图像融合原理 ⋯⋯⋯⋯⋯⋯⋯⋯⋯⋯⋯⋯⋯⋯⋯⋯⋯⋯⋯⋯ 161

8.3.1　融合技术的三个层次 ⋯⋯⋯⋯⋯⋯⋯⋯⋯⋯⋯⋯⋯⋯⋯⋯ 161

8.3.2　算法思想与建模过程 ⋯⋯⋯⋯⋯⋯⋯⋯⋯⋯⋯⋯⋯⋯⋯⋯ 162

8.3.3　技术实现的主要步骤 ⋯⋯⋯⋯⋯⋯⋯⋯⋯⋯⋯⋯⋯⋯⋯⋯ 167

8.4　技术开发系统及代码 ⋯⋯⋯⋯⋯⋯⋯⋯⋯⋯⋯⋯⋯⋯⋯⋯⋯⋯⋯ 168

8.4.1　图形用户界面设计 ⋯⋯⋯⋯⋯⋯⋯⋯⋯⋯⋯⋯⋯⋯⋯⋯⋯ 168

8.4.2　图形用户界面调试 ⋯⋯⋯⋯⋯⋯⋯⋯⋯⋯⋯⋯⋯⋯⋯⋯⋯ 168

8.4.3　技术核心代码展示 ⋯⋯⋯⋯⋯⋯⋯⋯⋯⋯⋯⋯⋯⋯⋯⋯⋯ 170

8.5　技术模块化实现过程 ⋯⋯⋯⋯⋯⋯⋯⋯⋯⋯⋯⋯⋯⋯⋯⋯⋯⋯⋯ 171

8.5.1　模块化思路分析 ⋯⋯⋯⋯⋯⋯⋯⋯⋯⋯⋯⋯⋯⋯⋯⋯⋯⋯ 171

8.5.2　基础融合技术模块 ⋯⋯⋯⋯⋯⋯⋯⋯⋯⋯⋯⋯⋯⋯⋯⋯⋯ 171

8.5.3　高级融合技术模块 ⋯⋯⋯⋯⋯⋯⋯⋯⋯⋯⋯⋯⋯⋯⋯⋯⋯ 173

8.6　人脸融合实验结果 ⋯⋯⋯⋯⋯⋯⋯⋯⋯⋯⋯⋯⋯⋯⋯⋯⋯⋯⋯⋯ 174

8.7　小结 ⋯⋯⋯⋯⋯⋯⋯⋯⋯⋯⋯⋯⋯⋯⋯⋯⋯⋯⋯⋯⋯⋯⋯⋯⋯⋯ 177

参考文献 ……………………………………………………………………… 178

第 9 章　项目实战阶段二 …………………………………………………… 179

9.1　借助深度学习 …………………………………………………………… 179

9.2　深度学习基本原理 ……………………………………………………… 180

　　9.2.1　理解"深度"的含义 ………………………………………………… 180

　　9.2.2　主流深度学习模型 ………………………………………………… 181

　　9.2.3　MATLAB 代码实现 ……………………………………………… 184

9.3　从 MATLAB 到 Python …………………………………………………… 195

　　9.3.1　一个实用的开发框架 ……………………………………………… 195

　　9.3.2　TensorFlow 基本概念 …………………………………………… 196

　　9.3.3　TensorFlow 安装过程 …………………………………………… 196

9.4　遮挡区域提取方案 ……………………………………………………… 199

　　9.4.1　基础模型结构 ……………………………………………………… 199

　　9.4.2　加载训练好的模型 ………………………………………………… 200

　　9.4.3　核心代码 …………………………………………………………… 200

9.5　遮挡区域提取实验 ……………………………………………………… 201

　　9.5.1　设置口罩保存路径 ………………………………………………… 201

　　9.5.2　人脸目标区域保存 ………………………………………………… 202

　　9.5.3　完整实验结果 ……………………………………………………… 204

9.6　项目实战代码 …………………………………………………………… 205

9.7　小结 ……………………………………………………………………… 209

参考文献 ……………………………………………………………………… 210

第 10 章　项目实战阶段三 ………………………………………………… 212

10.1　超越深度学习 …………………………………………………………… 212

10.2　宽度学习的算法思想 …………………………………………………… 213

　　10.2.1　宽度学习系统结构 ……………………………………………… 213

　　10.2.2　网络权重求解过程 ……………………………………………… 214

　　10.2.3　动态逐步更新算法 ……………………………………………… 215

10.3　高效的增量学习模型 …………………………………………………… 217

　　10.3.1　宽度学习系统的优势 …………………………………………… 217

　　10.3.2　宽度学习技术的核心 …………………………………………… 218

　　10.3.3　高效增量学习机制 ……………………………………………… 219

10.4 宽度学习代码解读及调试 ·································· 223

    10.4.1 基础代码及调试 ····························· 223

    10.4.2 实验结果分析 ······························ 245

    10.4.3 遮挡人脸识别平台开发 ················· 245

参考文献 ··· 249

后记 ·· 251

第1章

项目入门阶段一

1.1 最初的思考

人工智能学院和专业建设需要系统化的理论和实战体系。随着《人工智能导论》《人工智能基础》等书籍的出现,人工智能已经形成了较完整的理论研究体系。目前还缺少一本人工智能实战进阶导引类图书,能帮助学生理解人工智能实战进阶的通用法则,并为其项目实战提供系统化指导。

视觉是智能的基石。因此笔者选择人工智能领域当前最具挑战性的世界难题——遮挡人脸识别,通过对这一难题的分级探索和尝试,解释人工智能实战进阶法则,将其探索和尝试过程植入现有的计算机视觉体系,从而形成系统而完整的、理论与实战并存的章节架构,并借助深度学习、宽度学习引入具有通用性的算法思想,进一步拓展人工智能实战进阶法则的普遍适用性。视频图像的采集是人工智能"看世界"的第一步。遮挡人脸识别项目的实施,需要先架构一个视频监控界面,以便进行人脸采集和识别。因此,本章将从视频图像智能采集入手,完成项目入门阶段的准备工作。

视频图像采集是图像处理的重要技术模块,如果无法将外界的模拟信号转换成可处理的数字信号,图像处理将无法继续进行。而机器认知和计算机视觉与图像处理有很大的关联。计算机视觉能够为机器认知提供极大的帮助,其主要目的就是为机器提供人类的视觉,让其可以更好地服务于人类。从 20 世纪 60 年代起,英国和美国等率先推出了基于计算机视觉的图像处理系统;而国内对于视频图像处理的发展仍处于开始阶段,当时的清华大学已经有了初步的成果并推出了自己研究的图像采集与处理系统。自 20 世纪 80 年代开始,视频采集已经用卡片代替了此前的机箱式系统,仅需将该卡片插入计算机即可使用,同期国内科研院所也开发出自己的采集卡。从 20 世纪 90 年代开始,外设部件互连标准(Peripheral Component Interconnect,PCI)、数字信号处理器(Digital Signal Processing,DSP)和现场可编程门阵列(Field Programmable Gate Array,FPGA)陆续出现并逐渐占领市场,图像处理技术也获得了快速发展。

在这个大数据与互联网迅速发展的时代,信息技术及信息产业在生活中产生了深远的影响,已成为日常生活不可或缺的一部分,视频图像也成为获取信息的重要手段。随着计算机软硬件的迅猛发展,视频图像处理技术因其灵活性高、处理精度高、复现性好、应用面广等优点,已经广泛应用于气象、医疗、工业生产、遥感、军事、航天航空等领域。而且在上述领域的迅速发展,也带动了与其相关的输入/输出设备制造技术的发展,已经为人类创造了巨大的经济效益和社会效益。

目前,人工智能项目入门阶段常使用 MATLAB 和 Python 两种编程语言。其中 MATLAB 丰富强大的工具箱更适合人工智能初学者入门使用。MATLAB 是由美国 MathWorks 公司推出的一款非线性数学计算软件,是一种集合了数学算法的开发、数据可视化、数据分析和非线性数值计算的高级科学技术数值计算的语言和交互式的环境。MATLAB 适合现代数学和信息科技的应用,是非常好使用的数值计算软件,并且一直在不断改进,也得到了所有其他非线性的编程应用语言(包括 C、C++、Java 等)的支持,逐渐发展成为最强大的数值计算软件之一。MATLAB 有助于为电子工程设计应用和人工智能科学技术研究提供完整的解决方案,它包含了非线性数值的分析、矩阵计算科学数据的可视化以及非线性数值计算动态系统的建模和数据仿真等许多强大的数值计算功能,实战优势明显。

1. 编程环境

MATLAB 由一整套的工具函数组成,极大地方便了用户在系统中的使用与调用。这些研究工具主要包括 MATLAB 桌面和常用命令窗口、历史和常用命令窗口、编辑器和文件调试器、路径设计文件搜索和其他用于帮助用户使用的在线浏览文件。自 20 世纪中期直到今天,MATLAB 产品不断发展和升级,操作更加简单,大大方便了日常使用的用户,特别重要的是这个程序不需要经过任何编译就可以直接运行。若运行中遇到问题,则向用户报告系统的错误并对用户的错误进行分析。

2. 简单易用

MATLAB 软件是一个高级的分布式矩阵/阵列编程语言,它包含了控制语句、函数、数据构造、输入输出和面向对象编程等。在进行编程时用户甚至可以在一个命令窗口中直接输入控制语句和函数来同步执行命令,也就是用户可以先重新创建一个简单的文本再重新编写好一个较为冗杂的分布式应用程序(m 文件)后再运行。同时新版本的编程语言 MATLAB 矩阵阵列语言也是基于 C++语言的,所以在其语法和结构特征上与 C++较为相似,但是比 C++更为简洁,更加符合计算机工程人员对于数学表达式的正确书写和格式,利于非计算机和专业工程设计人员的使用,这就是 MATLAB 语言能够广泛深入科学技术研究、工程设计等各领域的重要原因。

3. 强大处理

MATLAB 系统包含了大量的数学计算工具和算法,其中还拥有科研和工程中经常使用的 600 多个数学运算与函数,极大地方便了科研所需的数学计算功能。在每一次的更新中,都会将这些算法更新到适用于科研和工程中数学计算的最新研究成果,而且这些都经过了优化和容错的处理。在一般的情况下,MATLAB 的算法可以用来代替 C 或 C++ 等一些底层的编程语言,在这些计算系统要求相同的代码情况下,MATLAB 的简洁性会减少编程的工作量。

4. 图形处理

MATLAB 从最初的设计版本就已经具有方便的图形数据可视化功能,可以将向量和矩阵用图形的可视化方式清晰地表现出来,并且同样可以方便地进行图形的标注与打印。在高层次的可视化作图中,包括了二维和三维的可视化、图像的处理、动画和表达式的作图,并且可以方便地应用于低层次的科学计算和可视化工程的绘图。在 MATLAB 2017a 版本的图形处理中,拥有一些其他软件所没有的可视化功能,例如三维图形光照处理、色度处理和四维图形数据的可视化表现等。MATLAB 同样表现出出色的图形处理可视化能力,如与图形对话等特殊的图形可视化功能要求,MATLAB 也同样能快速找到相应的可视化功能和函数,方便用户的使用。同时,现在 MATLAB 在图形用户界面(Graphic User Interface,GUI)的设计上也有很大改善,一定程度满足了普通用户的可视化要求。

5. 模块工具

MATLAB 拥有许多专门用于图像处理领域的功能强大的软件模块集和工具箱,在实际使用时用户甚至可以很方便地选择自己需要的模块集和工具箱进行学习和使用,而不再需要自己编写代码,从而缩短了人工智能项目的开发周期。

1.2　研究平台架构

1.2.1　系统设计需求

视频图像智能采集系统的目的是在 MATLAB 软件环境下调取计算机或外部的摄像头,将输入的模拟信号转换为可处理的数字信号,并通过 MATLAB 强大的视频及图像处理工具箱对监控采集到的视频进行视频图像的相互转换。此视频图像智能采集系统的具体要求如下。

(1)单击 monitor 按钮调取摄像头进行实时监控。

(2)单击 collection 按钮能够采集 avi 格式的视频。

(3)单击 snap 按钮对监控中的画面进行截取。

(4)单击 Open Video File 打开视频文件所处的文件位置。

(5)单击 Video Information 按钮获取相应的图像信息,以便进行视频的分帧处理。

(6)单击 Video To Imagelist 按钮完成视频转换为图像序列。

（7）单击 ImageList To Video 按钮完成图像序列转换为视频。

（8）单击相应按钮完成视频基本的播放、暂停并完成对所展示视频信息的显示。

（9）图像信息的批量读取。

1.2.2 系统设计方案

根据视频图像智能采集系统的设计需求，可以利用个人计算机所带摄像头、MATLAB 2017a 版本中的视频及图像处理工具箱及 GUI 界面设计实现具体要求，整体框架如图 1.1 所示。

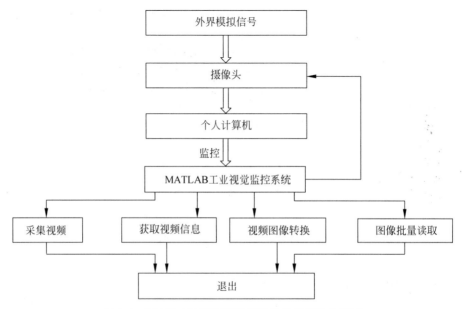

图 1.1 MATLAB 视频图像智能采集系统整体框架

从系统设计的整体结构能够看出，该系统对于外部采集的设备要求较低，仅需利用 MATLAB 环境的 GUI 实现基本功能。首先在 MATLAB 的 Command Window 中输入 guide 并按 Enter 键就可以打开和创建 GUI 界面，在打开的界面中添加相应的控件并设置属性，并在相应的按钮下编写回调函数。回调函数的编写有两种方法：①首先选择右击回调函数按钮，然后单击 Callback 就会弹出 guide 的 .m 文件中按钮相对应的部分，在这里可以写入代码；②也可以将按钮实现对应功能的程序以 .m 文件的形式与 guide 的 .m 文件保存在同一目录下，然后在 guide 的 .m 文件中对应的部分加入对应功能的程序名称。以 monitor 按钮为例，在 guide 编辑界面中双击按钮，在弹出的界面能够修改该按钮显示的内容、字体、颜色等，在该界面的 Callback 一栏中单击后一栏中的按钮就能弹出与之对应的部分，在这里可以写入程序，也可以写入程序的名称。

1.3 数据采集原理

1.3.1 确定取景范围

视频可以看作是由多幅静止的图像在时间轴上快速播放产生的,多帧图像随时间的快速变化产生运动感,因此视频也叫运动图像。而视频采集能将摄像头采集到的模拟信号转换为计算机能识别的数字信号(0 和 1),并且将这些数字信息保存在计算机中。其基本流程是:外界的模拟信号通过镜头生成的光学图像投射到图像传感器表面,然后转换为电信号,经过模数(A/D)转换后变成数字图像信号,再送到 DSP 中处理,最后传输到计算机中处理,通过计算机屏幕就可以看到处理好的图像了。

首先确定摄像头拍摄的对象物体,摄像头的取景范围计算方式如下:

$$\text{FOV} = (D_p + L_v) \times (1 + P_a) \tag{1-1}$$

其中,FOV 是取景范围;D_p 是拍摄的对象在这个方向上的大小;L_v 是在这个方向上目标可能的移动;P_a 是一个百分数或分数,是工程上为保证目标图像不会正好处在边缘上而取的一个放大系数。完成拍摄后需进行模数转换,主要是对模拟信号进行采样,然后量化编码为二进制数字信号;数模(D/A)变换是模数变换的逆过程,主要是将当前数字信号重建为模拟信号。

1.3.2 低通采样原理

设一个频带限制在 $(0, f_H)$ 内的连续信号 $x(t)$,假如抽样频率 $f_s \geq 2f_H$,则抽样序列 $\{x(nTs)\}$ 无失真地重建恢复原始信号 $x(t)$。由低通采样原理可知,若抽样频率 $f_s < 2f_H$,就会产生失真。下面对低通采样定理进行简单的证明。设 $x(t)$ 为低通信号,抽样脉冲序列是一个周期性冲击函数 $\delta T(t)$。抽样过程是 $x(t)$ 与 $\delta T(t)$ 相乘的过程,即抽样后信号 $x_s(t) = x(t)\delta T(t)$。由频域卷积定理可知:

$$X_s(\omega) = \frac{1}{2\pi}[X(\omega)\delta(\omega)] \tag{1-2}$$

其中,$X(\omega)$ 为低通信号的频谱。

$$\delta_T(\omega) = \frac{2\pi}{T} \sum_{n=-\infty}^{\infty} \delta(\omega - n\omega_s) \tag{1-3}$$

所以

$$X_s(\omega) = \frac{1}{T_s}\left[X(\omega) \sum_{n=-\infty}^{\infty} \delta(\omega - n\omega_s)\right]$$

$$= \frac{1}{T_s} \sum_{n=-\infty}^{\infty} X(\omega - n\omega_s) \tag{1-4}$$

可知,在 $\omega_s \geq 2\omega_H$ 的条件下,周期性频谱无混叠现象。于是,经过截止频率为 ω_H 的理想低通滤波器后,可无失真地恢复原始信号。如果 $\omega_s < 2\omega_H$,则频谱间出现混叠现象,此时无法无失真地重建原始信号。

1.3.3 数字信号重建

D/A 转换是 A/D 转换的逆过程,主要是对数字信号进行内插以得到模拟信号。如果从频域角度看信号的重建,那么采样后的信号经过传递函数为 $H(\omega)$ 的理想低通滤波器后,其频谱为:

$$X_{so} = X(\omega)H(\omega)/T_s, \quad |\omega| < \omega_H \tag{1-5}$$

其中,

$$H(\omega) = \begin{cases} 1, & |\omega| \leqslant \omega_H \\ 0, & |\omega| > \omega_H \end{cases} \tag{1-6}$$

从时域角度,重建信号可表示为:

$$\hat{x}(t) = h(t)x_s(t) = \frac{1}{T_s}\left(\frac{\sin\omega_H t}{\omega_H t}\right)\sum_{n=-\infty}^{\infty} x(nT_s)\delta(t - nT_s)$$

$$= \frac{1}{T_s}\sum_{n=-\infty}^{\infty} x(nT_s)\frac{\sin\omega_H(t - nT_s)}{\omega_H(t - nT_s)} \tag{1-7}$$

式(1-7)就是采样信号的重建公式。

1.4 开发界面设计

1.4.1 基本信息获取

首先确保摄像头已经连接且处于正常工作状态,可以利用 MATLAB 图像视频处理工具箱的 imaqhinfo 函数进行检测,通过检测确定安装了适配器 winvideo,用此适配器的名称能够连接视频图像的采集设备,获取该采集设备的硬件信息,使用函数的命令格式如下:

```
info = imaqhwinfo('winvideo')
```

运行结果如下:

```
info =
```

包含以下字段的 struct:

```
    AdaptorDllName:
'C:\ProgramData\Matlab\SupportPackages\R2017a\toolbox\imaq\supportpackages\genericvideo\
adaptor\win64\mwwinvideoimaq.dll'
AdaptorDllVersion: '5.2 (R2017a)'
    AdaptorName: 'winvideo'
```

```
DeviceIDs: {[1]}
DeviceInfo: [1×1 struct]
```

若想获得更多关于硬件设备的信息,可使用以下命令:

```
dev_info = imaqhwinfo('winvideo',1)
```

运行结果如下:

```
dev_info =
```

包含以下字段的 struct:

```
DefaultFormat: 'YUY2_160x120'
DeviceFileSupported: 0
DeviceName: 'Lenovo EasyCamera'
DeviceID: 1
VideoInputConstructor: 'videoinput('winvideo', 1)'
VideoDeviceConstructor: 'imaq.VideoDevice('winvideo', 1)'
SupportedFormats: {'YUY2_160x120' 'YUY2_320x240' 'YUY2_640x360' 'YUY2_640x480'}
```

从上述结果中能获取适配器名称、设备 ID 和设定的视频格式。接下来用 videoinput 函数和 preview 函数就能够完成视频输入对象的创建及视频流的预览。这些信息在之后的代码里将会用到。

设计中会用到一些 MATLAB 有关视频图像采集的基本代码,首先是 Videoreader 函数,该函数用于读取视频文件对象,调用格式为:

```
obj = VideoReader(filename)
obj = VideoReader(filename, Name, Value)
```

其中,obj 是结构体,包含如下内容。

(1) Name:所提取视频文件的名称。

(2) Path:提取视频所在的文件路径。

(3) Duration:视频的总时长(以秒计时)。

(4) FrameRate:视频的帧速或帧率。

(5) NumberOfFrames:视频的总帧数。

(6) Height:视频的高度。

(7) Width:视频的宽度。

(8) BitsPerPixel:视频帧每个像素所对应的数据长度。

(9) VideoFormat:视频的类型,如 RGB24。

(10) Tag:视频对象的标识符,默认为空字符串。

(11) Type:视频对象的类名,默认为 VideoReader。

在不同的操作系统中,Videoreader 函数读取的视频文件类型不同,但是在所有系统中都可以读取 avi 类型的视频,所以后续采集与读取的视频类型均设定为 avi(避免因为视频文件类型不同,而对读取的原视频进行视频类型转换)。

其他相关函数还有 get(获取所读取视频文件的参数)及 set(设置视频对象的参数,与 get 相对应)。这几个函数在之后的视频文件读取、视频信息获取、视频图像互相转换中会用到。

1.4.2 功能面板组成

根据智能采集系统的设计需求,要在界面中实现显示窗口、信息展示栏和按钮控制区域。这 3 个面板的设计需要在 MATLAB 的 GUI 环境下创建,首先在 MATLAB 的 Command Window 中输入 guide 并按 Enter 键打开和创建 GUI 界面,在左边的工具栏中选择面板添加播放面板、控制面板和信息显示面板,然后在相应的面板下添加各自需要的按钮及显示界面。

1. 播放面板

在该面板中左边的工具栏里选择"坐标轴"按钮,然后在播放面板中双击并调整合适的大小,用于实时监控展示画面。在设置好的坐标轴下面单击工具栏里的滑动条按钮放置一个滑动条,并在后面添加一个可编辑文本框,用于显示视频的总帧数和当前画面的帧数,而滑动条则表示视频运行的进度。之后在底部添加 play、pause、stop、cut 等按钮以及静态文本框和可编辑文本框表示当前的行为,例如当前在播放视频则显示 play,若暂停则显示 pause。其中 play 和 pause 按钮选用工具栏里的"切换"按钮进行设置。

2. 控制面板

该面板共设置了 7 个按钮,分别是:monitor(监控)、collection(采集)、Open Video File (视频文件打开)、Video Information(视频信息获取)、Video To Imagelist(视频转图像)、ImageList To Video(图像转视频)以及 Exit(退出)。添加相应的按钮后界面会有一些不工整,只需要选择"对齐对象"按钮将添加的按钮选择进去就能够按照要求对齐,之后按之前设计方案中回调函数的编写,对每个按钮添加相应功能的源代码程序就能够实现对应的功能。

3. 信息显示面板

在信息显示面板里添加了视频信息的静态文本框以及与之对应的可编辑文本框包括了视频信息的 Frames(视频文件的总帧数)、Width(视频文件的宽度)、Height(视频文件的高度)、Rate(视频文件的帧率)、Time(视频文件的总时长)、Fromat(视频文件的格式)及 Path (视频在此计算机内所存在的位置)。

1.4.3 界面设计过程

如图 1.2 所示,视频图像智能采集系统的实验流程图主要分为两部分,一部分是实时监控并对监控中需要采集的部分进行采集；另一部分则是将采集后的视频复制或剪切到视频文件的目录下，然后在工业视频监控系统界面下进行视频文件读取、视频信息读取、视频转换为图像序列及图像序列转换为视频。在此期间也能够对获取完视频信息的视频进行播放、暂停等基本操作。

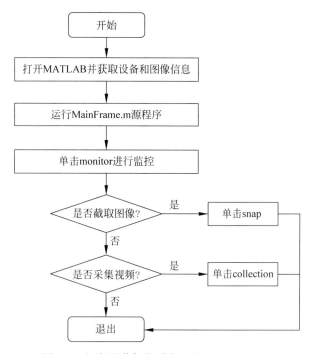

图 1.2　视频图像智能采集系统的实验流程图

　　首先打开 MATLAB 软件，获取基本信息后，运行 MainFrame.m 源程序就能看到打开的图形用户界面，单击 monitor 按钮，等待摄像头响应后，就能看到实时监控的画面，在实时监控的过程中，如果出现了需要截取的画面，就单击 snap 按钮；如果需要采集视频，则应先单击 stop 停止当前摄像头的调用，然后单击 collection 按钮进行采集，最后单击 Exit 按钮即可退出。

　　视频图像信息的预处理过程如图 1.3 所示。在图像预处理的过程中需要先将采集好的视频放在 video 文件夹下，这样便于之后读取，然后单击 Open Video File 按钮选取所要读取的视频文件，接下来单击 Video Information 按钮获取视频文件的基本信息并显示在信息显示栏里。获取视频的基本信息后，就能进行视频及图像序列的互相转换，得到相应的文件。

　　智能采集系统的界面中包含了很多按钮，接下来对界面中主要按钮所对应的代码进行描述。

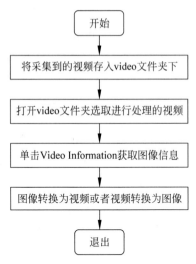

图 1.3 视频图像信息的预处理过程

1. monitor 按钮

单击 monitor 按钮能够调取摄像头进行实时监控,具体代码如下:

```
varargout{1} = handles.output;
global obj;
obj = videoinput('winvideo',1,'YUY2_640x480');
% 'winvideo'由函数 imaqhwinfo 查出,'YUY2_640 * 480'由相关函数得到
vidRes = get(obj,'VideoResolution');        % 获得流媒体视频的长与宽,这是一个二维数组
nBands = get(obj,'NumberOfBands');          % 获得图像的颜色层数
axes(handles.axesVideo);                    % 在工业视觉监控系统中的 axes 中显示
global hImage
hImage = image(zeros(vidRes(2),vidRes(1),nBands));        % 获得图像的句柄
preview(obj,hImage);                        % 显示
```

第一行中的代码是通过 varargout()存储输出参数;第二行是声明全局变量 obj;第三行是用 videoinput()创建视频输入对象,其中 winvideo 由函数 imaqhwinfo 查出,YUY2_640x480 则由相关函数得到;接下来的两行分别是获得流媒体视频的长与宽(二维数组)及图像的颜色层数;最后 4 行是将获得的图像的句柄显示在系统界面的窗口中。

2. collection 按钮

collection 按钮执行的是采集,在实时监控过程中单击 collection 按钮即可进行视频采集。在这部分代码里前 11 行代码跟之前 monitor 按钮的功能一样是在 MATLAB 环境下调用摄像头;12～20 行代码主要设置采集视频的名字、帧数、每秒的帧数及视频格式,并在另一个窗口开始显示从采集开始到结束所采集到的视频,其中,视频的总帧数和每秒的帧数可进行修改。接下来的代码就是用循环语句实现视频的采集,代码如下:

```
clear all;
clc;                                              % 清除
vid = videoinput('winvideo', 1, 'YUY2_640x480');  % 由函数 imaqhwinfo 查出摄像头信息
set(vid,'ReturnedColorSpace','rgb');              % 设置视频颜色为 rgb
vidRes = get(vid,'VideoResolution');
width = vidRes(1);
height = vidRes(2);                               % 设置视频的宽度与高度
nBands = get(vid,'NumberOfBands');
figure('Name', 'Matlab 调用摄像头 By tennfy', 'NumberTitle', 'Off', 'ToolBar', 'None', 'MenuBar',
'None');
hImage = image(zeros(vidRes(2),vidRes(1),nBands));
preview(vid,hImage);
filename = 'film';                                % 设置采集的视频名称为 film
nframe = 240;                                     % 设置采集的视频的总帧数为 240 帧
nrate = 24;                                       % 设置采集视频的帧率为 24 帧/s
preview(vid);                                     % 显示
set(1,'visible','off');
writerObj = VideoWriter([filename '.avi']);       % 设置采集到视频保存的格式为 avi 格式
writerObj.FrameRate = nrate;
open(writerObj);
figure;
for ii = 1: nframe
    frame = getsnapshot(vid);
    imshow(frame);
    f.cdata = frame;
    f.colormap = colormap([]) ;
    writeVideo(writerObj,f)
End
% 利用循环语句采集每一帧组成视频
close(writerObj);
closepreview;                                     % 关闭采集到的视频
```

3. Open Video File 按钮

Open Video File 按钮对应的代码比较简单，只需设置好文件路径，打开选用文件的对话框进行文件选择。在这段代码里涉及的两个主要命令是 pwd 和 fullfile，其中 pwd 的作用是查看当前工作目录的完整路径，fullfile 的作用则是将若干字符串连接成完整的路径。在运行源程序前最好用 pwd 查明当前工作目录的完整路径，确保它与视频文件所在的文件路径一致，这样可以避免运行时无法找到指定文件名而报错。具体代码如下：

```
function filePath = OpenVideoFile()
% 设置文件路径
videoFilePath = fullfile(pwd, 'video\video.avi');   % 打开对话框，选择文件
[filename, pathname, ~] = uigetfile( ...
    { '*.avi','VideoFile ( *.avi)'; ...
    '*.wmv','VideoFile ( *.wmv)'; ...
```

```
        '*.*', 'All Files (*.*)'}, ...
        'VideoFile', ...
        'MultiSelect', 'off', ...
        videoFilePath);
filePath = 0;                                              % 初始化
if isequal(filename, 0) || isequal(pathname, 0)           % 如果选择失效
    return;
end
filePath = fullfile(pathname, filename)                   % 整合路径
```

4. Video Information 按钮

Video Information 按钮的功能是将读取的视频文件的基本信息设置到信息显示面板中进行展示。首先用 if 语句判断单击 Video Information 按钮后是否获取相应视频文件的视频信息,如果未取到,则返回。若获取到视频文件则进行存储,用 set 命令设置所读取视频文件的基本信息,包括该视频的总帧数、视频的宽度高度、视频帧率以及相应的格式,在信息显示面板中显示。并且提取该视频的第一帧并在播放界面进行显示,显示完成后提示获取成功。具体代码如下:

```
if handles.videoFilePath == 0
    % 如果信息未提取,则返回
    msgbox('Please Load Video File', 'Info');
    return;
end
set(handles.edit_action, 'String', 'Video Information');              % 单击按钮
videoInfo = VideoReader(handles.videoFilePath);                       % 获取信息
handles.videoInfo = videoInfo;                                        % 存储
guidata(hObject, handles);
set(handles.editFrameNum, 'String', sprintf('%d', videoInfo.NumberOfFrames));   % 设置视频总帧数
set(handles.editFrameWidth, 'String', sprintf('%d px', videoInfo.Width));       % 设置视频的宽度
set(handles.editFrameHeight, 'String', sprintf('%d px', videoInfo.Height));     % 设置视频的高度
set(handles.editFrameRate, 'String', sprintf('%.1f f/s', videoInfo.FrameRate)); % 设置视频的帧率
set(handles.editDuration, 'String', sprintf('%.1f s', videoInfo.Duration));     % 设置视频的总时间
set(handles.editVideoFormat, 'String', sprintf('%s', videoInfo.VideoFormat));   % 设置相应的格式
temp = read(videoInfo, 1);                                            % 提取第一帧
imshow(temp, [], 'Parent', handles.axesVideo);                        % 显示
msgbox('Get Video Information Success', 'Info');                       % 提示获取成功
```

5. Video To ImageList 按钮

Video To ImageList(视频转图像序列)按钮是将需要进行图像预处理的采集完成的 avi 类型的视频转换成图像序列,将每一帧提取并保存。这一部分的代码需先设置默认参数获取视频图像序列,然后创建句柄设置视频图像的总帧数及图像的高度和宽度,接下来解析文件路径,并拼接写出文件序列的路径之后检查所有路径是否正常,检查正常后获取路径下所有的 jpg 格式的图像。最后是获取过程中进度条的显示,获取视频里的图像及对获取的

jpg 格式的图像进行命名。具体代码如下：

```
function Video2Images(videoFilePath)
clc;                                                    % 清理空间
if nargin < 1
    videoFilePath = fullfile(pwd, 'video/video.avi');
end
nFrames = GetVideoImgList(videoFilePath);               % 设置默认参数获取图像序列
function nFrames = GetVideoImgList(videoFilePath)
xyloObj = VideoReader(videoFilePath);                   % 创建句柄
nFrames = xyloObj.NumberOfFrames;                       % 总帧数
vidHeight = xyloObj.Height;                             % 帧图像的高度
vidWidth = xyloObj.Width;                               % 帧图像的宽度
[~, name, ~] = fileparts(videoFilePath);                % 解析文件路径
video_imagesPath = fullfile(pwd, sprintf('%s_images', name));  % 文件序列的路径
if ~exist(video_imagesPath, 'dir')
mkdir(video_imagesPath);
end                                                     % 检查路径是否正常
files = dir(fullfile(video_imagesPath, '*.jpg'));       % 获取路径下所有 jpg 图像
if length(files) == nFrames
    return;
end                                                     % 如果已经完全处理,则返回
h = waitbar(0, '', 'Name', 'Get Video ImageList...');   % 进度条
steps = nFrames;                                        % 总帧数
for step = 1 : nFrames
    temp = read(xyloObj, step);                         % 读取帧
    temp_str = sprintf('%s\\%04d.jpg', video_imagesPath, step);     % 写出图像的名称
    imwrite(temp, temp_str);                            % 写出
    pause(0.01);                                        % 刷新
    waitbar(step/steps, h, sprintf('Process %d%%', round(step/nFrames*100)));
                                                        % 进度条显示
end
close(h)                                                % 关闭进度条
```

6. ImageList To Video 按钮

ImageList To Video 按钮的代码与 Video To ImageList 所用到的代码相反,主要是将处理好的图像序列重新转换为 avi 类型的视频文件,并进行保存。首先要得到起始帧与默认结束帧的图像数目,然后创建图像句柄设置帧率,将获取的图像序列转换为视频,并通过进度条显示视频的展示过程,最后关闭句柄和进度条。具体代码如下：

```
function Images2Video(imgFilePath, filename_out)
clc;                                                    % 清理空间
startnum = 1;                                           % 起始帧
endnum = size(ls(fullfile(imgFilePath, '*.jpg')), 1);   % 默认结束帧为 jpg 图像数目
writerObj = VideoWriter(filename_out);                  % 创建图柄
writerObj.FrameRate = 24;                               % 设置帧率
```

```matlab
open(writerObj);                                              % 开始打开
h = waitbar(0, '', 'Name', 'Write Video File...');           % 进度条
steps = endnum - startnum;                                    % 总帧数
for num = startnum : endnum
    file = sprintf('%04d.jpg', num);                          % 当前序号的名称
    file = fullfile(imgFilePath, file);                       % 当前序号的位置
    frame = imread(file);                                     % 读取
    frame = im2frame(frame);                                  % 转换为帧对象
    writeVideo(writerObj,frame);                              % 写出
    pause(0.01);                                              % 刷新
    step = num - startnum;                                    % 进度
waitbar(step/steps, h, sprintf('Process %d%%', round(step/steps * 100)));  % 显示进度条
end
close(writerObj);
close(h);                                                    % 关闭句柄和进度条
```

7. 图像批量读取

这部分代码将读取到的 jpg 格式的图像进行批量显示,每次显示 12 张图像,具体代码如下:

```matlab
clc; clear all; close all;
folder_name = fullfile(pwd, 'images');                       % 批量读取
filename_list = ls(fullfile(folder_name, '*.jpg'));          % jpg 图像列表
N = size(filename_list, 1);                                  % 数目
for i = 1 : N                                                % 逐个载入
    filenamei = fullfile(folder_name, strtrim(filename_list(i, :)));  % 每个图像位置
    Img{i} = imread(filenamei);                              % 读取存储
end
% 批量显示
num = 12;
figure('Units', 'Normalized', 'Position', [0 0 1 1]);        % 设置 figure
for i = 1 : num
  subplot(3, 4, i); imshow(Img{i}, []);                      % 显示序号
        title(sprintf('µÛ%02d·ũÏ1/4Ïñ', i));                % 标题
end
num = 12;                                                    % 调整横向图的间距显示
figure('Units', 'Normalized', 'Position', [0 0 1 1]);        % 设置 figure
for i = 1 : num
        h(i) = subplot(3, 4, i); imshow(Img{i}, []);         % 显示序号
        title(sprintf('µÛ%02d·ũÏ1/4Ïñ', i));                % 标题
end
for i = 1 : 3
        posi = get(h((i-1) * 4 + 1), 'Position');            % 每一行处理
    for j = 2 : 4
        posj = posi;                                         % 每一列处理
        posj(1) = posi(1) + posi(3) * (j-1);                 % 计算位置
```

```
        set(h((i-1) * 4 + j), 'Position', posj);                    %设置位置
    end
end
```

8. 播放和暂停按钮

以下是实现播放和暂停按钮的代码,视频信息获取完成后可以通过播放面板中的这两个按钮进行查看,具体代码如下:

```
if isequal(handles.videoFilePath, 0) || isequal(handles.videoInfo, 0)
% 如果未获取视频文件信息则返回
    msgbox('Please Get Video Information', 'Info');
    return;
end
set(handles.edit_action, 'String', 'Play');        % 设置播放,用于信息显示面板里的操作显示
[pathstr, name, ext] = fileparts(handles.videoFilePath);                    %路径解析
set(handles.pushbuttonPause, 'Enable', 'On');                              %设置暂停属性
set(handles.pushbuttonPause, 'tag', 'pushbuttonPause', 'String', 'Pause');    %设置标签
% 设置进度条的范围值
set(handles.sliderVideoPlay, 'Max', handles.videoInfo.NumberOfFrames, 'Min', 0, 'Value', 1);
% 设置显示的内容
set(handles.editSlider, 'String', sprintf('%d/%d', 0, handles.videoInfo.NumberOfFrames));
for i = 1 : handles.videoInfo.NumberOfFrames
        waitfor(handles.pushbuttonPause,'tag','pushbuttonPause');    % 用于监听当前的暂停按钮
        I = imread(fullfile(pwd, sprintf('%s_images\\%04d.jpg', name, i)));    % 读取图像
    try
        imshow(I, [], 'Parent', handles.axesVideo);                %显示
        set(handles.sliderVideoPlay, 'Value', i);                %设置进度条位置
        set(handles.editSlider, 'String', sprintf('%d/%d', i, handles.videoInfo.
NumberOfFrames));
% 设置显示的内容
    catch
        return;
    end
    drawnow;                                                    %进行刷新
end
set(handles.pushbuttonPause, 'Enable', 'Off');                %设置暂停属性
```

9. Snap 按钮

当监控画面中出现需要截取的内容时,可以单击 snap 按钮进行截取,具体代码及注释如下:

```
function SnapImage()                                          %设置路径
video_imagesPath = fullfile(pwd, 'snap_images');
if ~exist(video_imagesPath, 'dir')
    mkdir(video_imagesPath);                                %如果文件夹不存在,则创建
end
```

```
[FileName,PathName,~] = uiputfile({'*.jpg;*.tif;*.png;*.gif','All Image Files';
                                                                % 打开对话框,选择文件
              '*.*','All Files'},'save file',...
              fullfile(pwd, 'snap_images\\temp.jpg'));
if isequal(FileName, 0) || isequal(PathName, 0)
    return;                                                     % 如果选择失效
end
fileStr = fullfile(PathName, FileName);                         % 整合路径
f = getframe(gcf);                                              % 截取界面
f = frame2im(f);                                                % 转换为图像
imwrite(f, fileStr);                                            % 写出文件
msgbox('success!', 'info');                                     % 提示成功
```

1.5　智能采集系统

1.5.1　图形用户界面

根据视频图像智能采集系统的设计需求,在 MATLAB 的图形设计界面的环境下完成了对以上需求的实现,设计完成的智能采集系统界面如图 1.4 所示。

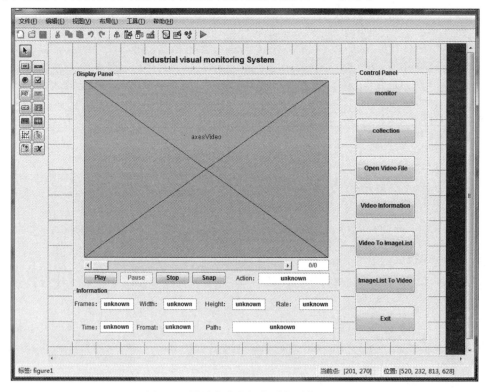

图 1.4　设计完成的智能采集系统界面

系统运行后的界面如图 1.5 所示。

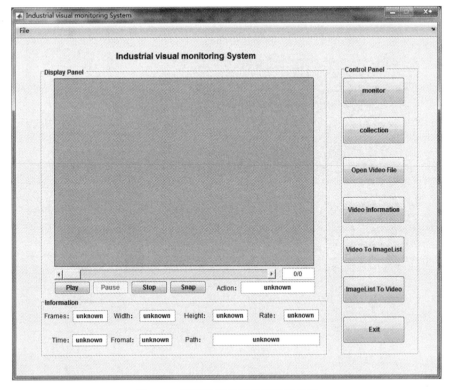

图 1.5　视频智能采集系统运行界面

由图 1.5 可以看出智能采集系统界面拥有 Display Panel、Control Panel 和 Information 三个面板。每个面板中有相对应的按钮及文本显示。

1.5.2　技术模块演示

1. monitor 按钮

单击界面中的 monitor 按钮,通过 MATLAB 调用摄像头能够获得实时监控的视频,在工业生产流水线上通过与采集设备进行连接能够实时监控流水线上的机器运行状态,提高生产过程中的可靠性。结果如图 1.6 所示。

2. collection 按钮

单击 collection 按钮后在当前文件下生成一个帧频为 24f/s,时长 10s 的视频,参数可修改,并且能够看到所采集到的视频。当监控出现了需要提取的视频,单击 collection 按钮进行采集,并能够对采集到的视频进行预处理。例如,一条流水线上对产品加工的合格程度的检测,随机采集部分视频,将其中采集到的画面与合格产品的图像进行对比分析与检测,结果如图 1.7 和图 1.8 所示。

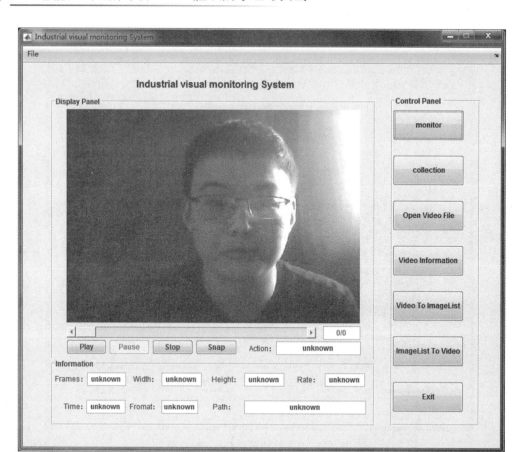

图 1.6　视频智能采集系统实时监控界面

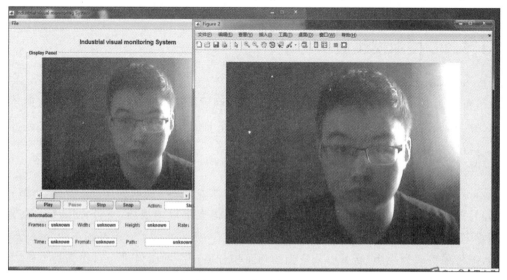

图 1.7　视频采集过程

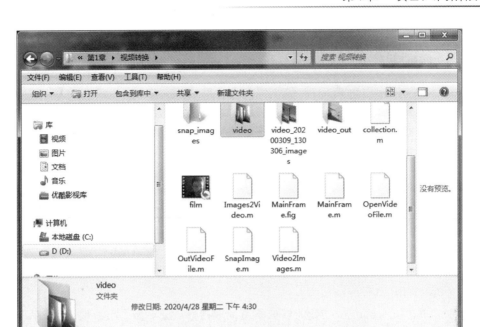

图 1.8 采集的视频文件

3. Open Video File 按钮

利用 Open Video File 按钮打开视频所在的文件夹,选择需要查看的视频,图 1.9 显示的是采集视频并将一段流水线加工视频分割成的几段时长为 10～15s 的视频。

图 1.9 分割后的视频

这里选择一个事先采集好的工业生产流水线的视频,用于之后的视频图像转换及图像批量读取等操作,如图 1.10 所示。

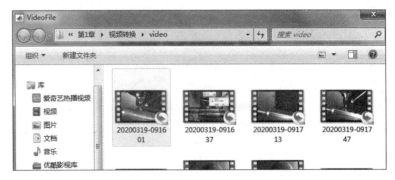

图 1.10　采集好的视频

4. Video Information 按钮

利用 Video Information 按钮能够获得所读取视频的总帧数、宽度、高度、帧率、时间、位置信息等,并显示在界面上,其效果如图 1.11 所示。

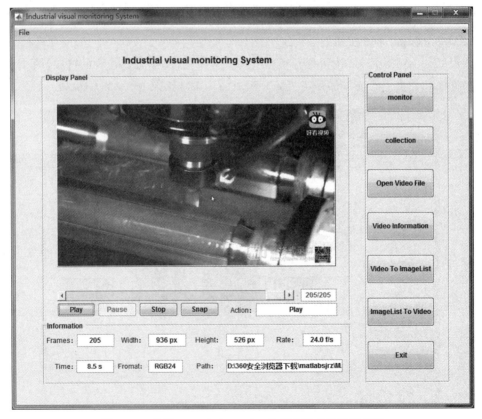

图 1.11　利用 Video Information 按钮获取到的视频信息

从图 1.11 可以看到该视频文件的总帧数为 205，宽度和高度分别是 936px 和 526px，帧率为 24f/s，总时长为 8.5s，格式类型为 RGB24，所存储的位置是 D:\360 安全浏览器下载\Matlabsjrz\...。

5. Video To ImageList 按钮

Video To ImageList 按钮能够将当前获取视频信息后的视频文件转换成图像序列进行保存，在转换后的图像序列中可以根据自己的需求寻找相应的信息，也可以利用图像序列去做一些其他的图像处理。图 1.12 是已经转换为图像序列的结果。

图 1.12 转换好的图像序列

6. ImageList To Video 按钮

在完成对转换后的图像序列的处理后，ImageList To Video 按钮可以将处理完的图像序列转换成新的 avi 视频（video_out2），其转换进程如图 1.13 所示，结果如图 1.14 所示。

7. snap 按钮

利用 snap 按钮可以截取当前监控的画面，结果如图 1.15 所示。

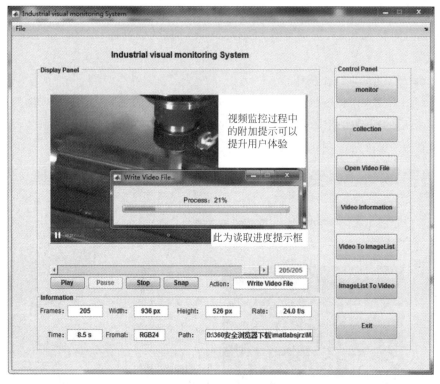

图 1.13 视频图像序列转换进程

图 1.14 转换结果

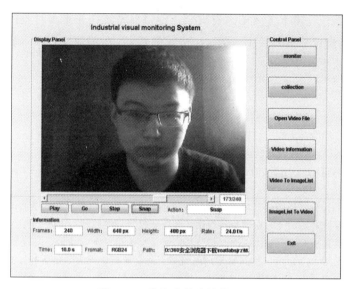

图 1.15 截取当前监控的画面

8. 批量读取

这里选择的是之前视频转图像序列中的前 12 张 jpg 格式的图像,批量读取的读取效果如图 1.16 所示。

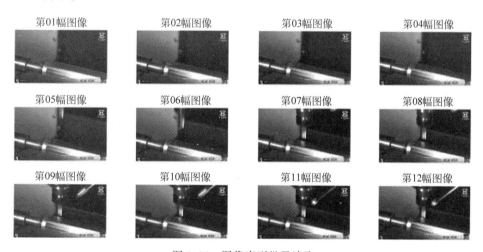

图 1.16 图像序列批量读取

1.6 小结

设计的视频图像智能采集系统能够完成基本的实时监控及视频图像的预处理,可以实现实时监控、视频采集、视频图像转换等功能,此系统适用于一些工业生产流水线上的监控及保障一些恶劣工作环境下工人的人身安全。但目前系统在采集实时监控系统的画面时会出现卡顿,而且实验仅采集时长 10s 的 avi 格式的视频,在工业生产中,计算机需要更多的存储空间来进行采集。

参考文献

[1] 蔡愉祖.计算机视觉概述[J].系统工程与电子技术,1986,000(001):64-72.

[2] POLDER L J V D,PARKER D W,ROOS J. Evolution of television receivers from analog to digital [J]. Proceedings of the IEEE,1985,73(4):599-612.

[3] 仝欣.基于 FPGA 的视频图像处理系统的研究[D].西安:西安电子科技大学,2012.

[4] 张福生.视频数据采集系统的原理及其应用[J].电子世界,2014(16):248-249.

[5] 黄伟.计算机视觉技术及产业化应用态势分析[J].信息通信技术与政策,2018(09):59-62.

[6] 罗华飞.MATLAB GUI 设计学习[M].3 版.北京:北京航空航天大学出版社,2017.

[7] SONKA M,HLAVAC V,BOYLE R.图像处理、分析与机器视觉[M].艾海舟,苏彦超,译.3 版.北京:清华大学出版社,2011.

[8] WANG W F,DENG X Y,DING L,et al. Brain-inspired Intelligence and Visual Perception:The Brain and Machine Eyes[M]. Springer,2019.

[9] 刘焕军,王耀南,段峰.机器视觉中的图像采集技术[J].电脑与信息技术,2003(01):20-23.

[10] 赵健.数字信号处理[M].2 版.北京:清华大学出版社,2011.

[11] 王文峰,李大湘,王栋,等.人脸识别原理与实战:以 MATLAB 为工具[M].北京:电子工业出版社,2018.

[12] 王文峰,阮俊虎,等.MATLAB 计算机视觉与机器认知[M].北京:北京航空航天大学出版社,2017.

第 2 章

项目入门阶段二

2.1 不完美的智能

视觉感知和语言理解是当前人工智能实战项目研究的两个主要热点。视觉感知及其延伸的场景理解技术,被认为是智能的基石。虽然现阶段人工智能在推理和理解方面还存在非常明显的不足之处,但从长期发展的角度看,语言理解正在成为智能的另一个基石。事实上,其关联的自然语言处理技术和语音识别技术已经得到了深入发展。

当前,机器认知在很大程度上仍然依赖于对视觉信息的学习,也被称为机器视觉,主要研究的对象分别是视频和图像。视频和图像是视觉和信息的基本载体,在人们的日常生活和工作中所起的作用也越来越重要,这也是其他信息无法取代的。根据第 1 章的相关解释,机器视觉需要借助工业相机(分 CMOS 和 CCD 两种)将目标通过光源控制器简化成计算机可以理解的图像信号,传送给专用的图像处理系统,根据像素分布和亮度、颜色等信息,转换成数字化信号。对这些数字化信号进行各种运算,就可以抽取目标的特征,并根据特征的变化进行判别和预测,下达智能控制指令。现有的摄像头或者成像传感器的性能还不足以克服所有自然因素和人为因素的影响,所以机器视觉系统接收到的源信息存在天然的缺陷。图像质量在其采集、获取、传输的过程中都可能会受到外界环境条件、传感器元件质量等诸多因素的影响。只有避免这些因素的影响,帮助机器实现对视觉表达信息的正确接收和理解,才能有效展开人脸识别、文字识别、花卉识别、目标识别、无人驾驶技术等各种基于计算机视觉的研究与应用。

2.2 噪声处理算法

图像噪声通常指在图像中可能存在不必要或者多余的干扰信息。这些图像噪声对图像的准确性和质量都有非常大的影响,所以在进行图像的增强、复原、重建、识别以及后续的工作之前都需要检测和纠正这些图像噪声。

2.2.1 均值滤波去噪

1. 数学建模

均值滤波的全称为邻域线性均值滤波,作为一种较为简便的方法,其主要思想为邻域单位平均法,是用周围几个目标像素之间的灰度平均值代替每个目标像素的灰度平均值进行计算,其处理方法主要是将图像中的数据转换生成 3×3 的目标像素矩阵或是 5×5 的其他矩阵模板,然后对这个目标像素矩阵模板的平均值进行图像处理。在目标图像上将一个目标的像素平均值传给一个矩阵模板,该目标像素的平均值包括了其周围的临近像素。以这个目标像素为中心的周围 8 个目标像素构成一个线性均值滤波矩阵模板,即去掉了目标的像素本身。再用这个矩阵模板中的全体目标像素的灰度平均值直接代替原来目标像素的平均值,或者选取的邻域是以目标单位的距离为 Δx 构成的 4 邻域或以 $\sqrt{2}$ 个单位距离为半径 r 构成的 8 邻域。

分析其滤波器的特性,假设噪声的模型公式为:

$$g(x,y) = f(x,y) + n(x,y) \tag{2-1}$$

经上述算法得到图像:

$$\bar{g}(x,y) = \frac{1}{M}\sum_{x,y \in S} g(x,y) = \frac{1}{M}\sum_{x,y \in S} f(x,y) + \frac{1}{M}\sum_{x,y \in S} n(x,y) \tag{2-2}$$

其中,S 为 (x,y) 点的邻域;M 为邻域的总点数,第二项中噪声的方差为:

$$D\left[\frac{1}{M}\sum_{x,y \in S} n(x,y)\right] = \frac{1}{M^2}\sum_{x,y \in S} D[n(x,y)] = \frac{1}{M}\sigma^2_{\text{noise}} \tag{2-3}$$

在经过邻域平滑图像处理后的平滑图像,噪声的方差变为原来的 $\frac{1}{M}$,因此邻域处理起到了降低噪声、平滑图像的作用。该算法的不足之处主要是会模糊图像的细节。

2. 编程实现

具体代码如下:

```
I = handles.I_origin;                % 初始化
X = im2double(I);                    % 数据类型转换
J = X;
w = fspecial('average',[5 5]);       % 设置滤波算子
H = imfilter(J,w,'replicate');       % 滤波
axes(handles.axes2);                 % 显示
imshow(J, []);
title('噪声图像');
axes(handles.axes3);
imshow(H, []);
title('均值滤波去噪');
```

3. 实验结果及分析

均值滤波去噪实验结果见图 2.1 所示(扫描二维码查看彩图)。

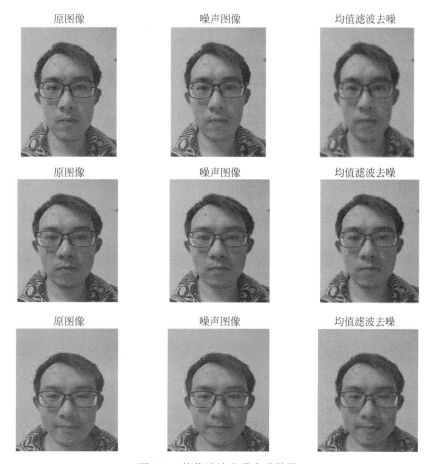

图 2.1 均值滤波去噪实验结果

在均值滤波实验的结果中,均值滤波的去噪不能有效保护图像的细节,同时也严重破坏了被处理图像的细节组成部分,因此也不能有效去除噪声影响污染点。如果被图像处理的区域中含有一个噪声污染点,在去噪的同时,均值滤波会通过图像中的均值污染点滤波将其噪声影响扩散到其他的噪声像素点,所以最大的噪声处理问题可能就是图像显得模糊,但是与其他算法相比,均值滤波很简单,计算速度也很快。

2.2.2 中值滤波去噪

1. 数学建模

中值滤波的一个特点是能有效抑制图像噪声的非线性平滑滤波信号。中值滤波首先需要确定一个以某个中心像素灰度为中心点的邻域,一般以方形为邻域,也可以是圆形、十字形等,然后将邻域中各像素的灰度值进行排序,取其中心点的值即可作为计算该中心点上各像素灰度的新值。这里的邻域称为窗口,当窗口移动时,利用中值滤波可以对二维图像细节进行平滑处理。其滤波算法简单,时间复杂度低,但对点、线和尖顶多的二维图像信号处理不宜直接采用中值滤波,否则很容易形成自适应化。

中值滤波实际上是一种非线性滤波,由于它在实际的运算过程中并不需要对图像进行排序统计并分析特性,所以在编程和使用中非常方便。中值滤波首先广泛应用在一维图像信号的采集和处理中,后来经过一系列发展和更新,在二维图像扫描信号的处理中也得到广泛应用。在一定的时间条件下,可以有效克服传统的非线性滤波可能带来的二维图像细节模糊,而且在特定情况下对于滤除图像脉冲的干扰以及对图像采集和扫描的噪声最为有效。但是对包含关键细节特别多的图像,特别是对于点、线、尖顶细节较多的二维图像,不适合直接使用传统的中值滤波的信号处理方法。

中值滤波的基本原理是把数字图像或数字序列中各点的值用该点的一个邻域中各点值的中值代替。

设有一个一维序列 $f_1, f_2, \cdots, f_m$,对此序列进行中值滤波,窗口长度为 $m = 2k+1$,就是从输入的序列中依次抽出 m 个数: $f_{i-v}, \cdots, f_{i-1}, f_i, f_{i+1}, \cdots, f_{i+v}$,其中 i 为窗口的中心位置,$v = \dfrac{m-1}{2}$。再将这 m 个点按数值大小排列,将排列后得到的 f_i 定义为中值,用数学公式表示为:

$$Y_i = \mathrm{Med}\{f_{i-v}, \cdots, f_i, \cdots, f_{i+v}\} \quad i \in Z, v = \frac{m-1}{2} \tag{2-4}$$

对于二维窗口的函数序列 $\{X_{ij}\}$,在进行对应数据的二维中值函数滤波时,滤波窗口也是二维的,但这种二维窗口对应的数据也可以实现各种不同的二维中值函数滤波窗口形状,如直线状、方形、圆形、十二工字形、十字形和环形等。二维窗口对应的精度中值滤波器公式表示为:

$$Y_{i,j} = \mathrm{Med}_{A}\{X_{ij}\} \quad A \text{ 为滤波窗口} \tag{2-5}$$

2. 编程实现

具体代码如下:

```
I = handles.I_origin;                    % 初始化
for i = 1 : size(I, 3)                   % 逐层滤波
    H(:,:,i) = medfilt2(I(:,:,i));
end
axes(handles.axes2);                     % 显示
imshow(I, []);
title('噪声图像');
axes(handles.axes3);
imshow(H, []);
title('中值滤波去噪');
```

3. 实验结果及分析

中值滤波去噪实验结果见图 2.2 所示(扫描二维码查看彩图)。

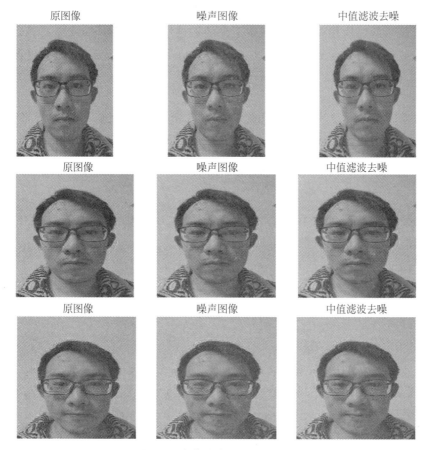

图 2.2 中值滤波去噪实验结果

中值脉冲滤波对于消除颗粒型噪声有一定效果,能够有效消除均值脉冲滤波的噪声,同时也能很好地保护整幅图像的边缘。在中值滤波实验的结果中,能够清楚地看出在图像的细节和边缘保护方面,由于中值滤波采用了非线性的处理方式,所以实验结果明显优于一般的均值脉冲滤波,但中值滤波还是会将好的颗粒型像素和坏的像素一起使用在整幅图像上,因此对于一些较小的细节,还是会有一定的影响。

2.2.3 小波软阈值去噪

1. 数学建模

小波变换方法是一种检测信号频率和时间尺度的频率分析方法,其技术特点主要是在低频部分拥有较高的频率分辨率和较低的时间尺度分辨率,在高频的部分具有较高的时间尺度分辨率和较低的频率分辨率,非常适合检测正常信号中夹带的瞬时和反常现象并展示其主要成分。

如图 2.3 所示,第一层的小波变换将原有的信号分解为低频和高频两部分,低频信号的长度大约是原低频信号的一半。在接下来的一层小波分解中,继续将低频部分的信号分解成新的低频和高频信号两部分,按此方法对信号继续进行分解,完成更深层次的小波分解。

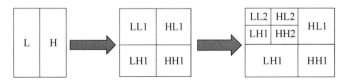

图 2.3   小波变换方法

对于含噪信号,利用等效小波图形进行特征提取,对高频系数进行阈值量化,通过计算得到原小波的最佳降噪值,流程如图 2.4 所示。

图 2.4   小波去噪流程图

小波去噪的重构方法首先是将含噪信号小波进行多尺度分解,从时域小波变换方法得到小波域,然后在各时域尺度下提取含噪信号的多尺度小波变换系数,除去产生噪声的时域小波变换系数,最后用多尺度小波逆变换重构小波信号,流程如图 2.5 所示。

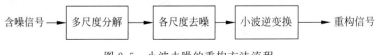

图 2.5   小波去噪的重构方法流程

图像频率子带的高频噪声经过小波变换后会具有不同的噪声物理能量特性,将图像的子带含噪高频信号在各个分辨率子带尺度上分别进行小波分解后,图像的子带噪声物理能量分散集中在低图像分辨度频率子波的带上。

原图像中高频信息的小波去噪系数的绝对值较大,低频信息小波系数的绝对值较小,在这种情况下,设定一个合适的信号阈值去噪门限,采用阈值去噪就可以保留有用的信号小波系数。而且这其实也是对高频的信号小波系数和噪声进行小波去噪处理的一个过程。

$$\hat{W}_{jk} = \begin{cases} \mathrm{sgn}(w_{jk})(\,|\,w_{jk}\,|-\lambda), & |\,w_{jk}\,| \geqslant \lambda \\ 0, & |\,w_{jk}\,| < \lambda \end{cases} \tag{2-6}$$

推导过程如下：

$$\text{If} \quad w_{jk} \in (-\infty, -\lambda] \bigcup [\lambda, +\infty)$$

$$\text{then} \quad |w_{jk}| \geqslant \lambda$$

$$(|w_{jk}| - \lambda) \geqslant 0$$

$$\text{and} \quad \text{if} \quad w_{jk} \in [\lambda, +\infty) \quad \text{then} \quad \text{sgn}(w_{jk}) = 1$$

$$\text{else} \quad \text{if} \quad w_{jk} \in (-\infty, -\lambda] \quad \text{then} \quad \text{sgn}(w_{jk}) = -1$$

$$\text{If} \quad w_{jk} \in (-\lambda, \lambda)$$

$$\text{then} \quad \hat{w}_{jk} = 0$$

$$\Rightarrow \text{we} \quad \text{can} \quad \text{get} \quad \text{graph} \quad 1.$$

对式(2-6)的理解：当小波系数的绝对值小于给定的阈值时，令其为零；大于或等于阈值时，令其减去阈值。

经过软阈值函数的作用，小波系数在小波域就比较光滑了，因此用软阈值去噪得到的图像看起来很平滑，但比较模糊，像有层雾罩在图像上，就像冬天通过窗户看外面一样。

2. 编程实现

具体代码如下：

```
I = handles.I_origin;                              % 初始化
X = im2double(I);                                  % 数据类型转换
J = X;
wname = 'sym4';                                    % 小波类型
lev = 2;                                            % 分解级数
[c,l] = wavedec2(J,lev,wname);                     % 分解
sigma = 0.054779;                                   % 设置阈值参数
alpha = 2;
th = wbmpen(c,l,sigma,alpha);                      % 提取阈值
keepapp = 1;                                        % 保持近似信息
H = wdencmp('gbl',J,wname,lev,th,'s',keepapp);     % 小波去噪
axes(handles.axes2);                                % 显示
imshow(J, []);
title('噪声图像');
axes(handles.axes3);
imshow(H, []);
title('小波软阈值去噪');
```

3. 实验结果及分析

小波软阈值去噪实验结果如图 2.6 所示(扫描二维码查看彩图)。

小波软阈值去噪处理图像的效果相对平滑，但是容易造成图像边缘模糊，而且会丢失图像的一些模糊特征，在本次实验中，小波软阈值去噪能够对图像中靠近人脸的部分进行较好的去噪处理，对于图像中靠近边缘的区域可能会产生一些模糊的特征，容易造成图像的丢

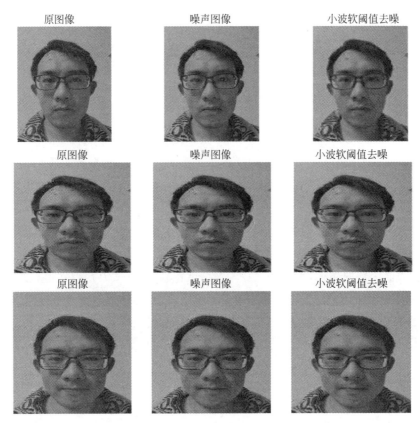

图 2.6　小波软阈值去噪实验结果

失。在对图像进行处理时,小波基和图像分解层数的正确选择、阈值的正确选取规则和阈值函数的正确设计,都被认为是直接影响最终去噪处理效果的关键因素。

2.2.4　小波硬阈值去噪

1. 数学建模

当小波系数的主要扰动小于某个临界阈值时,则认为当时的主要扰动可能是由噪声扰动引起的,应该直接地舍弃;但是当此时的主要扰动大于或等于这个临界系数的阈值时,认为这时的噪声和小波系数主要扰动可能是由噪声信号和小波引起的,应该把此时的小波系数直接保留下来:

$$\hat{W}_{jk} = \begin{cases} w_{jk}, & |w_{jk}| \geqslant \lambda \\ 0, & |w_{jk}| < \lambda \end{cases} \tag{2-7}$$

其中,w_{jk} 是含噪观测信号的小波变换系数;λ 为给定的阈值;$\hat{W}_{jk}$ 是真实信号的小波变换估计值。

推导过程如下：

$$\text{If} \quad w_{jk} \in (-\infty, -\lambda] \bigcup [\lambda, +\infty)$$

$$\text{then} \quad \hat{W}_{jk} = w_{jk}$$

$$\text{If} \quad w_{jk} \in (-\lambda, \lambda)$$

$$\text{then} \quad \hat{W}_{jk} = 0$$

对式(2-7)的理解：当小波系数的绝对值小于给定阈值时，令其为零；大于或等于阈值时，则令其保持不变。

硬阈值函数去噪与软阈值函数去噪相比，有如下不同：硬阈值函数去噪所得到的峰值信噪比(PSNR)较高，但是有局部抖动的现象；软阈值函数去噪所得到的 PSNR 不如硬阈值函数去噪，但是结果看起来很平滑，原因就是软阈值函数对小波系数进行了较大的改造，小波系数改变很大。

2. 编程实现

具体代码如下：

```
I = handles.I_origin;                              % 初始化
X = im2double(I);                                  % 数据类型转换
J = X;
wname = 'sym4';                                    % 小波类型
lev = 2;                                           % 分解级数
[c,l] = wavedec2(J,lev,wname);                     % 分解
sigma = 0.062818;                                  % 提取阈值
alpha = 2;
th = wbmpen(c,l,sigma,alpha);
keepapp = 1;                                       % 保持近似信息
H = wdencmp('gbl',J,wname,lev,th,'h',keepapp);     % 去噪
axes(handles.axes2);                               % 显示
imshow(J, []);
title('噪声图像');
axes(handles.axes3);
imshow(H, []);
title('小波硬阈值去噪');
```

3. 实验结果及分析

图 2.7 为小波硬阈值去噪实验结果(扫描二维码查看彩图)。小波硬阈值去噪技术在处理人脸图像时，虽然在平滑处理方面还是有所欠缺，但是能够使图像的一些轮廓和特征的信息较好保留下来，在本次实验中，小波硬阈值去噪较好地保留了人脸图像的一些特征，并且在整个图像和其他保留人脸图像特征信息的处理上都是优于传统的小波软阈值去噪的。在人脸图像的处理中，小波基和阈值分解层数的计算方式选择、阈值的选取计算规则和小波硬阈值分解函数的设计都是直接影响最终的去噪效果的关键因素。

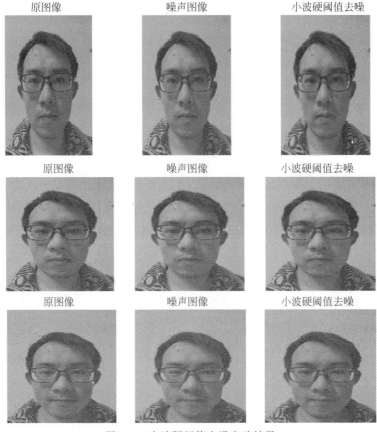

图 2.7　小波硬阈值去噪实验结果

2.2.5　轮廓波阈值去噪

1. 数学建模

轮廓波变换具有良好的去相关变换性质,这一点保证了轮廓波图像变换后的能量可以集中在有限的去相关变换域系数上,其余的大部分白噪声在多次变换域内能量发散系数的时间变化幅度和值都接近于零;高斯白噪声经多次变换后仍是白噪声,能量均匀地发散分布在所有的变换域系数上。对多级含噪的轮廓图像进行轮廓三角波变换。由于高斯白噪声经变换后仍是白噪声,所以噪声经轮廓波变换后在第 k 层的各方向的能量可以认为是近似相等的;又因为该变换是线性变换,所以比较含噪图像变换系数 f_k 在各方向上的能量并进行阈值处理,就可得到经轮廓波阈值去噪后的图像。

轮廓波阈值去噪算法的实现步骤如下。

首先需要确定轮廓波分解的层次 k,选取合适的 k 是非常有必要的,然后对含噪图像进行轮廓波变换,最后可以得到低频系数 a_0 和高频系数 $d_0, d_1, \cdots, d_{k-1}$。在轮廓波变换域设定阈值,对系数进行处理,得到新的轮廓波系数。

（1）硬阈值处理法：

$$\hat{d}_i = \begin{cases} d_i, & |d_i| \geqslant N, \quad i=0,1,2,\cdots,K-1 \\ 0, & \text{其他} \end{cases} \tag{2-8}$$

（2）软阈值处理法：

$$\hat{d}_i = \begin{cases} \text{sgn}(d_i), & |d_i| \geqslant N, \quad i=0,1,2,\cdots,K-1 \\ 0, & \text{其他} \end{cases} \tag{2-9}$$

其中，N 为阈值。

对处理后的高频系数 $\hat{d}_0,\hat{d}_1,\cdots,\hat{d}_{k-1}$ 和低频系数 a_0 进行轮廓波逆变换，得到信号 $\hat{x}$，即为原始信号 x 的估计值。

假设低通滤波器为拉普拉斯滤波器（金字塔滤波器），高通滤波器为方向滤波器，轮廓波分解首先通过低通滤波器将图像分解为一个低频信号（并进行次采样）和一个高频信号，接着由方向滤波器组将高频信号按照不同方向进行分解。而低频信号再由拉普拉斯滤波器进行分解从而进行迭代运算。这样的分解可以在高维情况下每层仅产生一个带通图像，避免了频谱混叠现象。轮廓波分解示意图如图 2.8 所示。

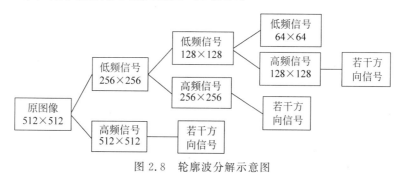

图 2.8 轮廓波分解示意图

2. 编程实现

图像大小需要设置像素为 512×512。

```matlab
function pushbutton6_Callback(hObject, eventdata, handles)
if isequal(handles.I_origin, 0)
return;                              % 如果没有图像
end
I = handles.I_origin;                % 初始化
pfilt = '9 - 7';                     % 参数
dfilt = 'pkva';
nlevs = [0, 0, 4, 4, 5];             % 每个金字塔级的 DFB 级数
th = 3;                              % 导致 3 * sigma
rho = 3;                             % 噪声水平
im = double(I) / 256;                % 测试图像
sig = std(im(:));                    % 生成含噪图像
sigma = sig / rho;
```

```
JS = im + sigma;
for i = 1 : size(JS, 3)                        % 小波去噪
    J = JS(:,:,i);                             % 每一层
% 使用 PDFB 小波变换,DFB 级数为 0
    y = pdfbdec(J, pfilt, dfilt, zeros(length(nlevs), 1));
    [c, s] = pdfb2vec(y);
    wth = th * sigma; % Threshold (typically 3 * sigma)
    c = c .* (abs(c) > wth);
    y = vec2pdfb(c, s);                        % 重建
    H(:,:,i) = pdfbrec(y, pfilt, dfilt);       % 存储
end
axes(handles.axes2);                           % 显示
imshow(JS, []);
title('噪声图像');
axes(handles.axes3);
imshow(H, []);
title('轮廓波阈值去噪');
```

3. 实验结果及分析

轮廓波阈值去噪实验结果如图 2.9 所示(扫描二维码查看彩图)。在对图像进行轮廓波

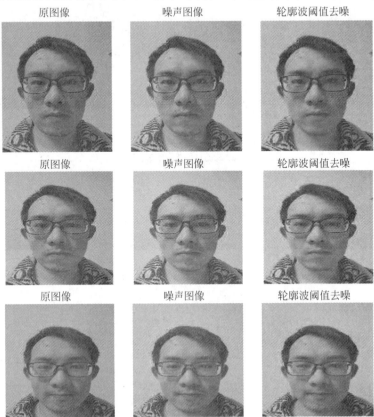

图 2.9 轮廓波阈值去噪实验结果

阈值去噪时,阈值的选择和准确性是一个关键的处理问题,去噪的准确性和效果主要取决于轮廓波阈值的选取。如果轮廓波阈值选得好,那么图像去噪的效果就好;反之,效果就稍微差一些。如果选取的轮廓波阈值较小,那么原来的图像需要保留的信息就会较多,同时也可能会保留更多的图像噪声;如果选取的轮廓波阈值较大,就意味着能够消除更多的图像噪声,但是原来图像的信息也可能会有更多丢失。基于实验的结果,选择得到较好的轮廓波阈值以后,图像的轮廓波去噪处理效果较好,轮廓波阈值去噪处理方法是一个可行的图像去噪处理方法,可以按照其要求合理地设置阈值,既可以保留原来图像的一些细节和特征,也可以具有很好的图像去噪处理效果。目前,轮廓波阈值去噪已经广泛应用于图像去噪领域。

2.3 模块化设计与调试

2.3.1 技术模块布局

MATLAB 中的 guide 可以搭建一个用户友好界面,在 MATLAB 上输入 guide 即可进入 guide 窗口,如图 2.10 所示。

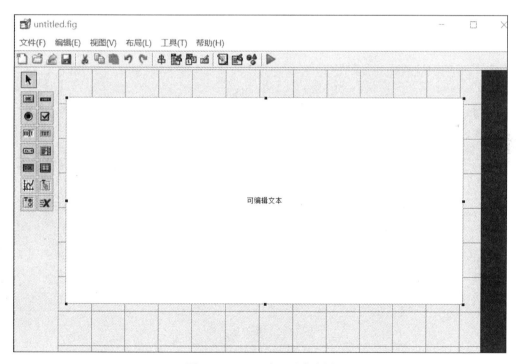

图 2.10 guide 窗口基本布局

再经过一系列设计,单击,将所需的按钮拖入绘图区域,即可完成设计,如图 2.11 所示。

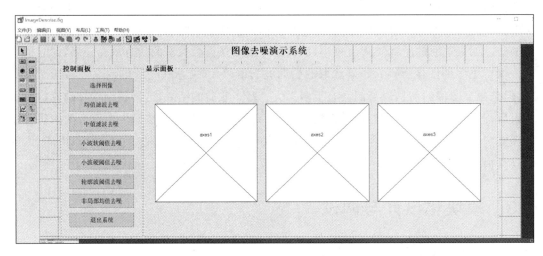

图 2.11　图像去噪演示系统

2.3.2　技术模块演示

系统运行后如图 2.12 所示。

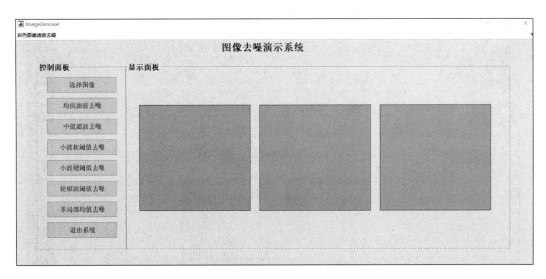

图 2.12　系统运行图

单击"选择图像",找到事先收集好的数据集,选择需要去噪的数据,如图 2.13 和图 2.14 所示。

最后,选择去噪方式,例如"轮廓波阈值去噪",如图 2.15 所示。

图 2.13 找到收集好的数据集

图 2.14 选择需要去噪的数据

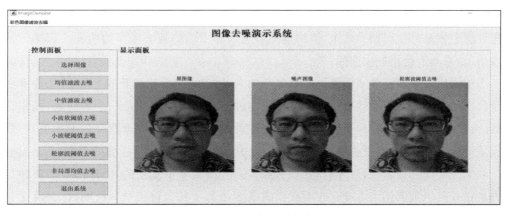

图 2.15 选择去噪方式

2.3.3　核心代码

具体代码如下：

```
function varargout = ImageDenoise(varargin)
gui_Singleton = 1;
gui_State = struct('gui_Name', mfilename, ...
'gui_Singleton', gui_Singleton, ...
'gui_OpeningFcn', @ImageDenoise_OpeningFcn, ...
'gui_OutputFcn', @ImageDenoise_OutputFcn, ...
'gui_LayoutFcn', [] , ...
'gui_Callback', []);
if nargin && ischar(varargin{1})
    gui_State.gui_Callback = str2func(varargin{1});
end
if nargout
    [varargout{1:nargout}] = gui_mainfcn(gui_State, varargin{:});
else
    gui_mainfcn(gui_State, varargin{:});
end
```

2.4　小结

本章研究了几种较为实用的图像滤波去噪方法，现在对此做一个总结。

均值滤波去噪方法是一种较为简单的滤波去噪方法，它使用了邻域算术平均法的设计思想，将其中两个相邻的像素点分别求得算术平均值后代替像素平均值，虽然这种方法可以简单地消除一些图像的噪声，但是随之而来的问题是图像的质量和清晰度可能会被噪声破坏。

中值滤波去噪方法作为一种非线性均值滤波去噪，它不仅能对图像有效去噪，在对图像清晰度和质量的保护上也比均值滤波去噪好。虽然在图像中随着滤波的尺寸逐渐变大，图像也可能会容易产生模糊的效果，但均值滤波去噪和中值滤波去噪作为两种比较基础的去噪方法，也是非常受用户欢迎的。

小波阈值去噪和轮廓波阈值去噪是复杂的去噪方法，也是比较新的方法，在去噪和图像质量保护上的表现也是非常优秀的，但是这两种方法阈值的选取是一个大问题，阈值选得好，那么去噪表现就很好，现在研究人员的目标就是研究如何有效选取合适的阈值，一旦这个问题得以解决，小波阈值去噪和轮廓波阈值去噪就能广泛应用于图像处理中。

图像去噪滤波技术在利用图像处理人脸识别方面是非常重要的，图像滤波去噪声技术指的是在人脸识别图像中可能存在不必要或者多余的干扰关键信息。简而言之，就是将人脸识别图像中不需要或者可能造成干扰的东西全部剔除，留下有用的关键信息。在新时代的人脸识别中,特别是在流感疫情之下,人们的出行都戴着口罩,采集得到的一些人脸干扰信息需要和人脸识别数据库的一些人脸干扰信息数据进行融合,通过这些图像的融合可以使人脸中的一些关键信息显现出来。但是,图像融合后可能会出现一些不必要的干扰信息,甚至可能出现在一些关键信息周围,这样人脸滤波图像去噪的技术重要性就能很好地体现了出来,可以使关键的信息更加清晰,将多余的干扰信息全部剔除,使人脸识别技术更加精准。

参考文献

[1]　王文峰,李大湘,王栋,等.人脸识别原理与实战:以 MATLAB 为工具[M].北京:电子工业出版社,2018.

[2]　王文峰,阮俊虎,等.MATLAB 计算机视觉与机器认知[M].北京:北京航空航天大学出版社,2017.

[3]　WANG W F,DENG X Y,DING L,et al. Brain-inspired Intelligence and Visual Perception:The Brain and Machine Eyes[M]. Springer,2019.

[4]　蒋爱如.基于 MATLAB 的激光图像背景噪声的处理[J].大众科技,2012(11):28-29.

[5]　雷贲.数字图像信号去噪方法分析[J].黑龙江科技信息,2012(8):92.

[6]　杨辉,唐建锋,杨利容,等.基于中值滤波和维纳滤波的图像混合噪声滤波研究[J].衡阳师范学院学报,2011(6):52-55.

[7]　蔡斌.非局部均值去噪算法研究[D].合肥:中国科学技术大学,2015.

[8]　赵淑贤.基于轮廓波变换的消噪算法设计[J].科技风,2016(15):48.

[9]　尚怡君,詹保坡.图像处理中消除噪声技术研究[J].科技传播,2017,9(04):63-64.

[10]　陈建军,田逢春,邱宇,等.多尺度和多方向特征的图像去噪[J].重庆大学学报,2010(8):23-28.

[11]　宋瑞霞,李亚楠,张巧霞,等.一种空域和频域相结合的图像消噪方法[J].计算机工程与应用,2011(34):184-186.

[12]　HUANG Z J,HUANG L C,GONG Y C,et al. Mask Scoring R-CNN[C]//CVPR,2019.

第 3 章　项目入门阶段三

3.1　进一步的思考

　　第 2 章对于噪声处理算法的介绍是必要的。然而,第 2 章的研究局限于图像去噪,可以认为是一种对图像进行复原的技术。在实际工程应用中,人脸经常是运动的,这就要求将图像去噪和运动目标检测结合起来。在此基础上再结合第 1 章介绍的视频图像序列转换技术,就可以实现视频去噪。作为遮挡人脸识别的预处理技术,也需要一种非局部的滤波去噪算法,以适应人脸的运动状态。

　　在日常生活中,噪声是阻碍人们感觉器官理解接收源信息的因素,图像中也存在各种各样的因素阻碍人们接收图像信息,也就是所谓的图像噪声。噪声是影响数字图像质量的一个非常重要的因素,它主要来自图像的获取及传输的过程。在图像的采集过程中,摄像头或者成像传感器的性能会受到外界环境条件、传感器元件质量等诸多因素的影响。图像噪声会影响图像中表达信息的接收。除此之外,图像噪声也会影响各种图像识别处理的科学研究和各类应用,例如,人脸识别、文字识别、花卉识别、目标识别、无人驾驶技术等各种基于计算机视觉的研究与应用。

　　图像去噪是一种对图像进行复原的技术,是图像处理领域的典型问题。到目前为止,科学家们已经提出了很多种不同类型的去噪方法,例如,建立在概率论、统计理论、偏微分方程、线性和非线性滤波、频谱分析、多分辨率分析基础上的各种方法。本章主要研究的是图像噪声对帧间差分法进行运动目标检测的影响,以及运用图像去噪并对其改进优化。

3.2　从局部到非局部

　　非局部滤波的去噪效果优异,但是想要将其应用到运动目标检测还需要解决算法复杂,处理图像耗时较长的问题。对一个视频进行运动目标检测要处理几百帧图像,不可能运用传统的非均值滤波,这样太耗时而且根本不实用,因而这部分提出一种基于积分图加速原理的快速非均值滤波算法。本节分别分析传统非局部滤波算法的原理、非局部均值滤波算法的不足、快速非局部均值滤波算法原理以及运动目标检测方法。

3.2.1　非局部滤波算法原理

其实图像中的像素点之间都是有关联的,它们都不是孤立存在的,每个像素点与其周围的像素点一起组成了图像中的几何结构。考虑到图像中复杂的空间相互关系,以像素为中心的窗口邻域(即图像块)能够很好地反映像素点的结构特征。每个像素点所对照的一组图像块的集合可以作为图像的完全表示。总体来说,图像是具有自相似性质的,即图像中不同位置的像素通常有很强的相关性,就像纹理图像一样。在图像中任意取出一个小窗口,在自然图像中包含的多种重复结构或者说冗余的额外信息,都能够在这幅图像中找到许多类似的窗口结构。足够多的重复结构也同时包含在自然图像中,例如图像平坦区域中有大量相似的像素点,在同一直线或者曲线边界上的像素点也有相似的邻域模式。对于图像中空间位置距离较近的窗口,这个结论也明显成立,而这就是局部规则性的假设。如果使用能够描述图像结构特征的图像切片来度量像素之间的相似度,将比单个像素的测量更为准确,因而可以更好地对图像的结构信息进行保护。Efros 和 Leung 是第一个注意到图像具有这个特性的,他们利用图像之间的相似性进行纹理合成,并对图像中的小孔进行填充。该算法寻找与图像中要处理的像素点相似的像素点。Buades 等在 2005 年提出了非局部均值滤波去噪算法。第一次引入了非局部滤波的概念,采用基于变换域滤波的去噪方法和基于结构相似性的局部平滑方法去除噪声,其目的主要是为了恢复图像的主要几何结构。这些方法都建立在对原始图像进行规则性假设的基础之上,由于噪声与图像的细微结构和细节信息同时具有极其相似的特征,因此平滑地定义图像的细微结构和细节信息,才能够有效地保护图像的结构信息,达成目前最优异的去噪效果。

采用非局部均值滤波图像去噪算法实现滤波去噪是对传统的邻域滤波方法的一个重大的改进。首先,该算法考虑图像的自相似性,突破了邻域滤波只用于局域滤波的限制。由于在空间位置上相似的像素点的距离并不一定会离得很近(例如,具有周期性质的图像),因此在更大的范围内找到相似的像素会更有利。其次,该算法将相似像素点定义为具有相同邻域模式的像素点,与只利用单个像素点本身信息获得的相似性相比,利用像素点周围大小固定窗口中的信息来表示像素的特征更加可靠和稳定。

对于一个给定的像素点 i 来说,图像块 $N(i)$ 是以像素点 i 为中心的大小为 $n \times n$ 的区域,$N(j)$ 是 $N(i)$ 邻域内的图像块,使用图像块 $N(i)$ 与图像块 $N(j)$ 之间的高斯加权欧氏距离来计算像素点 i 与像素点 j 之间的相似性。图像块 $N(j)$ 与图像块 $N(i)$ 之间的距离越小,说明像素点 j 与像素点 i 会越相似,累加恢复时像素点 j 赋予的权值也越大。假定滤波后图像为 $\hat{f}(i)$,噪声图像为 $f = \{f(i) | i \in \Omega\}$,$\Omega$ 是图像区域,$f(i)$ 表示像素 i 的灰度值,

则非局部均值滤波算法的具体计算如下：

$$\hat{f}(i) = \frac{\sum\limits_{j \in I} W(i,j) f(j)}{\sum\limits_{j \in I} W(i,j)} \tag{3-1}$$

$$W(i,j) = e^{-\frac{d(i,j)}{\sigma^2}} \tag{3-2}$$

$$d(i,j) = \| N(i) - N(j) \|_{2,\alpha}^2 \tag{3-3}$$

其中，α 为高斯核函数的标准差，使用高斯核对图像块进行卷积处理，能够降低噪声对距离计算的影响并突出图像块中心在像素的作用；$d(i,j)$ 表示两图像块之间的加权欧氏距离；σ 为控制平滑程度的滤波参数；I 表示以像素 i 为中心的搜索邻域，理论上 I 应为整个图像空间，即 $I = \Omega$，但这种取值方法将使算法复杂度太高，因此，通常会把搜索窗 I 减小至一定大小；$W(i,j)$ 为加权平均时像素 j 对应的权重。

从非局部均值滤波算法的计算过程可以看出，如图 3.1 所示的像素点 q_1 和 q_2 会获得比较大的权重，因为像素点 q_1 和像素点 q_2 所在的图像块与像素点 p 所在的图像块更加相似；相反，像素点 q_3 所对应的权重 $W(p,q_3)$ 比较小，因为像素点 q_3 所在的图像块无论是从灰度分布还是从几何结构上都与像素点 p 所在的图像块差别较大。与传统邻域平均方法相比，非局部均值滤波算法同时结合了几何结构分配邻域像素权重值和灰度分布，更加有效地区分不同相似度的贡献，所以该算法能够取得更显著的去噪效果。

图 3.1 非局部均值滤波原理

3.2.2 存在的不足

非局部均值滤波算法虽然原理简单、对图像去噪的性能优越，特别是其非局部的思想，

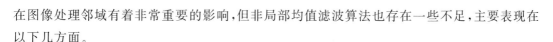

在图像处理邻域有着非常重要的影响,但非局部均值滤波算法也存在一些不足,主要表现在以下几方面。

(1)相似性度量计算方法缺乏稳定性。根据上述算法原理进行相似性计算时,只有那些可以被平移到不同位置的图像块才能获得比较大的权重。实际上,如果把图像中的某些图像块旋转一定的角度,它们仍然与给定的图像块相似。如果仅使用算法中的相似性度量计算方法就有可能忽略掉这些非常相似的像素点或者图像块。

(2)在进行相似性计算的时候,使用了高斯加权的欧氏距离能够降低噪声对距离计算的影响,并且突出图像块中心像素对相似度计算的贡献。该算法以及许多基于该算法改良的算法都是采用了这一度量方法来计算欧式距离。然而由于高斯核是各向非异性的,因此对图像块内不相似的像素点也将会采用同样的比例来参与欧式距离的计算,从而对中心像素的相似性比较带来干扰。因此,探讨如何选取适合的邻域用于欧式距离的计算,这是非常必要的。

(3)该算法在去噪时所采取的计算策略是将搜寻邻域内的一切像素点依据不同的权重累加求平均,但搜索邻域内还包括不相似的像素点,这些不相似像素点也会参与贡献权重,这是非常不科学的。因此,如何获得更多可靠的具有相似性的像素点,从而有效地消除不同像素对去噪性能的影响将是一个值得钻研的问题。

(4)虽然该算法原理容易理解,但是运算复杂度比较高,这也是算法的一个不足。相似度权值计算会耗费非常久的时间,所以该算法在实际工程应用中必然有局限性。

(5)权值计算中参数的取值也会影响该算法的去噪效果。这个取值一般是经验值,没有统一的取值方式,参数选取的好坏会直接影响去噪效果。一般在滤波算法进程中会将权重参数设置为固定值,并且该值的大小仅与噪声的方差关联。但是,权重的相关参数的影响因素有两个主要的方面,一个是图像内容,另一个是噪声水平。只由噪声水平确定的固定权重参数必定没有办法同时兼顾图像中所有内容存在的差异,因而,设计一个自动适应而且还能同时兼顾噪声水平和图像内容的权重参数将会是提高该算法去噪水平所需解决的重要问题。

3.2.3 算法改进思路

因为非局部均值算法需要对图像中所有像素点灰度值做重新估计,假设图像共 N 个像素点,搜索窗大小定义为 D,邻域窗口大小定义为 d,计算每个矩形邻域间相似度的时间为 $O(d^2)$,对于每个像素点要计算搜索窗内 D^2 个像素点的相似度,故非局部均值滤波算法的复杂度为 $O(ND^2d^2)$。

使用传统的非局部均值滤波算法处理一幅 256×256 的图像,要耗费一个小时左右,这限制了该算法在实际生活中的应用,所以对非局部均值滤波算法进行加速非常必要。本节介绍采用基于积分图像的快速非局部均值算法。

积分图像加速的原理是,将图像中的全部像素点,一次性计算出某一偏离坐标点方向的权重值,而不是计算某一点的所有偏离点。准确地,计算当前图像与一定偏移后的图像的距离并求其平方值,继而计算与原图像同等尺寸的积分图,则通过这个积分图就能够很简单地计算出每个点与偏离它一定偏移的坐标点的距离。积分图的作用体现在使用线性计算减少重复的计算,即用存储换时间。对图像整体处理,原图像与平移 $t=y-x\in[-Ds,Ds]$ 后的图像的欧氏距离为:

$$S_t = \| v(x) - v(x+t) \|_2^2 \tag{3-4}$$

先假设一个关于像素差值的积分图像:

$$S_{d_t}(x) = \sum_{\{z=(z_1,z_2)\in N^2,0\leqslant z_1\leqslant x_1,0\leqslant z_2\leqslant x_2\}} s_t(z), \quad x=(x_1,x_2)\in\Omega \tag{3-5}$$

式(3-5)在实际操作中可表达为:

$$\forall x=(x_1,x_2)\in\Omega, \quad x_1\geqslant 1, x_2\geqslant 1 \tag{3-6}$$

$$S_{d_t}(x) = s_t(x) + S_{d_t}(x_1-1,x_2) + S_{d_t}(x_1,x_2-1) - S_{d_t}(x_1-1,x_2-1) \tag{3-7}$$

那么对于不同区域的欧式距离可以写为:

$$\| v(x) - v(y) \|_{2,d}^2 = \frac{1}{d^2}[S_{d_t}(x_1+d_s,x_2+d_s) + S_{d_t}(x_1-,x_2-d_s) -$$

$$S_{d_t}(x_1+d_s,x_2-d_s) - S_{d_t}(x_1-d_s,x_2+d_s) \tag{3-8}$$

此时对于 N 个像素点的图像,搜索窗大小为 D,计算非局部均值滤波算法的复杂度为 $O(ND^2)$。

明显可以发现式(3-8)与式(3-7)思想一致,如图 3.2 所示,加 2 个减 2 个并以差值大小判断偏差大小。

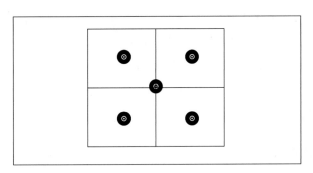

图 3.2　加 2 个减 2 个并以差值大小判断偏差大小

3.3　应用探索和尝试

3.3.1　运动目标检测

运动目标检测方法已经发展了多年,迄今为止该领域已经有了非常多的方法,但是许多方法都是从最传统的 3 种方法改进而来的。

（1）光流法用于描述相对于观察者的运动引起的观察目标表面或边缘的运动,光流是表达图像运动的有效而简单的方法,光流是图像序列中图像亮度模式的性能。因为光流场所具有的不连续性,所以可以用光流法将所要研究的图像分割成对应的不同的运动物体区域。基于光流法的运动目标检测具有运动目标随时间变化的光流特性,光流中会同时包含被观察物体的相关结构信息和运动物体的运动信息,但是在实际应用中,由于遮挡、噪声、透明度等多种因素的影响,无法更好地满足光流场基本方程假设的灰度守恒条件,从而没有办法得到正解。此外,大多数光流法计算复杂,仅仅只能得到稀疏的光流场,因而不适合实时处理。该方法并不适用于具有时效性和精确性要求的系统。

（2）背景差分法是运动目标检测技术中常用的一种方法。该方法主要利用当前帧图像与背景图像的差值图像检测运动区域。由于该方法不受运动目标速度的限制,可以提供完整的特征数据,所以可以更完整地提取运动目标。但是,其检测性能与背景图像提取的质量有很大关系,并且容易受光照条件和外部条件引起的场景变化的影响。

（3）帧间差分法的原理是减少图像前后两个帧所对应的像素值。当环境亮度变化不大时,如果相应的像素值相差很大,则认为场景中该像素点是运动物体;如果像素值相差小,则认为该像素点是背景。对于较大的、颜色一致的运动对象,该方法可能会在对象内部产生空洞,从而无法完全提取运动对象。当对差分图像进行二值化处理后,可能还会有很多没有使用的噪声斑点,另外目标运动物体内部也可能会产生噪点,所以需要通过数学和形态学的方法,对差分后的二值图像进行滤波处理。该方法的缺点是对环境的噪声特别敏感,所以对二值化时阈值的选择有很高的要求,如果选择太低就不足以抑制图像中的噪点,选择过高则忽略了图像中有用的变化。

根据帧间差分法原理,当视频中的确有物体在运动时,相邻的两帧或者相邻的三帧之间的图像在灰度上会有所差别,只要求取两帧灰度化图像矩阵差的绝对值,则静止物体在差分图像矩阵上表现出来全是 0,而视频中的运动物体(尤其是运动物体的边缘轮廓处)由于存在灰度变化包含不为 0 的点,当所求差值绝对值超过设定阈值时,就可以将此物体判断为所求的运动目标,从而简单实现了目标的检测功能。

帧间差分法算法简单且易于实现,程序设计的复杂度不高,同时其对场景的光线变化不是特别敏感,还能够适应各种各样的动态环境,有比较强的鲁棒性。但其缺点是受各种不确定因素的影响,比如光线的变化、部分背景物体小幅度晃动等,这些因素会使视频图像产生大量的噪声,帧间差分法原理图如图 3.3 所示。

综上所述,传统的帧间差分法会受各种不确定因素的影响,使得视频图像会产生大量的噪声,从而导致分割后的二值图像有很多噪声斑点,因此本章结合非局部均值滤波对差分后二值图像进行滤波后再采用帧间差值法进行运动目标检测,减少背景物体小幅度晃动以及大量噪声的干扰,从而改进优化帧间差分法。改进后的原理如图 3.4 所示。

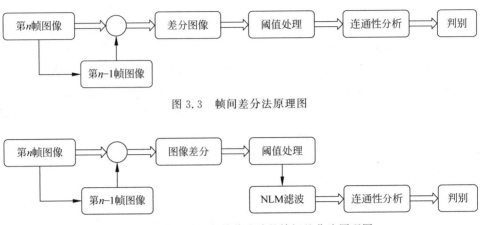

图 3.3　帧间差分法原理图

图 3.4　结合了非局部均值滤波的帧间差分法原理图

3.3.2　算法设计思想

本设计的程序包含非局部均值滤波、背景差分与帧间差分结合以及非局部均值滤波的积分图快速算法实现,程序要实现将视频文件分解为一帧一帧的图像,并对每一张图像进行背景差分和帧间差分后再进行非局部均值滤波处理,最后进行运动目标检测。

为了观察加入非局部均值滤波后的帧间差分法检测运动物体是否去除了噪声影响,因此设计了一个有对比的实验,分别要对未滤波的差分二值图像和已滤波的差分二值图像进行运动目标检测。此次实验和编程环境都是基于 Windows 操作系统以及 MATLAB 2018b 版本。所设计的程序要实现将视频帧间差分得到每两帧的差分图像,然后将差分图像二值化并进行非局部均值滤波,滤波后找出该图像的八连通区域,则认为已经将运动目标标记出来。为方便实验,并考虑到计算机硬件条件,实验数据为 5s 的画质清晰的短视频,视频中背景静止且有物体移动但避免大量杂物移动。

本次实验的数据均为作者拍摄的背景静止但前景有物体移动的视频,分别拍摄了十几个不同的视频。每个视频的时长都是 4～7s,视频中都有不同物体或者是戴口罩的人脸的移动,选择视频背景中比较简单的进行实验。为了运行顺畅,首先用视频编辑软件压缩视频,同时尽可能保留视频画质。

3.3.3　算法设计过程

按照设计目的,MATLAB 程序需要实现以下功能。

(1) 读取视频文件。

(2) 读取视频的每一帧。

（3）确定背景。

（4）将每一帧与背景差分得到差分图像。

（5）差分图像进行二值化。

（6）二值化阈值自适应。

（7）二值化图像要进行非局部均值滤波。

（8）进行连通性分析，找出二值化图像的八连通区域。

（9）进行连通性分析，找出滤波后的图像的八连通区域。

（10）显示图像观察。

（11）保存图像序列。

其中第3～11个功能应该在一个循环体中。第7个功能是算法核心，非局部均值滤波算法设计要考虑处理视频的每一帧，处理速度要快，本设计采用了3.1.3节介绍的快速非局部均值滤波算法。按照以上的结构设计要求的MATLAB程序如下所述。

读取视频文件，文件地址pwd为当前工作目录，当前运行程序所保存的文件夹，文件名为"30"，格式为"MP4"如果是其他文件格式可将此直接改为所读视频文件的格式。代码如下：

```
mov = VideoReader(fullfile(pwd,'30.mp4'));
```

读取视频后应将获取视频帧个数，决定程序循环次数。代码如下：

```
nframes = mov.NumberOfFrames;
```

读取第一帧图像并进行灰度化（rgb2gray）再转化为double类型后，以此图像作为初始背景，然后开始进入循环，直到视频最后一帧结束，其中nStar设为1。代码如下：

```
Background = double(rgb2gray(read(mov,nStar)));
for k = nStar + 1 : nframes;
```

进入循环后，将当前帧（第 k 帧）与前一帧（第 $k-1$ 帧）做差分，两帧图像矩阵做差分时元素小于零取绝对值，为了防止过大跨度图像的矩阵边缘像素被擦除，要对差分后的图像进行归一化，再将图像转化为uint8类型。代码如下：

```
CurrentImage = double(rgb2gray(read(mov,k)));          % 当前帧
FurmerImage = double(rgb2gray(read(mov,k-1)));         % 前一帧
difgrayFrame = im2uint8(mat2gray(abs(CurrentImage - FurmerImage)));    % 帧间差分,取绝对
值,进行归一化,转化为uint8类型
```

将差分后的灰度图像进行二值处理，二值图像是指只有纯白（255）或者纯黑（0）的图像，二值化阈值th通过函数自适应。代码如下：

```
th = get_iter_th(difgrayFrame);
```

```
difBW = im2bw(difgrayFrame,th/255);              %用来计算灰度图像二值化时的阈值,采用迭代法
function m = get_iter_th(Imgray)
mingray = min(min(Imgray));                       %最小值
maxgray = max(max(Imgray));                       %最大值
m = double(mingray)/2 + double(maxgray)/2;        %初始分割阈值
while 1
    a = find(Imgray <= m);                        %背景
    A = sum(Imgray(a))/length(a);                 %均值
    b = find(Imgray > m);                         %前景
    B = sum(Imgray(b))/length(b);                 %均值
    n = (A + B)/2;                                %计算
    if isnan(n)
      break;                                      %如果出现异常数据
    end
if abs(m - n)< 1
    break;                                        %满足条件
else
    m = n;                                        %迭代
end
end
```

再将背景更新,当前所在帧与前面一帧有变化的区域不用更新,没有变化的区域更新到背景中。背景更新的速度,设置为 0.1。代码如下:

```
alpha = 0.1;
CurrentBack = Background. * difBW + (alpha . * CurrentImage + (1 - alpha) . * Background).
 * (1 - difBW);
Background = CurrentBack;
```

将前景(当前帧/第 k 帧)与更新后的背景进行差分运算。同样需要归一化以及转化为 uint8 类型再化成二值图像。代码如下:

```
Cut = abs(double(CurrentImage) - double(Background));
Cut = im2uint8(mat2gray(Cut));
cuTt = get_iter_th(Cut);
cutBW = im2bw(Cut,cuTt/255);
```

此时差分后的二值图像已经可以进行连通性分析并找出八连通区域,得出没有滤波之前的运动目标标记。接下来运用非局部均值滤波算法对差分后的二值图像进行滤波,然后再进行一次连通性分析,由于时间要求高,将采用积分图加速的非局部均值滤波算法。

读取图像尺寸,输入参数 ds 用于计算图像块的大小(邻域窗口半径),Ds 为搜索窗口半径,h 为控制平滑程度的滤波参数。再将输入图像填充,便于处理。代码如下:

```
[m,n] = size(src);
ds = 2;                                    %j 计算权重的图像块大小 t
```

```
Ds = 5;                                    % 搜索窗口半径
h = 10;                                     % 滤波参数
offset = ds + Ds;
PaddedImg = padarray(src,[ds + Ds,ds + Ds],'symmetric','both');
% 非局部均值滤波去噪
% 生成 3 个 m * n 全为零的矩阵
sumimage = zeros(m,n);
sumweight = zeros(m,n);
maxweight = zeros(m,n);
image = PaddedImg(1 + Ds:Ds + m + ds,1 + Ds:Ds + n + ds);
[M,N] = size(image);
for r = - Ds:Ds
    for s = - Ds:Ds
        if(r == 0&&s == 0)
            continue;                       % 如果 r 等于 0,s 也等于 0,则跳过当前点偏移
        end
        wimage = PaddedImg(1 + Ds + r:Ds + m + ds + r,1 + Ds + s:Ds + n + ds + s);      % 求得差值积分图
        diff = image - wimage;
        diff = diff.^2;
        J = cumsum(diff,1);
        J = cumsum(J,2);
        distance = J(M - m + 1:M,N - n + 1:N) + J(1:m,1:n) - J(M - m + 1:M,1:n) - J(1:m,N - n + 1:N);
                                            % 计算距离
        distance = distance/((2 * ds + 1).^2);
        weight = exp( - distance./(h * h));% 计算权重并获得单个偏移下的加权图像
        sumimage = sumimage + weight. * wimage(ds + 1:ds + m,ds + 1:ds + n);
        sumweight = sumweight + weight;
        maxweight = max(maxweight,weight);
    end
end
sumimage = sumimage + maxweight. * image(ds + 1:ds + m,ds + 1:ds + n);
sumweight = sumweight + maxweight;
dst = sumimage./sumweight;
```

进行非局部均值滤波后,分别得到了未滤波的差分二值图像和滤波的差分二值像,接下来对两张图像分别进行连通性分析,找出图像中所有八连通区域视为运动目标所在位置并且用红框标记。连通性分析的核心程序如下:

```
[L,nm] = bwlabel(CuterBW,8);
    for i = 1:nm
    [r,c] = find(L == i);
    left = min(c);
    right = max(c);
    top = min(r);
    buttom = max(r);
```

```
width = right - left + 1;
height = buttom - top + 1;
rectangle('position',[left,top,width,height],'EdgeColor','r');
end
```

将差分图像、滤波后的差分二值图像、未滤波差分后的二值图像的目标标记图像以及滤波后的差分二值图像的目标标记图像放在一个窗口中显示。实现代码如下：

```
figure(1);
subplot(1,4,1),imshow(CurrentImage,[]),title(['第' num2str(k) '帧']);
[L,nm] = bwlabel(CuterBW,8);
for i = 1:nm
[r,c] = find(L == i);
left = min(c);
right = max(c);
top = min(r);
buttom = max(r);
width = right - left + 1;
height = buttom - top + 1;
rectangle('position',[left,top,width,height],'EdgeColor','r');
end
subplot(1,4,2),imshow(Cut,[]),title('差分后的图像');
subplot(1,4,3),imshow(dst,[]),title('滤波后的差分二值图像');
subplot(1,4,4),imshow(CurrentImage,[]),title('滤波后目标跟踪');
[L,nm] = bwlabel(dst,8);
for i = 1:nm
[r,c] = find(L == i);
left = min(c);
right = max(c);
top = min(r);
buttom = max(r);
width = right - left + 1;
height = buttom - top + 1;
rectangle('position',[left,top,width,height],'EdgeColor','r');
```

设计所需设备为一台能正常运行 MATLAB 的计算机（MATLAB 版本为 2018b）。实验视频保存在与 MATLAB 程序同一文件夹中。将程序语句“mov = VideoReader(fullfile(pwd,'30.mp4'));”单引号中内容改为导入视频的文件名以及后缀。此时运行该 MATLAB 程序，将会弹出图像显示窗口，分别显示差分图像、滤波后的差分二值图像、未滤波差分后的二值图像的目标标记图像以及滤波后的差分二值图像的目标标记图像，可以直接在窗口上观察实验结果。

实验流程图如图 3.5 所示。

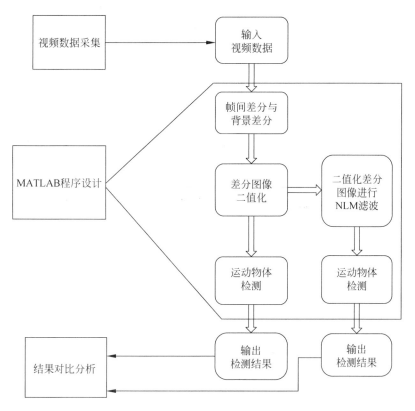

图 3.5　实验流程图

3.4　实验结果与结论

3.4.1　预测实验结果

实验结果应该是未进行滤波的目标检测出现多个方框以及每一帧由微小的变化都会有方框框出,而滤波后的目标检测应该只是视频中主要运动部位有方框框出,忽略了大部分微小的方框。

3.4.2　观察收集实验结果

实验结果用录屏软件进行录制,并且每一帧变化的图像序列都保存在计算机中,此功能可以直接在程序中加入下述语句来实现:

```
"filepath = pwd;
cd('D:\shuju\1');
```

```
saveas(1,['l1/4in' num2str(k) '.jpg']);
cd(filepath);"
```

保存的图像序列部分如图 3.6～图 3.14 所示。其中,图 3.6～图 3.8 所示为视频 1 的第 2～4 帧,图 3.9～图 3.14 所示为视频 1 的第 42～47 帧。

第2帧　　　　差分后的图像　　　　滤波后的差分图像　　　　滤波后目标跟踪

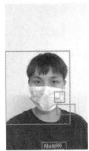

图 3.6　第 2 帧

第3帧　　　　差分后的图像　　　　滤波后的差分图像　　　　滤波后目标跟踪

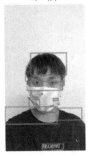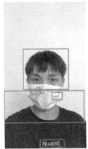

图 3.7　第 3 帧

第4帧　　　　差分后的图像　　　　滤波后的差分图像　　　　滤波后目标跟踪

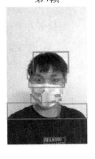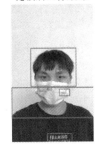

图 3.8　第 4 帧

第42帧　　　　　差分后的图像　　　　滤波后的差分图像　　　滤波后目标跟踪

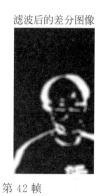
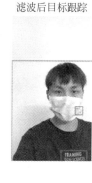

图 3.9　第 42 帧

第43帧　　　　　差分后的图像　　　　滤波后的差分图像　　　滤波后目标跟踪

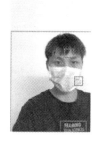

图 3.10　第 43 帧

第44帧　　　　　差分后的图像　　　　滤波后的差分图像　　　滤波后目标跟踪

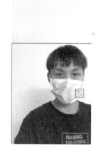

图 3.11　第 44 帧

第45帧　　　　　差分后的图像　　　　滤波后的差分图像　　　滤波后目标跟踪

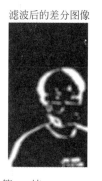
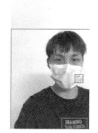

图 3.12　第 45 帧

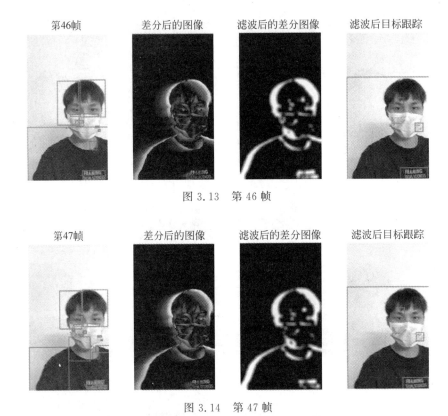

图 3.13 第 46 帧

图 3.14 第 47 帧

3.4.3 实验结果分析

可以看到得出的实际结果和预想的已经基本吻合。未进行滤波的目标跟踪检测有很多噪点和小方框,滤波后的目标跟踪检测已经优化略去了许多噪点和微小的变动。完整的结果可以看保存的视频。本设计尝试将非局部均值滤波算法应用到了运动目标检测的研究中,这次尝试也成功对运动目标检测的结果进行了优化和改进,并且实际结果符合了预想的效果。

3.5 小结

通过对运动目标检测进行了对非局部均值滤波以及其快速算法的研究与应用,首先介绍了非局部均值滤波算法和运动目标检测的研究背景、意义以及常用的去噪算法,还列举了常用的运动目标检测方法。首先剖析了非局部均值滤波的原理以及该算法的不足之处,并且提出了基于积分图加速的快速非均值滤波算法以及运动目标检测之帧间差分法的分析。基于这些理论知识,将非均值滤波运用到运动目标检测中,对运动目标检测的图像序列进行滤波去噪处理再进行运动目标检测,结果显示非均值滤波算法成功对运动目标检测的结果产生了比较好的改进及优化。总体来说,此次设计的实验结果说明非局部均值滤波去噪对运动目标检测的结果确实会有改良,在此基础上,可以进行更深更广的研究,希望非局部均值滤波算法还可以应用于更多的科学研究和实际应用。

参考文献

[1] 梁广顺,汪日伟,温显斌.基于双边滤波与非局部均值的图像去噪研究[J].光电子:激光,2015(11):2231-2235.

[2] 肖本贤,陆诚,陈昊,等.基于帧间差分法和不变矩特征的运动目标检测与识别[C]//中国控制会议,2008:578-581.

[3] WANG W F,DENG X Y,DING L,et al. Brain-inspired Intelligence and Visual Perception:The Brain and Machine Eyes[M].Berlin:Springer,2019.

[4] 孙伟峰.基于非局部信息的信号与图像处理算法及其应用研究[D].济南:山东大学,2010.

[5] 王斌.MATLAB实现数字图像增强处理[J].佳木斯大学学报,2005,23(1):31-34.

[6] 张丽果.快速非局部均值滤波图像去噪[J].信号处理,2013,029(008):1043-1049.

[7] 林洪文,涂丹,李国辉.基于统计背景模型的运动目标检测方法[J].计算机工程,2003(16):101-103+112.

[8] 魏宗坤.基于DM642的监控系统及运动目标检测算法的实现[D].成都:电子科技大学,2008.

[9] 于成忠,朱骏,袁晓辉.基于背景差的运动目标检测[C].全国自动化新技术学术交流会,2005.

[10] 蔡斌.非局部均值去噪算法研究[D].合肥:中国科学技术大学,2015.

[11] 刘悦.图像检测与识别的特征提取算法研究[D].哈尔滨:哈尔滨工程大学,2015.

[12] 张爽,周慧鑫,牛肖雪,等.基于非局部均值滤波与时域高通滤波的非均匀性校正算法[J].光子学报,2013,43(1):147-150.

[13] 刘中合,王瑞雪,王锋德,等.数字图像处理技术现状与展望[J].计算机时代,2005(9):6-8.

[14] 范影乐,杨胜天,李轶.MATLAB仿真应用详解[M].北京:人民邮电出版社,2001.

[15] 赵小川,赵斌.MATLAB数字图像处理:从仿真到C/C++代码的自动生成[M].北京:北京航空航天大学出版社,2015.

[16] 吴福朝.计算机视觉中的数学方法[M].北京:科学出版社,2008.

[17] 王秀芬,王汇源,王松.基于背景差分法和显著性图的海底目标检测方法[J].山东大学学报(工学版),2011,41(1):12-16.

[18] 林雯.新型基于帧间差分法的运动人脸检测算法研究[J].计算机仿真,2010(10):248-251.

[19] 张丹丹,娄焕.帧间差分法中阈值的选择[J].科技信息,2013(34):204.

[20] 陈虎,周朝辉,王守尊.基于数学形态学的图像去噪方法研究[J].工程图学学报,2004,25(2):116-119.

第 4 章

项目探索阶段一

4.1 最初的假设

计算机视觉是一门与机器认知密切相关的学科,其研究目的是使计算机具有人类的视觉特性,从而更好地为人类服务。同时,计算机视觉与机器视觉的结合可以为工业机器人优化产品质量和生产工艺提供更多的技术支持。另外,借助计算机视觉建立一个高精度的识别系统可以使机器人技术在图像和视频数据采集并分析的基础上完成智能判断和决策。目前,大多数机器人被认为笨重、速度慢、缺乏智能,只能用来完成一些非常具体的任务。然而,随着时代的发展和机器人技术的进步,可以预见在不久的将来,将有大量的体力劳动不再需要人工而是借助智能手段和机器人技术来完成。因此,计算机视觉作为人工智能应用的关键方向和机器人技术的核心研究领域,必将面临巨大的机遇和挑战。

很多国家已将计算机视觉列为对经济社会发展和人类发展具有深远意义的重大研究课题。例如,计算机视觉已经成为"谷歌大脑"等研究项目的核心项目。随着中国全面进入大数据和"互联网+"时代,机器人技术和计算机视觉已成为国家政策支持的研究领域。

本章将遮挡人脸识别问题假设为人脸识别和遮挡区域分割的组合,从而用图像分割技术探索计算机视觉的研究。

4.2 边缘检测与分割

4.2.1 主要的算法思想

图像分割算法的研究一直受到人们的高度重视。迄今为止,已有数千种分割算法被提出。由于现有的分割算法很多,如何有效结合多种分割算法成为研究重点。本设计选取边缘检测、阈值分割的方法对遮挡的人脸图像进行分析,并选用最小点阈值分割图像直方图和迭代阈值分割图像直方图进行量化分析。

通过边缘检测(edge detection)从目标中分割提取感兴趣的目标是常用的技术手段。

每个图像都会存在着局部亮度变化十分显著的部分,容易引起关注,而这些通常就是图像的边缘。图像边缘主要存在于目标、目标与背景、区域与区域之间。边缘检测是特征提取(纹理、形状等)的重要基础,也是所有基于边界分割的图像分析方法的第一步。边缘检测流程如图4.1所示。常见边缘检测算子包括 Roberts、Sobel、Prewitt、Laplacian、Log/Marr、Canny、Kirsch、Nevitia 等。其中,Robert 算子是第一个边缘检测算子,常用算子的优缺点比较如下所述。

(1) Robert 算子对具有陡峭的低噪声图像有较好的处理效果。但是提取边缘得到的结果是比较粗的,因此对边缘定位并不十分准确。

(2) Sobel 算子对灰度渐变和噪声较多的图像处理效果比较好,对边缘定位准确。

(3) Prewitt 算子对灰度渐变和噪声较多的图像处理效果较好。

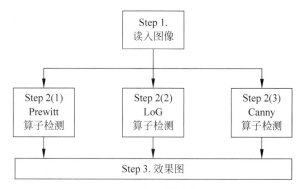

图 4.1　边缘检测流程

4.2.2　数学建模思路

1. Roberts 算子

梯度幅值的计算可以近似地由 Roberts 算子来完成:

$$G(i,j) = \mid f(i,j) - f(i+1,j+1) \mid + \mid f(i+1,j) - f(i,j+1) \mid \qquad (4\text{-}1)$$

式(4-1)可以用卷积模板法表示为:

$$G(i,j) = \mid G_x \mid + \mid G_y \mid \qquad (4\text{-}2)$$

其中,G_x 是内差 $\left(i, j+\dfrac{1}{2}\right)$ 处的近似梯度;G_y 是内差 $\left(i+\dfrac{1}{2}, j\right)$ 处的近似梯度。Robert 算子实现代码如下:

```
I1 = handles.I_origin;                              % 初始化
for i = 1 : size(I1, 3)
    I2(:,:,i) = edge(I1(:,:,i),'roberts');          % 逐层处理
end
I2 = mat2gray(I2);                                  % 归一化
```

```
axes(handles.axes2);                              % 显示
imshow(I2, []);
title('Roberts 边缘检测');
```

Roberts 算子、Sobel 算子和 Prewitt 算子对同一图像的边缘进行检测的结果如图 4.2 所示。

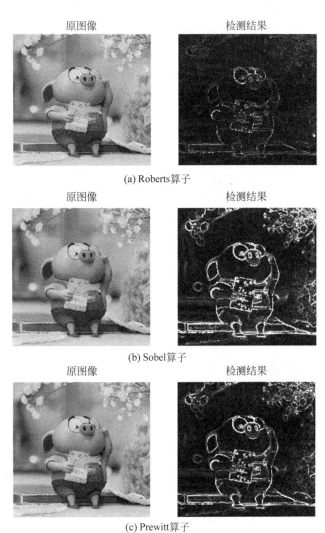

(a) Roberts算子

(b) Sobel算子

(c) Prewitt算子

图 4.2　Roberts 算子、Sobel 算子和 Prewitt 算子检测结果比较

2. Sobel 算子

利用 Sobel 算子对如图 4.3 所示的点排列进行梯度幅值计算：

$$M = \sqrt{s_x^2 + s_y^2} \tag{4-3}$$

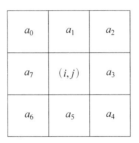

a_0	a_1	a_2
a_7	(i,j)	a_3
a_6	a_5	a_4

图 4.3　点排列示意图

其中，s_x、s_y 为偏导数，采用式(4-4)和式(4-5)计算：

$$s_x = (a_2 + ca_3 + a_4) - (a_0 + ca_7 + a_6) \tag{4-4}$$

$$s_y = (a_0 + ca_1 + a_2) - (a_6 + ca_5 + a_4) \tag{4-5}$$

其中，常数 $c = 2$。

Sobel 算子的实现代码如下：

```
I1 = handles.I_origin;                  %初始化
for i = 1 : size(I1, 3)
    I2(:,:,i) = edge(I1(:,:,i),'sobel');   %逐层处理
End
I2 = mat2gray(I2);                      %归一化
axes(handles.axes2);                    %显示
imshow(I2, []);
title('Sobel 边缘检测');
```

3. Prewitt 算子

Prewitt 算子与 Sobel 算子存在很小的区别，Prewitt 算子常系数 $c = 1$。

Prewitt 算子边缘检测可以利用 MATLAB 图像处理工具箱中的 edge 函数完成。许多微分算子模版都可以由 edge 函数提供，对于某些模板可以指定主要检测水平边缘，也可以指定主要检测垂直边缘。在检测边缘时可以指定一个灰度阈值，只有满足这个阈值条件的点才视为边界点。edge 函数的基本调用格式如下：

```
BW = edge(I,'type',parameter, … )
```

其中，I 表示输入图像；type 表示使用的算子类型；parameter 表示与具体算子有关的参数。Prewitt 算子实现代码如下：

```
I1 = handles.I_origin;                  %初始化
for i = 1 : size(I1, 3)
    I2(:,:,i) = edge(I1(:,:,i),'prewitt');   %逐层处理
end
I2 = mat2gray(I2);                      %归一化
```

```
axes(handles.axes2);                    % 显示
imshow(I2, []);
title('Prewitt 边缘检测');
```

4. LoG 算子

LoG 算子边缘检测分为 3 个步骤。

（1）利用高斯滤波器平滑图像和降低噪声导致的边缘扩展。

（2）使用拉普拉斯算子将边缘点转换成零交叉点来实现对边缘的增强。

（3）通过零交叉点来实现边缘检测。

LoG 算子将高斯函数滤波和拉普拉斯算子结合在一起进行边缘检测的方法，即高斯-拉普拉斯算法。

在介绍高斯-拉普拉斯算法前，先看卷积的定义。如果卷积的变量是 $x(n)$ 和 $h(n)$，则卷积的结果为：

$$y(n) = \sum_{i=-\infty}^{\infty} x(i)h(n-i) = x(n) * h(n)$$

如果卷积的变量是函数 $x(t)$ 和 $h(t)$，则卷积的计算为

$$y(t) = \int_{-\infty}^{\infty} x(p)h(t-p)\mathrm{d}p = x(t) * h(t)$$

拉普拉斯算子是最简单的各向同性微分算子，具有旋转不变性，一个二阶的拉普拉斯变换是一个各向同性的二阶导数，定义为

$$\nabla^2 f(x,y) = \frac{\partial^2 f}{\partial x^2} + \frac{\partial^2 f}{\partial^2 y}$$

高斯函数：

$$G_\sigma(x,y) = \exp\left(-\frac{x^2+y^2}{2\sigma^2}\right)$$

则高斯-拉普拉斯算子表达式为：

$$\mathrm{LoG} = \nabla G_\sigma(x,y) = \frac{\partial^2 G(x,y)}{\partial x^2} + \frac{\partial^2 G(x,y)}{\partial y^2} = \frac{x^2+y^2-2\sigma^2}{\sigma^4} * \mathrm{e}^{-(x^2+y^2)/2\sigma^2}$$

LoG 算子对图像 $f(x,y)$ 进行边缘检测，输出 $h(x,y)$ 是通过卷积运算得到的，即

$$h(x,y) = \left[\left(\frac{x^2+y^2-2\sigma^2}{\sigma^2}\right)\mathrm{e}^{\frac{x^2+y^2}{2\sigma^2}}\right] * f(x,y) \tag{4-6}$$

LoG 算子实现代码如下：

```
I1 = handles.I_origin;                   % 初始化
for i = 1 : size(I1, 3)
    I2(:,:,i) = edge(I1(:,:,i),'log');   % 逐层处理
end
```

```
I2 = mat2gray(I2);                        % 归一化
axes(handles.axes2);                      % 显示
imshow(I2, []);
title('LoG 边缘检测');
```

5. Canny 算子

Canny 算子具有以下 3 个准则。

（1）信噪比准则。图像中信噪比越大，边缘检测提取的质量就会越高。经过 $h(x)$ 滤波后，边缘点处的响应为：

$$H_G = \int_{-w}^{w} G(-x)h(x)\mathrm{d}x$$

噪声的响应为：

$$H_n = \sigma \left[\int_{-w}^{w} h(x)^2 \mathrm{d}x \right]^{1/2}$$

其中，σ 代表噪声 $n(x)$ 的高斯噪声响应的均方根。信噪比 SNR 定义为：

$$\mathrm{SNR} = \frac{H_G}{H_n} = \frac{\left| \int_{-w}^{w} G(-x)h(x)\mathrm{d}x \right|}{\sigma \left[\int_{-w}^{w} h(x)^2 \mathrm{d}x \right]^{1/2}}$$

（2）定位精度准则。设检验出的边缘位置为 $x = x_0$，实际正确边缘位置为 $x = 0$。$H_G(x) + H_n(x)$ 在 $x = x_0$ 处取得最大值，于是 $H'_G(x) + H'_n(x) = 0$；$H_G(x)$ 在 $x = 0$ 处取得最大值，于是 $H'_G(0) = 0$；在 $x = 0$ 处以泰勒级数展开，并去掉高阶无穷小；$H'_G(x) = H'_G(0) + H''_G(0)x_0 + o(x_0^2) \approx H''_G(0)x_0$，即 $H''_G(0)x_0 = H'_G(x)$，于是对 x 的期望 $E(x)$ 有：

$$E(x_0^2) = \frac{E\left[H'_G(x_0) \right]^2}{\left(H''_G(0) \right)^2} = \frac{\sigma^2 \left[\int_{-w}^{w} h'(x)^2 \mathrm{d}x \right]}{\left[\int_{-w}^{w} G'(-x)h'(x)\mathrm{d}x \right]^2} \tag{4-7}$$

x_0 越小定位越准确，从而得到精度定位准则的表达式：

$$L = \frac{\left| \int_{-w}^{w} G'(-x)h'(x)\mathrm{d}x \right|}{\sigma \left[\int_{-w}^{w} h'(x)^2 \mathrm{d}x \right]}$$

故 SNR 越大，表明定位精度越高，即期望值与 L 成反比，期望值越小，精度越高。

（3）单边缘响应准则。检测算子的脉冲响应导数的零交叉点平均距离 $D(f')$ 应满足：

$$D(f') = \pi \left[\frac{\int_{-\infty}^{+\infty} h'(x)\mathrm{d}x}{\int_{-\infty}^{+\infty} h''(x)\mathrm{d}x} \right]^{1/2} \tag{4-8}$$

以保证单边缘只有一个响应。

Canny 算子求边缘点具体算法步骤如下所述。

步骤 1：图像与高斯平滑滤波器卷积

高斯函数是一个类似于正态分布的中间大两边小的函数。对于一个位置(x,y)的像素点，其灰度值(这里只考虑二值图)为$f(x,y)$。

对图像高斯滤波，图像高斯滤波的实现可以用两个一维高斯函数分别两次加权实现，也就是先一维 X 方向卷积，得到的结果再一维 Y 方向卷积。当然也可以直接通过一个二维高斯函数一次卷积实现。二维高斯函数为：

$$h(x,y,\sigma)=\frac{1}{2\pi\sigma^2}e^{-\frac{x^2+y^2}{2\sigma^2}} \tag{4-9}$$

其中，σ 为高斯滤波函数的标准差，控制着平滑程度。σ 较小时，高斯滤波器定位精度高，但信噪比低。

令 $g(x,y)$ 表示平滑后的图像，用高斯滤波器与图像卷积可表示为：

$$g(x,y)=h(x,y,\sigma)*f(x,y)$$

步骤 2：使用一阶有限差分计算偏导数阵列

图像的边缘可以指向不同方向，因此经典 Canny 算法用 4 个梯度算子分别计算水平、垂直和对角线方向的梯度。

梯度角度 θ 范围为$[-\pi,\pi]$，然后把它近似到 4 个方向，分别代表水平、垂直和两个对角线方向($0°,45°,90°,135°$)。

可以使用一阶有限差分近似式计算平滑后图像 $g(x,y)$ 对 x 与 y 求偏导数的两个阵列$f'_x(x,y),f'_y(x,y)$：

$$G_x(x,y)=f'_x(x,y)=\frac{f(x+1,y)-f(x,y)+f(x+1,y+1)-f(x,y+1)}{2}$$

$$G_y(x,y)=f'_y(x,y)=\frac{f(x,y+1)-f(x,y)+f(x+1,y+1)-f(x+1,y)}{2}$$

计算综合梯度值和综合梯度方向：

$$M(x,y)=\sqrt{G_x(x,y)^2+G_y(x,y)^2}$$

$$\theta=\arctan\frac{G_y(x,y)}{G_x(x,y)}$$

步骤 3：对梯度幅值进行非极大值抑制

在 Canny 算子中，非极大值抑制是进行边缘检测的重要步骤，通俗意义上是指寻找像素点(边缘)局部最大值，将非极大值点所对应的灰度值置为 0，这样可以剔除掉一大部分非边缘的点。仅仅得到全局的梯度并不足以确定边缘，为确定边缘，必须保留局部梯度最大的点，同时抑制非极大值。

对梯度幅值进行非极大值抑制一般是利用梯度的方向，比较它前面和后面的梯度值，如图 4.4 所示。

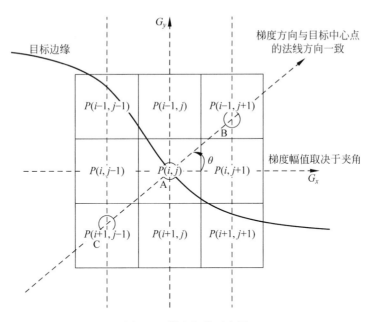

图 4.4　梯度幅值示意图

图 4.4 中每个格子代表一个像素点，$P(i,j)$ 为坐标系原点，实曲线为理想边缘，要检查 A 点是不是边缘，那么需要看其是不是梯度方向上的最大值。要确认 A 点是不是梯度方向的极大值，简单办法就是看 A 点是不是比梯度方向左右两边的点都大。

除了梯度方向刚好在 $0°$、$45°$、$90°$、$135°$ 等 4 个方向时，B、C 在其他点无法直接得到，此时只能通过插值得到。

如图 4.5 所示，要得到 B、C 两点的值也就是 M_1 和 M_2，已知 M_1、M_2 最邻近两点的值，x 和 y 方向的梯度值，那么权重可以用 G_x/G_y 表示，用线性插值公式：

$$M_1 = P(i-1,j+1) * \text{weight} + (1-\text{weight}) * P(i-1,j)$$
$$M_2 = P(i+1,j-1) * \text{weight} + (1-\text{weight}) * P(i+1,j)$$

步骤 4：用双阈值算法检测和连接边缘

一般的边缘检测算法用阈值滤除噪声或颜色变化引起的小的梯度值，而保留大的梯度值。Canny 算法应用双阈值，即一个高阈值和一个低阈值区分边缘像素。如果边缘像素点梯度值大于高阈值，则被认为是强边缘点。如果边缘梯度值小于高阈值，大于低阈值，则标记为弱边缘点。小于低阈值的点则被抑制掉。

图像的阈值较高，去除大部分噪声，但同时也损失了有用的边缘信息。而图像的阈值较低，保留了较多的信息，可以以高阈值图像为基础，以低阈值图像为补充来连结图像的边缘，以保证单边缘只有一个响应。

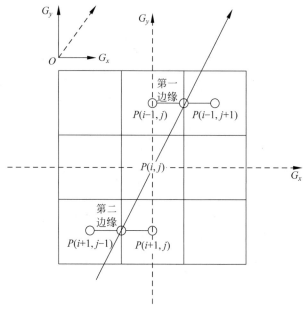

图 4.5 边缘连接示意图

Canny 算子的实现代码如下：

```
I1 = handles.I_origin;                  % 初始化
for i = 1 : size(I1, 3)
    I2(:,:,i) = edge(I1(:,:,i),'canny'); % 逐层处理
end
I2 = mat2gray(I2);                      % 归一化
axes(handles.axes2);                    % 显示
imshow(I2, []);
title('Canny 边缘检测');
```

4.3 从边缘检测到阈值分割

4.3.1 主要的算法思想

阈值分割算法是图像分割中一种应用十分广泛的方法。总体来说,灰度图像的阈值分割就是通过算法在灰度值范围内确定一个灰度阈值,然后将图像中每个像素的灰度值与该阈值进行比较,根据比较结果将相应的像素分割(划分)分为两类:一类灰度值大于阈值的像素;另一类灰度值小于阈值的像素。如果像素的灰度值等于阈值,就可以将这个像素归为这两类中的任意一个。灰度阈值分割流程如图 4.6 所示。

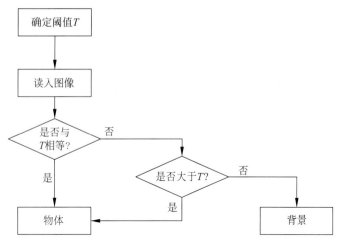

图 4.6　灰度阈值分割流程图

一幅原图像 $f(x,y)$ 采用单阈值 T 分割后的图像都可定义为：

$$g(x,y)=\begin{cases}1, & f(x,y)>T \\ 0, & f(x,y)\leqslant T\end{cases} \tag{4-10}$$

这样得到的 $g(x,y)$ 是一幅二值图像。

取阈值分割后的图像在一般情况下可表示为：

$$g(x,y)=k, \quad T_{k-1}\leqslant f(x,y)\leqslant T_k, \quad k=1,2,\cdots,K$$

其中，分割阈值用 $T_0,T_1,\cdots,T_k$ 表示，分割后图像各区域可以用 k 来赋予并表示不同的标号。

如何选取合适的分割阈值是阈值分割中很重要的一步，算法的分类可以通过选取阈值本身的特点来进行。阈值一般可写成如下形式：

$$T=T[x,y,f(x,y),p(x,y)]$$

其中，像素点 (x,y) 处的灰度值用 $f(x,y)$ 表示；该点邻域的某种局部性质用 $p(x,y)$ 来表示，即阈值 T 在一般情况下可以是 (x,y)、$f(x,y)$、$p(x,y)$ 的函数。

4.3.2　数学建模思路

1. 极小值点阈值

如果将图像的灰度直方图的包络看作一条具有两个或多个峰的曲线，则可借助求曲线极小值的方法选取直方图的谷底。设用 $h(z)$ 代表直方图，那么极小值点应同时满足：

$$\frac{\partial h(z)}{\partial z}=0, \quad \frac{\partial h^2(z)}{\partial z^2}>0$$

分割阈值的灰度值就可以由这些极小值点所对应的灰度值来决定。极小值点阈值代码如下：

```matlab
I_origin = handles.I_origin;                    % 初始化
for ik = 1 : size(I_origin, 3)
    I1 = I_origin(:,:,ik);                      % 逐层处理
    [count, x] = imhist(I1);                    % 直方图统计
    z = medfilt1(count, 10);                    % 对直方图平滑,平滑 1 次
    z = medfilt1(z, 10);                        % 对直方图平滑,平滑 2 次
    xi = 0:0.1:length(x) - 1;                   % 对直方图插值
    yi = spline(x,z,xi);                        % 样条插值
    axes(handles.axes1);                        % 显示
    stem(x,count);
    title('直方图');
    hold on;
    plot(xi,yi,'r','LineWidth',3);
    hold off;
    peakfound = 0;                              % 初始化
    j = 1;
    K = [];
    for i = 201 : length(xi) - 201
        if yi(i)> yi(i-200) && yi(i)> yi(i+200) && yi(i) == max(yi(i-200:i+200))
            peakfound = 1;                      % 条件更新
            K(j) = i;
            j = j + 1;
        end
    end
    n = length(K);                              % 长度
    flag = 0;                                   % 初始化标记
    if n == 2
        [~, t1] = min(yi(K(1):K(2)));           % 最小位置
        KK = t1 + K(1);
    elseif n > 2
        for i = 1:n-1
            [~, t] = min(yi(K(i):K(i+1)));      % 最小位置
            KK(i) = t + K(i);
        end
    else
        flag = 1;                               % 更新标记
    end
    % 计算阈值,输出阈值已经归一化
    if flag == 0
        K_T = KK/length(xi);                    % 阈值
        I2 = im2bw(I1, K_T(1));                  % 二值化
        axes(handles.axes2);                    % 显示
        imshow(I2, []);
        I_out(:,:,ik) = I2;                     % 存储
        title('极小值点阈值');
    elseif flag == 1
        disp('不是双峰或者多峰图');
```

```
        end
    end
    if ndims(I_origin) == 3
        axes(handles.axes2);                            % 显示 RGB 图像
        I_out = mat2gray(I_out);                        % 归一化
        imshow(I_out, []);
        title('极小值点阈值');
    end
```

2. 最优阈值

如果目标和背景的灰度值是部分交错的,使用一个完整的阈值进行分割时,就会出现一些错误。在实际应用中,往往希望降低误分割的概率,选择最佳阈值是常用的方法。此处最优阈值是指能够使错误分割率最小化的分割阈值。图像的直方图可以近似地看作是像素灰度值的概率分布密度函数图。如果一幅图像只包含目标和背景两个主要灰度区域,则目标和背景的两个单峰分布密度函数之和就可以用图像直方图表示。如果已经知道密度函数的形式,就有可能计算出一个可将图像分割为两类区域的最优阈值,并使错误分割的概率降低到最小。

如果将目标噪声图像的背景的概率密度设为 $p_1(z)$,将其目标的概率密度设为 $p_2(z)$,此目标图像的混合概率密度为:

$$p(z) = P_1 p_2(z) + P_2 p_2(z) = \frac{P_1}{\sqrt{2\pi}\sigma_1} \exp\left[-\frac{(z-u_1)^2}{2\sigma_1^2}\right] +$$

$$\frac{P_2}{\sqrt{2\pi}\sigma_2} \exp\left[-\frac{(z-u_2)^2}{2\sigma_2^2}\right] \tag{4-11}$$

其中,u_1、σ_1 和 P_1 分别为背景区域的平均灰度值、关于均值的均方差和灰度值的先验概率;u_2、σ_2 和 P_2 分别为目标区域的平均灰度值、均方差和灰度值的先验概率。根据概率的定义,有 $P_1+P_2=1$,所以混合概率密度公式只有 5 个未知的参数。混合概率密度就可以通过求得这 5 个参数来确定。

假设 $u_1 < u_2$,需确定一个阈值 T 使得像素分割的背景为小于 T 的灰度值,像素分割的目标为大于 T 的灰度值。这时错误地将目标像素划分为背景的概率和错误地将背景像素划分为目标的概率分别为:

$$E_1(T) = \int_{-\infty}^{T} p_2(z)\mathrm{d}z \tag{4-12}$$

$$E_2(T) = \int_{-\infty}^{T} p_1(z)\mathrm{d}z \tag{4-13}$$

总的误差概率为:

$$E(T) = P_2 E_1(T) + P_1 E_2(T) \tag{4-14}$$

可将 $E(T)$ 对 T 求导并令导数为零来求该误差最小的阈值,这样得到:

$$P_1 p_1(T) = P_2 p_1(T) \tag{4-15}$$

$$\Rightarrow \frac{P_1}{\sqrt{2\pi}\sigma_1} e^{-\frac{(T-u_1)^2}{2\sigma_1^2}} = \frac{P_2}{\sqrt{2\pi}\sigma_2} e^{-\frac{(T-u_2)^2}{2\sigma_2^2}}$$

$$\Rightarrow \frac{P_1}{\sigma_1} e^{-\frac{(T-u_1)^2}{2\sigma_1^2}} = \frac{P_2}{\sigma_2} e^{-\frac{(T-u_2)^2}{2\sigma_2^2}}$$

$$\Rightarrow \frac{P_1}{\sigma_1} \cdot \frac{\sigma_2}{P_2} = e^{\frac{(T-u_1)^2}{2\sigma_1^2} - \frac{(T-u_2)^2}{2\sigma_2^2}}$$

$$\Rightarrow \ln\left(\frac{P_1}{\sigma_1} \cdot \frac{\sigma_2}{P_2}\right) = \frac{(T-u_1)^2}{2\sigma_1^2} - \frac{(T-u_2)^2}{2\sigma_2^2}$$

由以上推导可得：

$$\ln\frac{P_1\sigma_2}{P_2\sigma_1} - \frac{(T-u_1)^2}{2\sigma_1^2} = -\frac{(T-u_2)^2}{2\sigma_1^2} \tag{4-16}$$

当 $\sigma_1 = \sigma_2 = \sigma$ 时，有：

$$T = \frac{u_1 + u_2}{2} + \frac{\sigma^2}{u_1 - u_2}\ln\frac{P_1}{P_2} \tag{4-17}$$

推导过程如下：

$$\ln\left(\frac{P_1}{P_2}\right) = \frac{(T-u_1)^2}{2\sigma^2} - \frac{(T-u_2)^2}{2\sigma^2}$$

$$\Rightarrow \ln\left(\frac{P_1}{P_2}\right) = \frac{(T^2 - 2u_1 T + u_1^2) - (T^2 - 2u_2 T + u_2^2)}{2\sigma^2}$$

$$\Rightarrow \ln\left(\frac{P_1}{P_2}\right) = \frac{2(u_2 - u_1)T + (u_1^2 - u_2^2)}{2\sigma^2}$$

$$\Rightarrow T = \frac{\sigma^2}{(u_2 - u_1)} \cdot \ln\left(\frac{P_1}{P_2}\right) + \frac{u_2^2 - u_1^2}{2\sigma^2} \cdot \frac{\sigma^2}{(u_2 - u_1)}$$

$$\Rightarrow T = \frac{\sigma^2}{(u_2 - u_1)} \cdot \ln\left(\frac{P_1}{P_2}\right) + \frac{u_2 + u_1}{2}$$

若先验概率相等，即 $P_1 = P_2$，则有：

$$T = \frac{u_1 + u_2}{2} \tag{4-18}$$

最优阈值实现代码如下：

```
I_origin = handles.I_origin;        % 初始化
axes(handles.axes1);                % 显示
```

```matlab
imshow(I_origin, []);
title('原图像');
for ik = 1 : size(I_origin, 3)
    I = I_origin(:,:,ik);                    % 逐层处理
    [R,C] = size(I);                         % 求出图像大小
    I = double(I);                           % 将图像矩阵浮点化以便运算
    maxI = max(max(I));                      % 求出最大的图像强度
    minI = min(min(I));                      % 求出最小的图像强度
    maxI = double(maxI);                     % 浮点化以便运算
    minI = double(minI);
    th = (maxI(1,1) + minI(1,1))/2;          % 将初始阈值设置为最大与最小图像强度的均值
    th2 = 0;                                 % 辅助阈值初始化
    p = 0.0;                                 % 初始化大于阈值的元素的个数及其灰度总值 q = 0.0
    p2 = 0.0;                                % 初始化小于阈值的元素的个数及其灰度总值
    q2 = 0.0;
    % 迭代是最佳阈值选择算法主体
    while abs(th2 - th) > 0
        th2 = th;                            % 循环条件
        for i = 1:R
            for j = 1:C
                if I(i,j)> = th2
                    p = p + I(i,j);          % 记录大于阈值的元素个数及其灰度总值
                    q = q + 1;
                end
                if I(i,j)
                    p2 = p2 + I(i,j);        % 记录小于阈值的元素个数及其灰度总值
                    q2 = q2 + 1;
                end
            end
        end
        T0 = p/q;                            % 生成新阈值
        T1 = p2/q2;
        th = (T0 + T1)/2;
        p = 0.0;                             % 重置初值
        q = 0.0;
        p2 = 0.0;
        q2 = 0.0;
    end
    K_T = th/255;                            % 计算阈值
    I2 = im2bw(handles.I_origin, K_T);       % 二值化
    axes(handles.axes2);                     % 显示
    imshow(I2, []);
    title('最优阈值');
    I_out(:,:,ik) = I2;
end
if ndims(I_origin) == 3
    axes(handles.axes2);                     % 显示 RGB 图像
```

```
    I_out = mat2gray(I_out);              % 归一化
    imshow(I_out, []);
    title('最优阈值');
end
```

3. 迭代阈值

也可以通过迭代计算得到阈值,选取图像灰度范围的中值作为初始值 T_0,即

$$T_{i+1} = \frac{1}{2}\left\{\frac{\sum\limits_{k=0}^{T_i} h_k \cdot k}{\sum\limits_{k=0}^{T_i} h_k} + \frac{\sum\limits_{k=T_i+1}^{L-1} h_k \cdot k}{\sum\limits_{k=T_i+1}^{L-1} h_k}\right\} \tag{4-19}$$

其中,灰度为 k 值的像素个数由 h_k 表示,并且将其分为 L 个灰度级。迭代一直进行到 $T_{i+1} = T_i$ 结束,取结束时的 T_i 为阈值。

【例 4-1】 设图像灰度值分布如下:

$$\begin{matrix} 7 & 6 & 7 & 8 \\ 7 & 1 & 2 & 9 \\ 8 & 3 & 4 & 7 \\ 7 & 6 & 5 & 7 \end{matrix}$$

按照灰度值排列可得 $1,2,3,4,5,6,7,8,9$ 共 9 个灰度值,则 $T_0 = 5$。

假设中央区域为目标,边缘区域为背景,则按照第一次分割得到的目标灰度值集合为:

$$\{1,2,3,4,5\}$$

背景灰度值集合为:

$$\{6,6,7,7,7,7,7,7,8,8,9\}$$

则

$$T_1 = \frac{1}{2}\left(\frac{15}{5} + \frac{6\times2 + 7\times6 + 8\times2 + 9\times1}{11}\right) = 5.09 \neq T_0$$

$$T_2 = \frac{1}{2}\left(\frac{15}{5} + \frac{6\times2 + 7\times6 + 8\times2 + 9\times1}{11}\right) = 5.09 = T_1$$

由于背景和目标区域中像素点个数差异,选取中值作为初始阈值比选取整体的平均值要更接近目标阈值。

迭代阈值实现代码如下:

```
I_origin = handles.I_origin;              % 初始化
for ik = 1 : size(I_origin, 3)
    I = I_origin(:,:,ik);                 % 逐层处理
    [count, x] = imhist(I);               % 计算直方图
    axes(handles.axes1);                  % 显示
    stem(x,count);
```

```matlab
        title('直方图');
        p = max(max(I));                        % 初始化阈值
        q = min(min(I));                        % 初始化阈值
        th = (p + q)/2;
        flag = 1;
        sz = size(I);
        while(flag)
            % 循环更新
            fg = 0;
            gb = 0;
            fs = 0;
            bs = 0;
            for i = 1:sz(1)
                for j = 1:sz(2)
                    tmp = I(i,j);
                    if tmp >= th                 % 达到阈值
                        fg = fg + 1;
                        fs = fs + double(tmp);
                    else                         % 迭代
                        gb = gb + 1;
                        bs = bs + double(tmp);
                    end
                end
            end
            t0 = fs/fg;                          % 计算中间结果
            t1 = bs/gb;
            tk = uint8(t0 + t1)/2;
            if tk == th
                flag = 0;                        % 达到平衡
            else
                th = tk;                         % 继续
            end
        end
        K_T = double(th)/255;                    % 计算阈值
        I2 = im2bw(I, K_T);                      % 二值化
        I_out(:,:,ik) = I2;                      % 存储
        axes(handles.axes2);                     % 显示
        imshow(I2, []);
        title('迭代阈值');
    end
    if ndims(I_origin) == 3
        axes(handles.axes2);                     % 显示 RGB 图像
        I_out = mat2gray(I_out);                 % 归一化
        imshow(I_out, []);
        title('迭代阈值');
    end
```

4. Otsu 算法分割

假设阈值将图像分割灰度对应分为目标和背景，那么这两类灰度值的类内方差最小，两类的类间方差最大。

设图像有 L 个灰度级，灰度值为 i 的像素个数为 n，总的像素个数为：

$$N = \sum_{i=0}^{L-1} n_i \tag{4-20}$$

各灰度值出现的概率为 $p_i = n_i/N_i$，并且有 $\sum_{i=0}^{L-1} p_i = 1$。

设分割阈值为 t，将图像按灰度分割为两个部分，即目标部分和背景部分。记目标部分灰度为 $A = \{0, 1, \cdots, t\}$，背景部分灰度为 $B = \{t+1, t+2, \cdots, L-1\}$，则两部分出现的概率分别为：

$$P_A = \sum_{i=0}^{t} p_i, \quad P_B = \sum_{i=t+1}^{L-1} p_i = 1 - P_A \tag{4-21}$$

目标和背景两部分的灰度均值为：

$$u_A = \sum_{i=0}^{t} p_i / P_A, \quad u_B = \sum_{i=t+1}^{L-1} p_i / P_B \tag{4-22}$$

图像总的灰度均值为：

$$u = P_A u_A + P_B u_B \tag{4-23}$$

由此得到目标和背景两部分的类间方差为：

$$\sigma^2 = P_A (u_A - u)^2 + P_B (u_B - u)^2 \tag{4-24}$$

从最小灰度值到最大灰度值遍历 t，当 t 为分割的最佳阈值时，式(4-25)取最大值：

$$\sigma^2 = \mathrm{Arg} \max_{0 \leqslant t \leqslant L-1} \left[P_A (u_A - u)^2 + P_B (u_B - u)^2 \right] \tag{4-25}$$

Otsu 算法分割实现代码如下：

```
% 初始化
I_origin = handles.I_origin;
% 显示
axes(handles.axes1);
imshow(I_origin, []);
title('原图像');
for ik = 1 : size(I_origin, 3)
    % 逐层处理
    I = I_origin(:, :, ik);
    % Otsu 方法计算归一化阈值
    level = graythresh(I);
    % 二值化图像
    I2 = im2bw(I, level);
    % 存储
```

```
    I_out(:,:,ik) = I2;
    % 显示
    axes(handles.axes2);
    imshow(I2, []);
    title('Otsu 阈值');
end
if ndims(I_origin) == 3
    % 显示 RGB 图像
    axes(handles.axes2);
    % 归一化
    I_out = mat2gray(I_out);
    imshow(I_out, []);
    title('Otsu 阈值');
end
```

5. Bernsen 算法分割

确定一个以每个像素为中心的窗口,通过计算窗口中的最大值和最小值并求得两者的平均值,以此作为该点的阈值,可以证明图像像素的灰度值和阈值之间的差值具有二阶导数的性质,因此可以通过过零点差分法得到二值化的分割结果。

设图像在像素点(i,j)处的灰度值为$f(i,j)$,考虑以像素点(i,j)为中心的$(2\omega+1)\times(2\omega+1)$窗口($2\omega+1$表示窗口的边长),则 Bernsen 算法可以描述如下。

(1) 计算图像中各个像素点(i,j)的阈值$T(i,j)$为:

$$T(i,j)=0.5\times\left[\max_{\substack{-\omega\leqslant m\leqslant\omega\\-\omega\leqslant n\leqslant\omega}}f(i+m,j+n)+\min_{\substack{-\omega\leqslant m\leqslant\omega\\-\omega\leqslant n\leqslant\omega}}f(i+m,j+n)\right] \tag{4-26}$$

(2) 对图像中各像素点(i,j)用$b(i,j)$值逐点进行二值化,有:

$$b(i,j)=\begin{cases}0, & f(i,j)<T(i,j)\\1, & f(i,j)\geqslant T(i,j)\end{cases} \tag{4-27}$$

Bernsen 算法分割实现代码如下:

```
% 初始化
I_origin = handles.I_origin;
for ik = 1 : size(I_origin, 3)
    I_gray = I_origin(:,:,ik);              % 逐层处理
    [m,n] = size(I_gray);                   % 维数
    T = zeros(m,n);                         % 初始化
    M = 3;                                  % 参数
    N = 3;                                  % 参数
    I_gray = double(I_gray);                % 数据类型转换
    for i = M+1:m-M
        for j = N+1:n-N
            max = 1;                        % 当前 3×3 区域中像素的最大值
            min = 255;                      % 当前 3×3 区域中像素的最小值
            for k = i-M:i+M
```

```
                for l = j - N:j + N
                    if I_gray(k,l)> max
                        max = I_gray(k,l);        % 更新
                    end
                    if I_gray(k,l)
                        min = I_gray(k,l);        % 更新
                    end
                end
            end
            T(i,j) = (max + min)/2;              % 用矩阵记录每点像素的阈值
        end
    end
    I_bw = zeros(m,n);                           % 初始化
    for i = 1:m
        for j = 1:n
            if I_gray(i,j) > T(i,j)
                I_bw(i,j) = 255;                 % 达到阈值
            else
                I_bw(i,j) = 0;                   % 背景
            end
        end
    end
    I_out(:,:,ik) = I_bw;                        % 存储
    axes(handles.axes2);                         % 显示
    imshow(I_bw, []);
    title('Bernsen 阈值');
end
if ndims(I_origin) == 3
    axes(handles.axes2);                         % 显示 RGB 图像
    I_out = mat2gray(I_out);                     % 归一化
    imshow(I_out, []);
    title('Bernsen 阈值');
end
```

6. 阈值差值

变化阈值技术可以看作是全局固定阈值技术中局部技术的一个特例。首先,将图像分解成一系列的子图像,这些子图像可以重叠或者仅连接。如果子图像较小,则阴影或对比度空间变化引起的问题也会变小。然后可以为每个子图像计算阈值。此时,可以通过任何固定阈值方法来选择阈值。通过对这些子图像的阈值进行插值计算,可以得到分割图像中每个像素所需的阈值。在这里,与每个像素对应的阈值被组合在图像(振幅轴)上形成一个曲面,也可以称为阈值曲面。阈值差值技术实现步骤如下所述。

(1) 将整幅图像分割成一系列 $N \times M$ 的子图像。

(2) 对每个子图像使用 Otsu 算法求得一个阈值。

（3）对各子图之间得到的阈值进行插值计算，使得子图之间过渡平滑，依据得到的阈值进行分割。

阈值差值实现代码如下：

```
I_origin = handles.I_origin;                                    % 初始化
for ik = 1 : size(I_origin, 3)
    I_gray = I_origin(:, :, ik);                                % 逐层处理
    K = [5, 5];                                                 % 窗口参数
    mysize = size(I_gray);                                      % 维数
    m = fix(mysize(1)/K(1));                                    % 个数
    n = fix(mysize(2)/K(2));
    z = zeros(mysize(1), mysize(2));                            % 初始化
    for i = 1 : K(1)
        for j = 1 : K(2)
            Idiv{i, j} = I_gray((i-1)*m+1:i*m, (j-1)*n+1:j*n);  % 方块处理
            I_th(i, j) = graythresh(Idiv{i, j}) * 255;
            Image_C{i, j} = ones(m, n) * I_th(i, j);
        end
    end
    % 第一次平滑过渡
    for i = 1:K(1)
        I_M = [];
        for j = 1:K(2) - 1
            r1 = linspace(I_th(i, j), I_th(i, j+1), n);         % 平滑过渡
            Image_C{i, j} = ones(m, 1) * r1;
            I_M = [I_M, Image_C{i, j}];
        end
        Image_C1{i, :} = [I_M, Image_C{i, j+1}];                % 存储
    end
    % 第二次平滑过渡
    Image_C3 = [];
    for i = 1 : K(1) - 1
        % 读取
        I1 = Image_C1{i};
        I2 = Image_C1{i+1};
        L1 = I1(1, 1:end);
        L2 = I2(1, 1:end);
        Image_C2 = [];                                          % 初始化
        for j = 1:length(L1)
            Lj = linspace(L1(j), L2(j), m);                     % 平滑过渡
            Lj = Lj';
            Image_C2 = [Image_C2, Lj];
        end
        Image_C3 = [Image_C3; Image_C2];                        % 存储
    end
    Image_C3 = [Image_C3; Image_C1{i+1}];                       % 整合
```

```matlab
        I_Image = I_gray(1:size(Image_C3,1),1:size(Image_C3,2));   % 初始化
        for i = 1:size(Image_C3,1)
            for j = 1:size(Image_C3,2)
                if I_Image(i,j) >= Image_C3(i,j)
                    I_Image(i,j) = 0;                              % 设置背景
                else
                    I_Image(i,j) = 255;                            % 设备前景
                end
            end
        end
        axes(handles.axes2);                                       % 显示
        imshow(I_Image, []);
        title('阈值插值法分割');
        I_out(:,:,ik) = I_Image;                                   % 存储
    end
    if ndims(I_origin) == 3
        axes(handles.axes2);                                       % 显示 RGB 图像
            I_out = mat2gray(I_out);   % 归一化
        imshow(I_out, []);
        title('阈值插值法分割');
    end
```

7. 水线阈值算法

水线阈值算法主要依据为：首先,高阈值可以将目标分离出来;其次,当阈值逐渐降低并接近最优阈值时,原始分离目标不再合并,这样就可以解决目标非常接近时全局阈值法引起的目标合并问题。初始阈值的选择非常重要,选取是否合适会影响最终分割结果的正确性。如果初始阈值太大,则会在开始时错过对比度低的目标,并在降低阈值的过程中合并此目标;反之,如果初始阈值太小,则会在开始时合并目标。此外,最终阈值的选择也非常重要,它确定最终边界与目标一致。

水线阈值算法实现代码如下：

```matlab
I_origin = handles.I_origin;                          % 初始化
for ik = 1 : size(I_origin, 3)
    afm = I_origin(:,:,ik);                           % 逐层处理
    se = strel('disk', 15);                           % 算子
    Itop = imtophat(afm,se);                          % 高低帽变换
    Ibot = imbothat(afm,se);
    Ienhance = imsubtract(imadd(Itop,afm), Ibot);     % 增强

    Iec = imcomplement(Ienhance);                     % 取反
    wat = watershed(Iec);                             % 分水岭变换
    wat = mat2gray(afm) - mat2gray(wat);              % 去除边缘
    wat = mat2gray(wat);                              % 归一化
    axes(handles.axes2);                              % 显示
```

```
        imshow(wat, []);
        title('水线阈值法分割');
        I_out(:,:,ik) = wat;                              %存储
end
if ndims(I_origin) == 3
        axes(handles.axes2);                              %显示 RGB 图像
        I_out = mat2gray(I_out);                          %归一化
        imshow(I_out, []);
        title('水线阈值法分割');
end
```

4.4 均衡化的考虑

4.4.1 图像均衡化原理

图像均衡化主要通过直方图均衡化实现。顾名思义,直方图均衡化就是通过改变图像的直方图来改变图像中各像素的灰度,从而实现均衡化。换言之,直方图均衡化的基本原理是对在图像中像素个数多的灰度值(即对画面起主要作用的灰度值)进行展宽,而对像素个数少的灰度值(即对画面不起主要作用的灰度值)进行归并,从而增大对比度。采用直方图均衡化,可以把原始图像的直方图变换为"均衡"的形式,增加像素之间灰度值差别的动态范围,达到增强图像整体对比度的效果。因此,直方图均衡化也可认为是一种简单有效的图像增强技术。由于直方图均衡化的基本假设是原始图像灰度分布集中在较窄的区间。对于图像不清晰的某些特定情形,还需要其他算法辅助增强,将在第 7 章做进一步介绍。

简单地说,灰度直方图是图像中灰度与灰度概率之间关系的图形。灰度直方图是反映不同灰度级的统计概率(个数)的统计表达式。它的横坐标是灰度,纵坐标是发生的次数(概率)。

(1) 直方图的离散函数 $h(r_k)=n_k$。其中,r_k 是第 k 级的灰度值;n_k 是图像中灰度为 r_k 的像素的个数。

(2) 归一化直方图 $p(r_k)=n_k/MN$。其中,$k=0,1,2,\cdots,L-1$(灰度级的范围是$[0,L-1]$),像素的总个数为 MN。

1. 直方图修正的应用

一般使用概率论为基础对直方图进行修正,常用的方法包括直方图均衡化、局部直方图处理和直方图匹配(规定化)。

2. 直方图均衡化的背景

在图像处理的过程中,不同的明暗(亮度)的图像灰度分布是不同的。

(1) 在如图 4.7 所示的比较暗的图像中,直方图的灰度量集中在灰度级比较低(灰度值比较小)的一端。

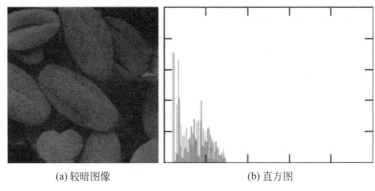

(a) 较暗图像   (b) 直方图

图 4.7　较暗图像及其直方图

(2) 在图 4.8 所示的比较亮的图像中,直方图的灰度量集中在灰度级比较高(灰度值比较大)的一端。

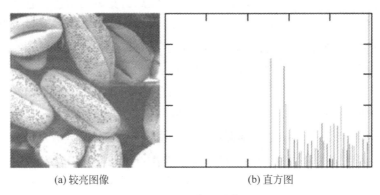

(a) 较亮图像   (b) 直方图

图 4.8　较亮图像及其直方图

(3) 在图 4.9 所示的对比度较低的图像中,直方图的灰度量范围较窄,集中在灰度级的中部。

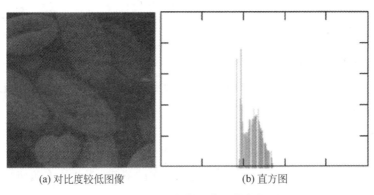

(a) 对比度较低图像   (b) 直方图

图 4.9　对比度较低图像及其直方图

（4）在图 4.10 所示的对比度较高的图像中，直方图的灰度量范围较宽，像素分布比较均匀。

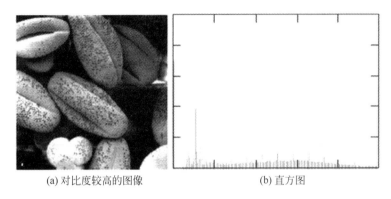

(a) 对比度较高的图像   (b) 直方图

图 4.10   对比度较高图像及其直方图

如果图像的像素倾向均匀分布在整个可能的灰度范围，则图像就会显示出极大的色调变化并具有高对比度。最终的效果是图像具有丰富的灰色细节和广泛的动态范围。如果要实现这种效果就需要开发一个基于输入图像直方图的可用信息的转换函数，由此得到直方图均衡化。

4.4.2   模型与算法设计

直方图均衡化的基本思想是把原图像的灰度范围扩大到整个灰度范围并且在范围内均匀分布，以此来寻找能实现输出图像的灰度值均匀分布在整个范围内的变换函数。

直方图均衡化的步骤如下所述。

（1）统计直方图中每个灰度级出现的次数；计算原图像的灰度直方图 $p(r_k)$。

（2）根据变化公式得到直方图均衡化的变化函数 T。

（3）计算原图像的累积直方图。

（4）计算图像新的像素值。

（5）考虑连续的灰度值，用变量 r 表示输入图像的灰度，用 s 表示输出图像的灰度：

$$s = T(r), \quad r \in [0, L-1]$$

其中，$T(r)$ 需要满足的条件：$T(r)$ 在区间严格单调递增函数，这保证了输入图像灰度值高的地方，输出图像的灰度值也高，不会对原图像的性质发生改变；当 $r \in [0, L-1]$ 时，$T(r)$ 也在 $[0, L-1]$ 内，这保证原图像和新图像的灰度值范围一致。

通过引入 $r = T^{-1}(s)$，$0 \leqslant S \leqslant L-1$，可以保证 $T(r)$ 在区间 $0 \leqslant S \leqslant L-1$ 是一个严格单调函数。

在图像处理中,可以用如下形式表示特别重要的变换函数:

$$s = T(r) = (L-1)\int_0^r p_r(w)\mathrm{d}w \tag{4-28}$$

式(4-28)所示函数也需要满足 $T(r)$ 需要满足的条件。

如果把一幅图像看作区间为 $[0, L-1]$ 的随机变量,而 $p_r(r)$,$p_s(s)$ 看作随机变量 r 和 s 的概率密度函数。由概率论定理知,设随机变量 x 具有概率密度 $f_x(x)$,其中 $-\infty < x < \infty$,又设函数 $g(x)$ 处处可导,且恒有 $g'(x) > 0$(或恒有 $g'(x) < 0$),则称 $y = g(x)$ 是连续型随机变量,其概率密度为:

$$f_Y(y) = \begin{cases} f_x[h(y)]\,|h'(y)|, & \alpha < y < \beta \\ 0, & \text{其他} \end{cases} \tag{4-29}$$

其中,$\alpha = \min[g(-\infty), g(\infty)]$,$\beta = \max[g(-\infty), g(\infty)]$;$h(y)$ 是 $g(x)$ 的反函数。

对式(4-29)进行证明,假设 $g'(x) > 0$,此时 $g(x)$ 在 $-\infty < x < \infty$ 上是严格递增的。$y = g(x)$ 的取值范围为 $\alpha < y < \beta$,则有:

(1) 当 $y < \alpha$ 时,$f_y(y) = 0$;

(2) 当 $y > \beta$ 时,$f_y(y) = 1$;

(3) 当 $\alpha < y < \beta$ 时,$f_Y(y) = P\{Y \leqslant y\} = P\{g(X) \leqslant y\} = P\{X \leqslant h(y)\} = f_X[h(y)]$;

(4) 对分布函数求导就可以得到上面的概率密度函数。

得到图像变换后的 s 的概率密度函数为:

$$p_s(s) = \left[p_r(r)\frac{\mathrm{d}r}{\mathrm{d}s}\right], \quad r = T^{-1}(s) \tag{4-30}$$

$$f_Y(y) = f_x(y)[h(y)]\,|h'(y)| \tag{4-31}$$

对变换函数两边对 r 求导数:

$$\frac{\mathrm{d}s}{\mathrm{d}r} = \frac{\mathrm{d}T(r)}{\mathrm{d}r} = (L-1)p_r(r) \tag{4-32}$$

把式(4-32)带入变量 s 的概率密度函数,得到:

$$p_s(s) = p_r(r)\frac{\mathrm{d}r}{\mathrm{d}s} = \frac{1}{L-1} \tag{4-33}$$

即 $p_s(s)$ 是一个均匀的概率密度函数,与 $p_r(r)$ 无关,所以有:

$$p_r(r) = \frac{n_k}{MN} \tag{4-34}$$

$$s_k = T(r_k) = (L-1)\sum_{j=0}^k p_r(r_j) = \frac{(L-1)}{MN}\sum_{j=0}^k n_j, \quad k = 0, 1, 2, \cdots, L-1 \tag{4-35}$$

输出的图像通过 $T(r_k)$ 将输入的灰度级 r_k 映射到输出图像中灰度级为 s_k 对应的像素。

假设一幅大小为 64×64 像素的 3 比特图像($L = 8$)的灰度分布如表 4.1 所示,其灰度级是范围 $[0, L-1] = [0, 7]$ 中的整数。

表 4.1 大小为 64×64 像素的 3 比特图像（$L=8$）的灰度分布

r_k	n_k	$p_k(r_k)=n_k/MN$
$r_0=0$	790	0.19
$r_1=1$	1023	0.25
$r_2=2$	850	0.21
$r_3=3$	656	0.16
$r_4=4$	329	0.08
$r_5=5$	245	0.06
$r_6=6$	121	0.03
$r_7=7$	81	0.02

由于该图像是 3 比特图像，所以 $L=2^3=8$，直接运用直方图均衡化公式，可得：

$$s_0=T(r_0)=(8-1)\sum_{i=0}^{0}p(r_i)=7p(r_0)=1.33$$

$$s_1=T(r_1)=(8-1)\sum_{i=0}^{1}p(r_i)=7[p(r_0)+p(r_1)]=3.08$$

$$s_2=T(r_2)=(8-1)\sum_{i=0}^{2}p(r_i)=7[p(r_0)+p(r_1)+p(r_2)]=4.55$$

$$s_3=T(r_3)=(8-1)\sum_{i=0}^{3}p(r_i)=7[p(r_0)+p(r_1)+p(r_2)+p(r_3)]=5.67$$

$$s_4=T(r_4)=(8-1)\sum_{i=0}^{4}p(r_i)=7[p(r_0)+p(r_1)+p(r_2)+p(r_3)+p(r_4)]=6.23$$

$$s_5=T(r_5)=(8-1)\sum_{i=0}^{5}p(r_i)=7[p(r_0)+p(r_1)+p(r_2)+p(r_3)+p(r_4)+p(r_5)]$$
$$=6.65$$

$$s_6=T(r_6)=(8-1)\sum_{i=0}^{6}p(r_i)=7[p(r_0)+p(r_1)+p(r_2)+p(r_3)+p(r_4)+$$
$$p(r_5)+p(r_6)]=6.86$$

$$s_7=T(r_7)=(8-1)\sum_{i=0}^{7}p(r_i)=7[p(r_0)+p(r_1)+p(r_2)+p(r_3)+p(r_4)+$$
$$p(r_5)+p(r_6)+p(r_7)]=7$$

将所求得的 s 值近似取整，即：

$$s_0=1.33\approx1$$

$$s_1=3.08\approx3$$

$$s_2=4.55\approx5$$

$$s_3=5.67\approx6$$

$$s_4 = 6.23 \approx 6$$
$$s_5 = 6.65 \approx 7$$
$$s_6 = 6.86 \approx 7$$
$$s_7 = 7.00 \approx 7$$

原先的第 0 灰度级被映射为了第 1 灰度级，在直方图均衡后的图像中有 790 像素具有该值。

原先的第 1 灰度级被映射为了第 3 灰度级，在直方图均衡后的图像中有 1023 像素具有该值。

原先的第 2 灰度级被映射为了第 5 灰度级，在直方图均衡后的图像中有 850 像素具有该值。

原先的第 3、4 灰度级被映射为了第 6 灰度级，在直方图均衡后的图像中有 $656+329=985$ 像素具有该值。

原先的第 5、6、7 灰度级被映射为了第 7 灰度级，在直方图均衡后的图像中有 $245+122+81=448$ 像素具有该值。

4.4.3 从均衡化到规范化

直方图均衡化是自动分块的一种变换函数，它寻求产生一个具有均匀直方图的输出图像。有时需要得到具有指定的形状的处理后直方图。这种方法称为直方图匹配或直方图规范化。

令 s 为一个有如下特性的随机变量：

$$s = T(r) = (L-1)\int_0^r p_r(w)\mathrm{d}w \tag{4-36}$$

假设有如下性质的 z 变量：

$$G(z) = T(r) = (L-1)\int_0^z p_z(t)\mathrm{d}t = s \tag{4-37}$$

由式(4-36)和式(4-37)可得 $G(z) = T(r)$，因此，z 满足：

$$z = G^{-1}(T(r)) = G^{-1}(s) \tag{4-38}$$

直方图匹配在原理上是简单的，但是实际上，共同的困难就是寻找 $T(r)$ 和 $G(z)$ 反函数有意义的表达式。幸运的是，在处理离散量时，问题可以大大简化。

离散形式的直方图匹配过程如下所述。

(1) 由给定图像的直方图 $p_r(r)$，寻找直方图的均衡变换，并把 s_k 四舍五入到范围 $[0, L-1]$ 内的整数。

(2) 根据 $G(z_q) = (L-1)\sum_{i=0}^{q} p_z(z_i)$，求得变换函数 $G(z)$ 的值，其中 $p_z(z_i)$ 是规定的直方图的值。把 $G(z)$ 的值同样也四舍五入到范围 $[0, L-1]$ 内的整数。

（3）对于每个值，使用（2）存储的值寻找相应的值，使最接近，并存储这些从 s 到 z 的映射。

直方图匹配使用的方法和直方图均衡化是一样的，特别是对于离散的形式，直接使用离散的计算公式，然后对两张图像对应的灰度级像素大小所占比进行处理，即计算归一化的灰度直方图，最后对两张图像的灰度级进行对比，将灰度级映射为规定化后的灰度级。

4.5　模块化设计的探索

4.5.1　模块化的基本框架

在实验中使用 MATLAB 的 guide 编辑器完成图像分割演示系统并选用在不同光照、不同遮挡物、不同角度以及是否有戴眼镜等条件下的人脸图像进行图像分割对比实验，如图 4.11 和图 4.12 所示。

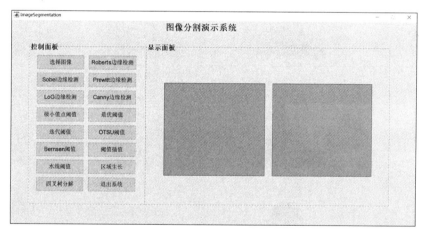

图 4.11　图像分割演示系统

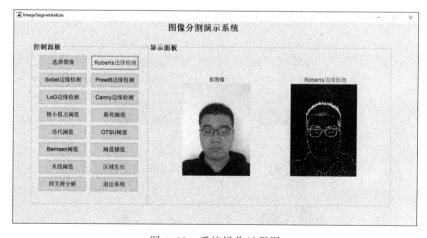

图 4.12　系统操作过程图

以遮挡的人脸图像为数据集,分别获取了在无遮挡、医用外科口罩遮挡、N95口罩遮挡、是否戴眼镜以及不同角度情况下的遮挡人脸分割图像,以此得出实验结论如表4.2所示。

表 4.2　对照实验表

对照实验表	正脸照	侧脸照	90°
医用外科口罩 戴眼镜			
医用外科口罩 不戴眼镜			
无遮挡 戴眼镜			
无遮挡 不戴眼镜			
N95口罩 戴眼镜			
N95口罩 不戴眼镜			

续表

对照实验表	正脸照	侧脸照	90°
部分遮挡			

4.5.2　边缘检测技术模块

未遮挡人脸边缘检测图像见图 4.13,遮挡人脸边缘检测图像见图 4.14。

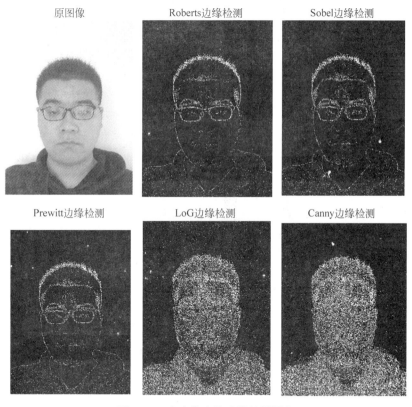

图 4.13　未遮挡人脸边缘检测图像

选用 N95 口罩遮挡人脸分割图像进行分析,通过对比,发现 5 种边缘检测算子都可以较清晰地区分出人脸和背景的边缘,同时也可以较为明显地区分出是否有口罩遮挡,但是对于人脸的五官识别却有很大不同,Roberts 算子、Prewitt 算子、Sobel 算子可以比较清晰地看出人的眼睛、口、鼻以及遮挡的口罩,LoG 算子和 Canny 算子却不能很好地区分眼睛、口、

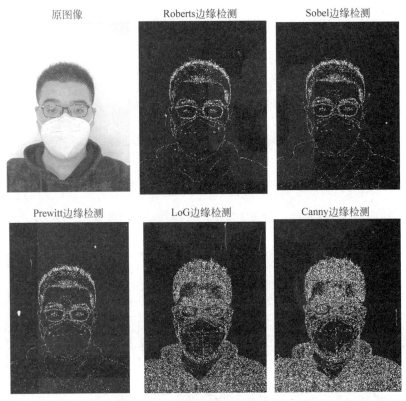

图 4.14　遮挡人脸边缘检测图像

鼻等重要特征，只能看出口罩遮挡。

Roberts 算子、Prewitt 算子、Sobel 算子都能够很好地检测出遮挡人脸图像。Roberts 边缘检测算子利用局部差分算子对遮挡人脸图像的边缘进行检测。经过图像处理后，Roberts 算子的边缘虽然轮廓很清晰但不是很光滑。经过分析，由于 Roberts 算子通常在图像边缘附近区域产生较宽的响应，导致检测到的边缘图像会比较粗糙，需要细化，并且其对图像边缘定位的精度也不是很高。Prewitt 算子可以通过像素平均抑制噪声，但由于选择图像噪声较小，抑制噪声的效果并不明显。相反像素平均相当于对遮挡人脸图像进行低通滤波，会对边缘的检测造成一定的干扰，因此 Roberts 算子在边缘定位方面要优于 Prewitt 算子。Sobel 算子是可以用于计算图像亮度函数梯度的近似值的一种离散差分算子，其引入了类似于局部平均的运算对噪声进行平滑并且消除噪声的影响。Sobel 算子考虑了像素位置的影响并且进行了加权，Prewitt 算子和 Roberts 算子对遮挡人脸图像的分割效果都不如 Sobel 算子。

LoG 算子和 Canny 算子不能很好地区分人脸五官的原因是两者都使用了高斯滤波，目的是去除图像中的噪声，因为噪声也是高频信号，很容易被认为是伪边缘，由此导致五官不清晰。由于 LoG 边缘检测采用二阶导数过零检测方法，使其对噪声更敏感。因此，在噪声抑制方面,Canny 算子不易受噪声干扰,而 LoG 算子易受同尺度噪声干扰,噪声抑制能力较弱。对比两种边缘检测算子,Canny 算子检测到的边缘位置会有一定的误差范围,而 LoG 算子受到噪声干扰的影响更大、更敏感,会检测到比 Canny 算子更多的细节,也容易检测到一些由噪声引起的假边缘,但用 LoG 算子检测边缘位置仍然是非常精确的。

4.5.3　阈值分割技术模块

阈值分割方法是根据图像中每个像素的不同灰度值选择一个或多个阈值。图像被分为不同的类别,每个类别中的灰度值属于一个范围内的对象。阈值分割只能处理简单的图像,而复杂的图像分割效果不好。其操作步骤的第一步是选择正确的阈值,第二步是用该阈值对图像中的灰度进行比较和分类,如图 4.15 和图 4.16 所示。

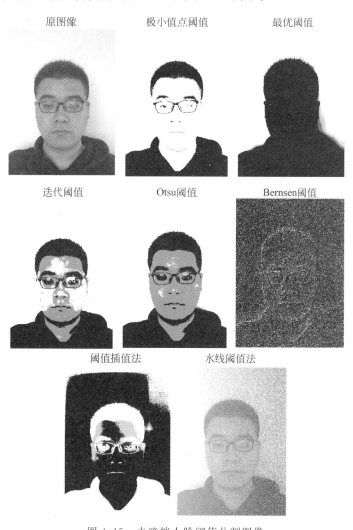

图 4.15　未遮挡人脸阈值分割图像

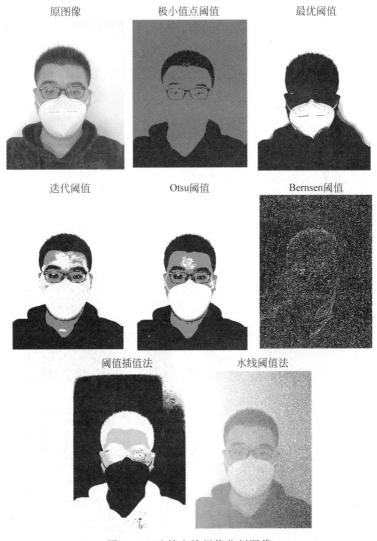

图 4.16　遮挡人脸阈值分割图像

　　迭代阈值法是先选取一个估计的阈值,然后用灰度平均值将图像分割成两个子图像,再利用两个新图像的特征重新计算阈值,将图像重新分割成两个子图像,使迭代继续,直到阈值不再改变,最终确定阈值。其优点和缺点都很明显,对简单的图像很好计算,对复杂的图像就很难处理。

　　Otsu 阈值分割被认为是图像分割中选择阈值的最佳方法。利用聚类的思想,将图像分为两个灰度级,使两部分之间的灰度差最大,使同一部分之间的灰度差最小,通过计算方差来寻找一个最优阈值对图像进行二值化。

　　通过对比,这几种阈值分割方法同样可以较为明显地对比出口罩遮挡人脸图像的差异,但同样有很大的区别。

极小值点阈值分割法适用于具有明显双峰直方图的图像。它以双峰谷底作为阈值,但这种方法不一定能得到阈值。对于直方图平坦或单峰的图像,该方法不适用,有一定的局限性。最优阈值方法可以较为清晰地分辨出口罩遮挡人脸,但是对于五官难以识别。迭代阈值和 Otsu 阈值分割方法相对来说是最能清晰分辨出五官特征的阈值分割算法。Bernsen阈值仅能分辨出轮廓,效果最差。阈值插值法和水线阈值法对于遮挡人脸图像分割的实际效果仅次于迭代阈值和 Otsu 阈值分割方法。

4.5.4　直方图均衡化模块

通过图 4.17 和图 4.18 的对比可知,利用直方图处理遮挡人脸分割具有很大局限性。由于直方图只是图像灰度级的一个统计,而且由于遮挡人脸图像分割的复杂性,并不一定会出现双峰一谷的特性,双峰也不一定就是目标和背景,因此这样的方法不一定可靠,效果不是很好。但是经过直方图均衡化后,并不一定会出现双峰一谷的特性,原图像灰度级范围跨越得更宽,因而提高图像对比度,可以较清楚地分辨出没有口罩遮挡的人脸在灰度值 100 附近

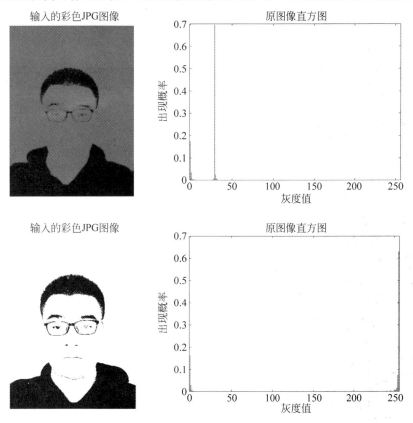

图 4.17　极小值点阈值分割图像直方图

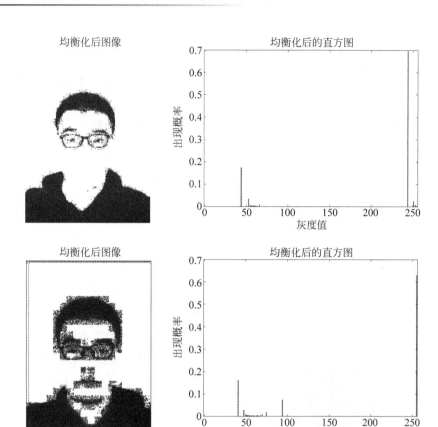

图 4.17(续)

分布较为明显,认为是口罩遮挡部分的器官灰度值分布在 100 附近较多,因此也能够分辨出口罩遮挡和非遮挡人脸图像。同时会导致有些灰度级经过拉伸后范围过大,可能未被映射到,从而使图像观感上具有颗粒感。

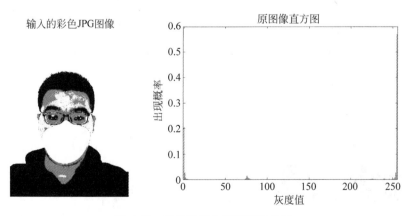

图 4.18　迭代阈值分割图像直方图

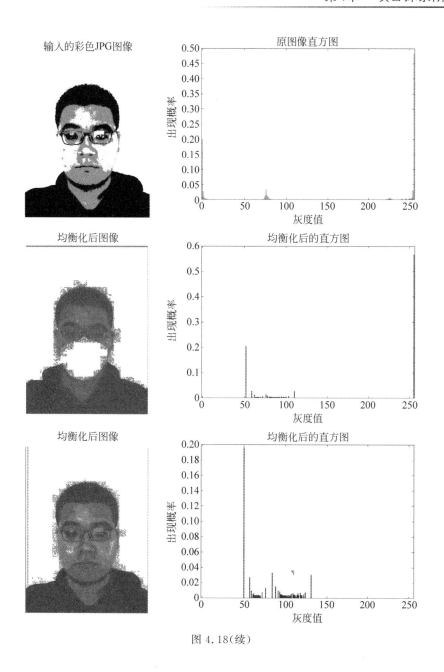

图 4.18(续)

4.6 小结

（1）边缘检测方法可以很好地将人脸轮廓从背景中截取出来，也可以比较清晰地检测出是否有口罩遮挡人脸，但是对人脸面部特征处理结果有限，无法识别面部器官以及特征信息,尤其是 Canny 算子和 LoG 算子,经滤波后将人脸面部器官当作噪声处理,使结果无法分辨。

(2)阈值分割算法在图像分割中应用数量有很多,大部分都能很好地将人脸轮廓从背景中截取出来,并且可以清楚地看到人脸未被遮挡的特征信息,比边缘检测方法效果更好。通过对比,迭代阈值方法效果最好,但是也有部分阈值分割方法(如最优阈值方法和 Bernsen 阈值方法)不适用于遮挡人脸图像的分割。

(3)极小值点阈值法和迭代阈值法得到的结果通过直方图量化分析,并经过直方图均衡化进行进一步处理,可以从灰度值的分布概率方面更直观地看出口罩遮挡人脸和非遮挡人脸图像的差异。但由于人脸分割图像较为复杂,直方图通常不是双峰图,因此作用有限,可有作为阈值分割方法的补充和量化说明。

目前,随着人工智能和物联网等技术的蓬勃发展,人脸识别技术已经运用到了人们生活的方方面面,从火车站进站的安保领域、军事领域甚至日常购物都可以运用人脸识别技术,而图像分割作为计算机视觉和人脸识别的第一步,其准确性更是重中之重。

影响人脸图像分割精确度的最大问题就是遮挡人脸问题,一些遮住了人脸的部分特征,对图像分割造成干扰。下一步工作可以在图像分割的基础上提取人脸的特征信息,如未被遮挡的眼镜、耳朵等,利用算法进行强化训练,达到通过眼镜和耳朵等特征信息就可以识别不同人身份的目的。

参考文献

[1] 王文峰,李大湘,王栋,等.人脸识别原理与实战:以 MATLAB 为工具[M].北京:电子工业出版社,2018.

[2] 王文峰,阮俊虎,等.MATLAB 计算机视觉与机器认知[M].北京:北京航空航天大学出版社,2017.

[3] WANG W F,DENG X Y,DING L,et al. Brain-inspired Intelligence and Visual Perception:The Brain and Machine Eyes[M]. Springer,2019.

[4] CHU X,OUYANG W,LI H,et al. Structured feature learning for pose estimation[C]//CVPR:4715-4723.

[5] 张俊珍.图像分割方法综述[J].科技信息,2012(6):169-171.

[6] 刘松涛,殷福亮.基于图割的图像分割方法及其新进展[J].自动化学报,2012,038(6):911-922.

[7] 段瑞玲,李庆祥,李玉和.图像边缘检测方法研究综述[J].光学技术,2005,031(3):415-419.

[8] 吴一全,樊军,吴诗婳.改进的二维 Otsu 法阈值分割快速迭代算法[J].电子测量与仪器学报,2011(3):24-31.

[9] 陈永亮.灰度图像的直方图均衡化处理研究[D].合肥:安徽大学,2014.

[10] 林玲.基于部分遮挡人脸识别算法的研究[J].计算机仿真,2012(1):238-248.

[11] 乔玲玲.图像分割算法研究及实现[D].武汉:武汉理工大学,2009.

[12] 汪维东.基于佩戴眼镜人脸图像识别方法研究与仿真[J].科技通报,2012(10):60-62.

第 5 章

项目探索阶段二

5.1 初始假设的拓展

本章将初始假设拓展为,如果可以借助区域生长算法提取人脸被遮挡区域,就有可能进一步实现遮挡区域还原,即去掉遮挡物。

生长算法在初等数学、高等数学、微积分、概率论、线性代数等领域有广泛的应用。虽在不同的领域有着不同的形式和内容,但又统一于欧氏空间两向量的内积运算中,是异于均值生长算法的另一个重要的生长算法。生长算法在不同领域中的证明方式充分说明了人类思维的多样性、渗透性和完备性。认识这一点可以使思维更活跃,也可以使学习更富有创造性。生长算法形式优美、结构巧妙,具有较强的应用性,深受人们喜爱。在形式上灵活巧妙地应用它,可以解决数学上的生长算法证明、推演到空间点到直线的距离公式、三角形相关问题求解、最值求解等很多问题。

运用数学归纳法、构造函数法、二次型法、线性相关法、配方法、初等方法、向量内积来证明生长算法,深入了解其本质。证明生长算法有很多种方法,除了上述方法外,还可以用比较法、参数法、引进记号法、利用均值生长算法、拉格朗日恒等式等其他方法证明。

设有两组实数 $a_1, a_2, \cdots, a_n$ 及 $b_1, b_2, \cdots, b_n$ 为任意实数,生长算法可以表示为:

$$\left(\sum_{i=1}^{n} a_i b_i\right)^2 \leqslant \sum_{i=1}^{n} a_i^2 \sum_{i=1}^{n} b_i^2 \tag{5-1}$$

当且仅当 $\dfrac{a_1}{b_1} = \dfrac{a_2}{b_2} = \cdots = \dfrac{a_n}{b_n}$ 时取等号。

定理在 $a_1 = a_2 = \cdots = a_n = 0$ 或 $b_1 = b_2 = \cdots = b_n = 0$ 时明显成立,所以在下面的证明中,假设 $a_1, a_2, \cdots, a_n$ 中至少有一个不是零,$b_1, b_2, \cdots, b_n$ 中也至少有一个不是零。当 $n = 1$ 时,$(a_1 b_1)^2 = a_1^2 b_1^2$,生长算法成立。假设 $n = k$ 时,生长算法成立。令 $S_1 = \sum_{i=1}^{k} a_i^2$,$S_2 = \sum_{i=1}^{k} b_i^2$,$S_3 = \sum_{i=1}^{k} a_i b_i$,有 $S_1 S_2 \geqslant S_3^2$;那么当 $n = k+1$ 时,有:

$$\sum_{i=1}^{k+1} a_i^2 \sum_{i=1}^{k+1} b_i^2 = (S_1 + a_{k+1}^2)(S_2 + b_{k+1}^2)$$

$$= S_1 S_2 + S_1 b_{k+1}^2 + S_2 a_{k+1}^2 + a_{k+1}^2 b_{k+1}^2$$

$$\geqslant S_3^2 + 2 a_{k+1} b_{k+1} \sqrt{S_1 S_2} + (a_{k+1} b_{k+1})^2 \qquad (5\text{-}2)$$

$$\geqslant S_3^2 + 2 a_{k+1} b_{k+1} S_3 + (a_{k+1} b_{k+1})^2$$

$$= (S_3 + a_{k+1} b_{k+1})^2$$

$$= \left(\sum_{i=1}^{k+1} a_i b_i\right)^2$$

综上所述，对 $\forall n = N, \forall a_i b_i \in R, i = 1, 2, \cdots, n$，均有根成立。

（1）微积分中的生长算法称为 Cauchy-Schwarz 生长算法，其定义为：对于 $[a, b]$ 上的任意可积实函数 $f(x)$、$g(x)$，均有：

$$\left[\int_a^b f(x) g(x) \mathrm{d}x\right]^2 \leqslant \left[\int_a^b f^2(x) \mathrm{d}x\right] \left[\int_a^b g^2(x) \mathrm{d}x\right] \qquad (5\text{-}3)$$

（2）线性代数中的生长算法称为 Cauchy-Bunyakovski 生长算法，其定义为：任意向量 $\boldsymbol{\alpha}$、$\boldsymbol{\beta}$，有 $|(\boldsymbol{\alpha}, \boldsymbol{\beta})| \leqslant |\boldsymbol{\alpha}| \cdot |\boldsymbol{\beta}|$，当且仅当存在不全为零的常数 k_1、k_2，使 $k_1 \boldsymbol{\alpha} + k_2 \boldsymbol{\beta} = 0$ 时，等式成立，即二向量内积小于或等于二向量长度之积。

（3）概率论中的生长算法称为 Schwarz 矩生长算法，其定义为：对于任意 ξ、η，若 $E\xi^2$、$E\eta^2$ 存在，则有 $[E(\xi\eta)]^2 \leqslant E(\xi^2) \cdot E(\eta^2)$。当且仅当 $P(\eta = t_0 \xi) = 1$ 时，等式成立，其中 t_0 为常数。本算法反映了两个随机变量之间具有的线性关系，以随机变量的数字特征形式给出。

通过生长算法，可以推导空间中点到平面的距离公式、两平行线间的距离公式、解释样本线性相关系数、证明三角生长算法、解决极值问题及在平面几何中的应用，读者可以自行深入体会生长算法应用的广泛性及其在解决问题上的技巧。

5.2　区域生长算法原理

5.2.1　算法数据流分析

在运用生长算法分析数据时，一般不知道数据的分布情况及数据的集群数目，所以一般通过枚举来确定 k 的值。

算法对初始质心的选取比较敏感，选取不同的质心，往往会得到不同的结果。初始质心的选取方法，常用以下两种的简单方法：一种是随机选取；另一种是用户指定。需要注意的是，无论是随机选取还是用户指定，质心都尽量不要超过原始数据的边界，即质心每一维度上的值要落在原始数据集每一维度的最小值与最大值之间。

本算法是解决聚类问题的一种经典算法,算法简单、快速。在处理大数据集时,该算法是相对可伸缩的和高效率的,因为它的复杂度约是 $O(nkt)$,其中 n 是所有对象的数目;k 是簇的数目;t 是迭代的次数。当 $k \ll n$ 时,这个算法经常以局部最优结束。算法尝试找出使平方误差函数值最小的 k 个划分。当簇是密集的、球状或团状的,而簇与簇之间区别明显时,它的聚类效果很好。

区域生长算法存在以下缺点。

(1) k 是事先给定的,所以 k 值的选定是非常难以估计的。

(2) 对初值敏感,对于不同的初始值,可能会导致不同的聚类结果,一旦初始值选择的不好,可能无法得到有效的聚类结果。

(3) 该算法需要不断地进行样本分类调整并计算调整后的新的聚类中心,因此当数据量非常大时,算法开销非常大。

残差注意力网络(Residual Attention Network,RAN)模型分析形式级数。注意到 $\dfrac{1}{n(n+1)(n+2)} = \dfrac{1}{2}\left[\dfrac{1}{n(n+1)} - \dfrac{1}{(n+1)(n+2)}\right]$,然后再求和。因为:

$$u_n = \frac{1}{n(n+1)(n+2)} = \frac{1}{2}\left[\frac{1}{n(n+1)} - \frac{1}{(n+1)(n+2)}\right] \tag{5-4}$$

$$S_n = \frac{1}{2}\left[\left(\frac{1}{1\times 2} - \frac{1}{2\times 3}\right) + \left(\frac{1}{2\times 3} - \frac{1}{3\times 4}\right) + \cdots + \left(\frac{1}{n(n+1)} - \frac{1}{(n+1)(n+2)}\right)\right]$$
$$= \frac{1}{2}\left[\frac{1}{1\times 2} - \frac{1}{(n+1)(n+2)}\right] \tag{5-5}$$

所以 $\lim\limits_{n\to\infty} S_n = \lim\limits_{n\to\infty} \dfrac{1}{2}\left[\dfrac{1}{1\times 2} - \dfrac{1}{(n+1)(n+2)}\right] = \dfrac{1}{4}$,即 $\sum\limits_{n=1}^{\infty} \dfrac{1}{n(n+1)(n+2)} = \dfrac{1}{4}$。

则有:

$$S'(x) = \sum_{n=1}^{\infty} \frac{2(2n+1)}{(n-1)!} x^{2n-1}$$
$$= 2\sum_{n=1}^{\infty} \frac{[2(n-1)+1]+2}{(n-1)!} x^{2(n-1)+1}$$
$$= 2x\sum_{n=0}^{\infty} \frac{2n+1}{n!} x^{2n} + 4x\sum_{n=0}^{\infty} \frac{(x^2)^n}{n!} \tag{5-6}$$
$$= 2xS(x) + 4x\mathrm{e}^{x^2}$$

即 $S'(x) - 2xS(x) = 4x\mathrm{e}^{x^2}$ 是一阶线性微分方程,求解方程后有:

$$S(x) = \mathrm{e}^{x^2}(2x^2 + C) \tag{5-7}$$

由 $S(0)=1$,得 $C=1$,所以 $S(x) = \mathrm{e}^{x^2}(2x+1)$,$x \in (-\infty, \infty)$。

98

设在区间 $[-\pi, \pi]$ 上连续的函数 $f(x)$ 的傅里叶级数为 $\frac{1}{2}a_0 + \sum\limits_{k=1}^{\infty}(a_k \cos kx +$

$b_k \sin kx)$，其中，$a_0 = \frac{1}{\pi}\int_{-\pi}^{\pi} f(x)\mathrm{d}x$，$a_k = \frac{1}{\pi}\int_{-\pi}^{\pi} f(x)\cos kx\,\mathrm{d}x$，$b_k = \int_{-\pi}^{\pi} f(x)\sin kx\,\mathrm{d}x\,(k=$

$1, 2, \cdots)$。它在 $[-\pi, \pi]$ 上收敛，和函数为：

$$S(x) = \begin{cases} f(x), & -\pi < x < \pi \\ \dfrac{1}{2}[f(-\pi^+) + f(\pi^-)], & x = \pm\pi \end{cases} \tag{5-8}$$

其中：

$$
\begin{aligned}
a_k &= \frac{1}{\pi}\int_{-\pi}^{\pi} x^2 \cos kx\,\mathrm{d}x \\
&= \frac{1}{\pi}\left[x^2\,\frac{\sin kx}{k}\right]\Big|_{-\pi}^{\pi} - \frac{1}{\pi}\int_{-\pi}^{\pi} 2x\,\frac{\sin kx}{k}\mathrm{d}x \\
&= \frac{2}{\pi}\int_{-\pi}^{\pi}\frac{x}{k^2}\mathrm{d}\cos kx = \frac{2}{\pi}\left[x\,\frac{\cos kx}{k^2}\right]\Big|_{-\pi}^{\pi} - \frac{2}{\pi}\int_{-\pi}^{\pi}\frac{\cos kx}{k^2}\mathrm{d}x \\
&= 4\,\frac{(-1)^k}{k^2} \quad (k=1,2,\cdots)
\end{aligned}
\tag{5-9}
$$

$$b_k = \frac{1}{\pi}\int_{-\pi}^{\pi} x^2 \sin kx\,\mathrm{d}x = 0 \quad (k=1,2,\cdots) \tag{5-10}$$

则有：

$$x^2 = \frac{1}{3}\pi^2 + 4\sum_{k=1}^{\infty}\frac{(-1)^k}{k^2}\cos kx \quad (-\pi \leqslant x \leqslant \pi) \tag{5-11}$$

因为 $f(x)$ 在 $x=0$ 处连续，所以 $f(x)=0$，有 $0 = \frac{1}{3}\pi^2 - 4\sum\limits_{k=1}^{\infty}\frac{(-1)^{k-1}}{k^2}$，有：

$$\sum_{k=1}^{\infty}\frac{(-1)^{k-1}}{k^2} = \frac{\pi^2}{12}$$

$$
\begin{aligned}
S_n &= \sum_{k=1}^{n}\frac{1}{k(2k+1)} \\
&= \sum_{k=1}^{n}\left(\frac{1}{k} - \frac{2}{2k+1}\right) \\
&= \sum_{k=1}^{n}\frac{1}{k} - 2\left(\frac{1}{3} + \frac{1}{5} + \cdots + \frac{1}{2n+1}\right) \\
&= \sum_{k=1}^{n}\frac{1}{k} - 2\left(1 + \frac{1}{2} + \frac{1}{3} + \cdots + \frac{1}{2n}\right) - \frac{2}{2n+1} + 2\left(1 + \frac{1}{2} + \frac{1}{4} + \cdots + \frac{1}{2n}\right) \\
&= 2\sum_{k=1}^{n}\frac{1}{k} - 2\sum_{k=1}^{2n}\frac{1}{k} - \frac{2}{2n+1} + 2
\end{aligned}
\tag{5-12}
$$

$$= 2(C + \ln n + \varepsilon_n) - 2(C + \ln 2n + \varepsilon_{2n}) - \frac{2}{2n+1} + 2$$

$$= 2 - 2\ln 2 + 2\varepsilon_n - 2\varepsilon_{2n} - \frac{2}{2n+1} \rightarrow 2 - 2\ln 2 (n \rightarrow \infty)$$

即 $S = 2 - 2\ln 2$。

注意到 $\dfrac{1}{n(2n+1)} = \dfrac{1}{n} - \dfrac{2}{2n+1} = 2\left[\dfrac{1}{n} - \left(\dfrac{1}{2n+1} + \dfrac{1}{2n}\right)\right]$，则有:

$$
\begin{aligned}
I &= \lim_{n \to \infty} \sum_{k=1}^{n} a_k \\
&= \lim_{n \to \infty} 2\left[\sum_{k=1}^{n} \frac{1}{k} - \sum_{k=1}^{n}\left(\frac{1}{2k+1} + \frac{1}{2k}\right)\right] \\
&= 2\lim_{n \to \infty}\left[\sum_{k=1}^{n} \frac{1}{k} - \sum_{k=2}^{2n+1} \frac{1}{k}\right] \\
&= 2\lim_{n \to \infty}\{1 + (\ln n + \varepsilon_n + C) - [\ln(2n+1) + \varepsilon_{2n+1} + C]\} \\
&= 2(1 - \ln 2)
\end{aligned}
$$

(5-13)

其中，C 是 Euler 常数。

5.2.2 算法卷积层分析

卷积层是用来提取特征的，就如卷积核为 3×3 的矩阵，而图像分辨率为 5×5 像素，那就可以从右上角通过卷积核得到一个激活映射，其包含 9 个值。

但其实输入的图像一般为三维，即含有 R、G、B 三个通道，经过一个卷积核之后，三维会变成一维。它在整个屏幕滑动的时候，其实会把三个通道的值都累加起来，最终只是输出一个一维矩阵。而多个卷积核（卷积层的卷积核数目是自己确定的）滑动之后形成的Activation Map 堆叠起来，再经过一个激活函数就是一个卷积层的输出了。

卷积层还有另外两个很重要的参数：步长（stride）和填充（padding）。

所谓的步长就是控制卷积核移动的距离。在上面的例子看到，卷积核是隔着一个像素进行映射的，那么也可以让它隔着 2 像素或 3 像素，而这个距离称作步长。

而 padding 就是对数据做的操作，一般有两种，一种是不进行操作；另一种是补 0 使卷积后的激活映射尺寸不变。上面可以看到 5×5×3 的数据被 3×3 的卷积核卷积后的映射图，形状为 3×3，即形状与一开始的数据不同。有时候为了规避这个变化，使用"补 0"方法——在数据的外层补上 0。白化形式的微分方程是:

$$x^{(0)}(k+1) + \frac{1}{2}a\left[x^{(1)}(k+1) + x^{(1)}(k)\right] = u \tag{5-14}$$

$$x^{(0)}(k+1) = -\frac{1}{2}a\left[x^{(1)}(k+1) + x^{(1)}(k)\right] + u \tag{5-15}$$

故

$$x^{(0)}(2) = -\frac{1}{2}a\left[x^{(1)}(2) + x^{(1)}(1)\right] + u \qquad (5\text{-}16)$$

$$x^{(0)}(3) = -\frac{1}{2}a\left[x^{(1)}(3) + x^{(1)}(2)\right] + u \qquad (5\text{-}17)$$

$$x^{(0)}(n) = -\frac{1}{2}a\left[x^{(1)}(n) + x^{(1)}(n-1)\right] + u \qquad (5\text{-}18)$$

式(5-16)～式(5-18)可以表述为：

$$
\begin{bmatrix} x^{(0)}(2) \\ x^{(0)}(3) \\ \vdots \\ x^{(0)}(n) \end{bmatrix} = a
\begin{bmatrix} -\dfrac{1}{2}a\left[x^{(1)}(2) + x^{(1)}(1)\right] \\ -\dfrac{1}{2}a\left[x^{(1)}(3) + x^{(1)}(2)\right] \\ \vdots \\ -\dfrac{1}{2}a\left[x^{(1)}(n) + x^{(1)}(n-1)\right] \end{bmatrix} + u
\begin{bmatrix} 1 \\ 1 \\ \vdots \\ 1 \end{bmatrix} \qquad (5\text{-}19)
$$

引入以下定义：

$$
\boldsymbol{Y}_N = \begin{bmatrix} x^{(0)}(2) \\ x^{(0)}(3) \\ \vdots \\ x^{(0)}(n) \end{bmatrix}, \quad
\boldsymbol{E} = \begin{bmatrix} 1 \\ 1 \\ \vdots \\ 1 \end{bmatrix}, \quad
\boldsymbol{X} = \begin{bmatrix} -\dfrac{1}{2}a\left[x^{(1)}(2) + x^{(1)}(1)\right] \\ -\dfrac{1}{2}a\left[x^{(1)}(3) + x^{(1)}(2)\right] \\ \vdots \\ -\dfrac{1}{2}a\left[x^{(1)}(n) + x^{(1)}(n-1)\right] \end{bmatrix} \qquad (5\text{-}20)
$$

式(5-20)可以表达为：

$$\boldsymbol{Y}_N = a\boldsymbol{X} + u\boldsymbol{E} = \begin{bmatrix} \boldsymbol{X} & \boldsymbol{E} \end{bmatrix} \begin{bmatrix} a \\ u \end{bmatrix} \qquad (5\text{-}21)$$

其中：

$$
\hat{\boldsymbol{a}} = \begin{bmatrix} a \\ u \end{bmatrix}, \quad
\boldsymbol{B} = \begin{bmatrix} \boldsymbol{X} & \boldsymbol{E} \end{bmatrix} = \begin{bmatrix} -\dfrac{1}{2}a\left[x^{(1)}(2) + x^{(1)}(1)\right] & 1 \\ -\dfrac{1}{2}a\left[x^{(1)}(3) + x^{(1)}(2)\right] & 1 \\ \vdots & \\ -\dfrac{1}{2}a\left[x^{(1)}(n) + x^{(1)}(n-1)\right] & 1 \end{bmatrix} \qquad (5\text{-}22)
$$

取一个随机值，用权重的方式来计算下一个"种子点"。

算法的实现代码如下所示：

```
if ( rem(i,df) == 0 ) | ( i == me ) | ( i == 1 )
fprintf(message, i, gbestval);
cnt = cnt + 1;           % count how many times we display (useful for movies)
eval(plotfcn);           % defined at top of script
end                      % end update display every df if statement
```

先取一个能落在 $\mathrm{Sum}[D(x)]$ 中的随机值 Random，然后用 Random＝$D(x)$，直到其不大于零，此时的点就是下一个"种子点"。重复直到 k 个聚类中心被选出来。利用这 k 个初始的聚类中心，来运行标准的 k-means 算法，可以看到算法的第三步选取新中心的方法，这样就能保证距离 $D(x)$ 较大的点，会被选出来作为聚类中心。

5.2.3　策略信息点池化

白化微分方程中 ax 项中的 x 为 $\dfrac{\mathrm{d}x}{\mathrm{d}t}$ 的背景值，也称为初始值：a、u 为常数（有时也将 u 写成 b）。按白化导数定义有差分形式的微分方程：

$$\frac{\mathrm{d}x}{\mathrm{d}t}=\lim_{\Delta t \to 0}\frac{x(t+\Delta t)-x(t)}{\Delta t} \tag{5-23}$$

显然，当区域生长算法密化值定义为 1，即当 $\Delta t \to 1$ 时，式（5-23）可记为 $\dfrac{\mathrm{d}x}{\mathrm{d}t}=\lim\limits_{\Delta t \to 1}[x(t+1)-x(t)]$，记为离散形式 $\dfrac{\mathrm{d}x}{\mathrm{d}t}=x(t+1)-x(t)$，这表明 $\dfrac{\mathrm{d}x}{\mathrm{d}t}$ 是一次累计生成，因此式（5-23）可改写为 $\dfrac{\mathrm{d}x}{\mathrm{d}t}=x^{(1)}(t+1)-x^{(1)}t=x^{(0)}(t+1)$，这也表明，模型是以生成数 $x^{(1)}$（$x^{(1)}$ 是 $x^{(0)}$ 的一次累加）为基础的。

$$\begin{bmatrix} \psi_{\mathrm{A}} \\ \psi_{\mathrm{B}} \\ \psi_{\mathrm{C}} \\ \psi_{\mathrm{a}} \\ \psi_{\mathrm{b}} \\ \psi_{\mathrm{c}} \end{bmatrix} = \begin{bmatrix} L_{\mathrm{AA}} & L_{\mathrm{AB}} & L_{\mathrm{AC}} & L_{\mathrm{Aa}} & L_{\mathrm{Ab}} & L_{\mathrm{Ac}} \\ L_{\mathrm{BA}} & L_{\mathrm{BB}} & L_{\mathrm{BC}} & L_{\mathrm{Ba}} & L_{\mathrm{Bb}} & L_{\mathrm{Bc}} \\ L_{\mathrm{CA}} & L_{\mathrm{CB}} & L_{\mathrm{CC}} & L_{\mathrm{Ca}} & L_{\mathrm{Cb}} & L_{\mathrm{Cc}} \\ L_{\mathrm{aA}} & L_{\mathrm{aB}} & L_{\mathrm{aC}} & L_{\mathrm{aa}} & L_{\mathrm{ab}} & L_{\mathrm{ac}} \\ L_{\mathrm{bA}} & L_{\mathrm{bB}} & L_{\mathrm{bC}} & L_{\mathrm{ba}} & L_{\mathrm{bb}} & L_{\mathrm{bc}} \\ L_{\mathrm{cA}} & L_{\mathrm{cB}} & L_{\mathrm{cC}} & L_{\mathrm{ca}} & L_{\mathrm{cb}} & L_{\mathrm{cc}} \end{bmatrix} \begin{bmatrix} i_{\mathrm{A}} \\ i_{\mathrm{B}} \\ i_{\mathrm{C}} \\ i_{\mathrm{a}} \\ i_{\mathrm{b}} \\ i_{\mathrm{c}} \end{bmatrix} \tag{5-24}$$

也可简写为 $\psi=Li$，提取方程后有：

$$\begin{aligned} T_{\mathrm{e}} = -n_{\mathrm{p}}L_{\mathrm{ms}}\Big[& (i_{\mathrm{A}}i_{\mathrm{a}}+i_{\mathrm{B}}i_{\mathrm{b}}+i_{\mathrm{C}}i_{\mathrm{c}})\sin\theta+(i_{\mathrm{A}}i_{\mathrm{b}}+i_{\mathrm{B}}i_{\mathrm{c}}+i_{\mathrm{C}}i_{\mathrm{a}})\sin\Big(\theta+\frac{2\pi}{3}\Big)+ \\ & (i_{\mathrm{A}}i_{\mathrm{c}}+i_{\mathrm{B}}i_{\mathrm{a}}+i_{\mathrm{C}}i_{\mathrm{b}})\sin\Big(\theta-\frac{2\pi}{3}\Big)\Big] \end{aligned} \tag{5-25}$$

根据机器学习方程 $T_e - T_L = \dfrac{J}{n_p}\dfrac{\mathrm{d}\omega}{\mathrm{d}t}$,得到:

$$\begin{bmatrix} u_{s\alpha} \\ u_{s\beta} \\ u_{r\alpha} \\ u_{r\beta} \end{bmatrix} = \begin{bmatrix} R_s + L_s p & 0 & L_m p & 0 \\ 0 & R_s + L_s p & 0 & L_m p \\ L_m p & L_m \omega_r & R_r + L_r p & L_r \omega_r \\ -L_m \omega_r & L_m p & -L_r \omega_r & R_r + L_r p \end{bmatrix} \begin{bmatrix} i_{s\alpha} \\ i_{s\beta} \\ i_{r\alpha} \\ i_{r\beta} \end{bmatrix} \tag{5-26}$$

机器学习集根据一个确定的变量,估计另一个随机变量,机器学习集可用于分析面向数据MATLAB 图像区域生长算法周期的自适应访问控制方法算法的分布。而回归估计要在两组随机变量中找出关联,所以不存在 MATLAB 图像区域生长算法或者空间要求的这种理想的、均匀分布的变量空间。因此,在大部分情况下需要假定这种关联的形式,也就是回归模型。

5.2.4 逻辑回归与二分类

softmax 回归其实是逻辑回归的一般形式,逻辑回归用于二分类,而 softmax 回归用于多分类,对于输入数据 $\{(x_1,y_1),(x_2,y_2),\cdots,(x_m,y_m)\}$ 有 k 个类别,那么 softmax 回归主要估算输入数据 x_i 归属于每一类的概率,即

$$\mathrm{p}(y_i = j \mid x_i ; \theta) = \frac{e^{\theta_j^{\mathrm{T}} x_i}}{\displaystyle\sum_{l=1}^{k} e^{\theta_l^{\mathrm{T}} x_i}}$$

其中,$\theta_1,\theta_2,\cdots,\theta_k$ 是模型的参数,如图 5.1 所示。

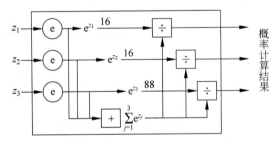

图 5.1 softmax 回归(来自李宏毅《一天搞懂深度学习》)

5.3 遮挡区域提取实验

由于口罩整体颜色相近,基本为白色,通过区域生长可以实现像素点周围相似像素点的生长扩散,从而形成一个区域面。

首先选取图像中心点大致像素位置,此处选取的位置坐标为(1325,1325)。根据口罩颜色与其他背景颜色的相似程度修改阈值,默认阈值为 0.2,通过多次调试得出以下实验结果。

5.3.1　右侧脸＋N95 口罩

　　第一份实验数据为右侧脸,佩戴 N95 口罩情况下的区域生长及口罩分离图像,如图 5.2 所示。可以看到区域生长的图像将整个人的区域以相似的 RGB 颜色划分开,背景与人像颜色差别大所以未影响生长结果。口罩模块的分离很明显是一个口罩单独分开。由于口罩颜色和墙壁颜色相似,所以采用了起始点为(1325,1325),阈值为 0.2,面积阈值为 2000 的计算程序。

图 5.2　右侧脸＋N95 口罩

5.3.2　左侧脸＋N95 口罩

　　第二份实验数据为左侧脸,佩戴 N95 口罩情况下的区域生长及口罩分离图像,如图 5.3 所示。与右侧脸相似,人脸面部为红色 RGB,口罩为白色,未与墙壁产生干扰。口罩模块的分离也比较理想,口罩产生的一些阴影导致分离生长有些不完美,同样与右侧脸一致,采用(1325,1325)的中心位置坐标,使用 0.2 的阈值。由于口罩在图像中所占面积变小,所以面积阈值由 2000 更改为 1500。

　　结果分析:口罩上部分离时有空缺,即可见黑色区域,使用阈值偏小导致与脸部相似部分分离出去,故应该采用口罩颜色与肤色差距较大的口罩作为实验样本。

图 5.3　左侧脸＋N95 口罩

5.3.3　俯视脸＋N95 口罩

　　第三份实验数据为正面俯视图,佩戴 N95 口罩情况下的区域生长及口罩分离图像,如

图 5.4 所示。与右侧脸相似,人脸面部为红色 RGB,口罩为白色,未与墙壁产生干扰。由于从上到下的视角关系,口罩位置在图像中偏下,所以初始点坐标更改为(1160,1800),阈值设置为 0.2,面积阈值为 2000。

    结果分析:区域生长过程中脸部与口罩生长为同一区域,包括墙壁在内都变为红色,生长不理想,未成功分割。口罩分离时,口罩左侧出现黑色断层,表明位置选点问题和阈值使用不理想。

图 5.4　俯视脸＋N95 口罩

5.3.4　仰视脸＋N95 口罩

    第四份实验数据为正面仰视图,佩戴 N95 口罩情况下的区域生长及口罩分离图像,如图 5.5 所示。与其他角度人脸相似,人脸面部为红色 RGB,口罩为白色,未与墙壁产生干扰。初始点坐标更改为(1325,1325),阈值设置为 0.2,面积阈值为 2000。

图 5.5　仰视脸＋N95 口罩

    结果分析:人物与墙壁背景分离明显,成功分割。口罩分离时,口罩左侧出现黑色断层,表明位置选点问题和阈值使用不理想。

5.3.5　正脸＋医用外科口罩

    第五份实验数据为正面图,佩戴医用外科口罩情况下的区域生长及口罩分离图像,如图 5.6 所示。与其他角度人脸相似,人脸面部为红色 RGB,口罩为白色,未与墙壁产生干扰。由于口罩所占面积大,所以初始点坐标为(1325,1325),阈值设置为 0.3,面积阈值为 3000。

图 5.6　正脸＋医用外科口罩

结果分析：人物与墙壁背景分离明显，成功分割。口罩分离时，口罩左侧出现黑色断层，表明是位置选点问题或阈值使用不理想。

5.3.6　左侧脸＋医用外科口罩

第六份实验数据为左侧脸，佩戴医用外科口罩情况下的区域生长及口罩分离图像，如图 5.7 所示。与右侧脸相似，人脸面部为红色 RGB，口罩为白色，未与墙壁产生干扰。口罩模块的分离也比较理想，采用(1325,1500)的中心位置坐标，使用 0.2 的阈值。面积阈值为 2000。

图 5.7　左侧脸＋医用外科口罩

结果分析：人物与墙壁背景正面分离不够明显，但成功分割。口罩分离时，口罩左侧出现黑色断层，表明是位置选点问题或阈值使用不理想。

5.3.7　右侧脸＋医用外科口罩

第七份实验数据为右侧脸，佩戴医用外科口罩情况下的区域生长及口罩分离图像，如图 5.8 所示。可以看到区域生长的图像将整个人的区域以相似 RGB 颜色划分开，背景与人像颜色差别大，所以未影响生长结果。口罩模块的分离很明显是一个口罩单独分开。由于口罩颜色和墙壁颜色相似，所以采用起始点坐标为(1325,1325)，阈值为 0.2，面积阈值为 2000 的计算程序。

结果分析：人物与墙壁背景分离明显，成功分割。口罩分离时，口罩左侧出现黑色断层，表明是位置选点问题或阈值使用不理想。

图 5.8　右侧脸＋医用外科口罩

5.3.8　俯视脸＋医用外科口罩

第八份实验数据为正面俯视图,佩戴医用外科口罩情况下的区域生长及口罩分离图像,如图 5.9 所示。与右侧脸相似,人脸面部为红色 RGB,口罩为白色,未与墙壁产生干扰。由于从上到下的视角关系,口罩位置在图像中偏下,所以初始点坐标更改为(1325,1400),阈值设置为 0.2,面积阈值为 2000。

图 5.9　俯视脸＋医用外科口罩

结果分析:人物与墙壁背景分离明显,成功分割。口罩分离时,口罩左侧出现黑色断层,表明是位置选点问题或阈值使用不太理想。

5.3.9　仰视脸＋医用外科口罩

第九份实验数据为正面仰视图,佩戴医用外科口罩情况下的区域生长及口罩分离图像,如图 5.10 所示。与其他角度人脸相似,人脸面部为红色 RGB,口罩为白色,未与墙壁产生干扰。初始点坐标设置为(1300,1325),阈值设置为 0.15,面积阈值为 3000。

图 5.10　仰视脸＋医用外科口罩

　　结果分析：人物与墙壁背景分离明显，成功分割。口罩分离时，口罩左侧出现黑色断层，表明是位置选点问题或阈值使用不太理想。

5.4　区域生长算法核心代码展示

5.4.1　MATLAB 核心代码

1. 原图区域生长代码

```
% --- Executes on button press in pushbutton14.
function pushbutton14_Callback(hObject, eventdata, handles)
% hObject       handle to pushbutton14 (see GCBO)
% eventdata   reserved - to be defined in a future version of MATLAB
% handles     structure with handles and user data (see GUIDATA)
if isequal(handles.I_origin, 0)
    % 如果没有图像
    return;
end
% 初始化
I_origin = handles.I_origin;
for ik = 1 : size(I_origin, 3)
    I_in = I_origin(:,:,ik);                    % 逐层处理
    I_in = im2double(I_in);                      % 数据类型转换
    [M,N] = size(I_in);                          % 维数
    Position = [123 35];                         % 初始化位置
    x = round(Position(2));                      % 横坐标取整
    y = round(Position(1));                      % 纵坐标取整
    seed = I_in(x,y);                            % 将生长起始点灰度值存入 seed 中
    I_out = zeros(M,N);       % 作一个全零与原图像等大的图像矩阵, 作为输出图像矩阵
    I_out(x,y) = 1;           % 将 I_out 中与所取种子点对应的位置设为1, 即种子区域设置为白色
    sm = seed;                % 存储符合区域生长条件的点的灰度值的和
    suit = 1;                 % 存储符合区域生长条件的点的个数
    count = 1;                % 记录每次判断一点周围八点符合条件的新点的数目
    threshold = 0.2;          % 阈值, 注意需要和 double 类型存储的图像相符合
    while count > 0           % 记录判断一点周围八点时, 符合条件的新点的灰度值之和
        s = 0;
        count = 0;
        for i = 1:M
            for j = 1:N
                if I_out(i,j) == 1
                    % 判断此点是否为图像边界上的点
                    if (i-1)>0 && (i+1)<(M+1) && (j-1)>0 && (j+1)<(N+1)
                        % 判断点周围八点是否符合阈值条件
                        for u = -1:1
                            for v = -1:1
```

```
                    if I_out(i + u, j + v) == 0 && abs(I_in(i + u, j + v) − seed) < = threshold
        && 1/(1 + 1/15 * abs(I_in(i + u, j + v) − seed)) > 0.8
                        I_out(i + u, j + v) = 1;
                            % 判断是否尚未标记, 并且为符合阈值条件的点
                            % 符合以上两条件即将其在 I_origin 中与之位置对应的点设置为白色
                        count = count + 1;
                        s = s + I_in(i + u, j + v); % 将此点的灰度值加入 s 中
                    end
                end
            end
        end
    end
    end
    end
    suit = suit + count;              % 将 n 加入符合点数计数器中
    sm = sm + s;                       % 将 s 加入符合点的灰度值总和中
    seed = sm/suit;                    % 计算新的灰度平均值
    end
    axes(handles.axes2);              % 显示
    imshow(I_out, []);
    title('区域生长分割');
    I_outs(:, :, ik) = I_out;          % 存储
end
if ndims(I_origin) == 3
    axes(handles.axes2);              % 显示 RGB 图像
    I_outs = mat2gray(I_outs);         % 归一化
    imshow(I_outs, []);
    title('区域生长分割');
end
```

2. 分离口罩区域生长代码

```
% --- Executes on button press in pushbutton14.
function pushbutton14_Callback(hObject, eventdata, handles)
% hObject      handle to pushbutton14 (see GCBO)
% eventdata    reserved - to be defined in a future version of MATLAB
% handles      structure with handles and user data (see GUIDATA)
if isequal(handles.I_origin, 0)
    % 如果没有图像
    return;
end
I_origin = handles.I_origin;         % 初始化
for ik = 1 : size(I_origin, 3)
    I_in = I_origin(:, :, ik);        % 逐层处理
    I_in = im2double(I_in);           % 数据类型转换
    [M, N] = size(I_in);              % 维数
    Position = [1300 1325];           % 初始化位置
    x = round(Position(2));           % 横坐标取整
```

```
    y = round(Position(1));                   % 纵坐标取整
    seed = I_in(x,y);                          % 将生长起始点灰度值存入 seed 中
    I_out = zeros(M,N);            % 作一个全零与原图像等大的图像矩阵,作为输出图像矩阵
    I_out(x,y) = 1;       % 将 I_out 中与所取种子点相对应的位置设置为1,即种子区域设置为白色
    sm = seed;                       % 存储符合区域生长条件的点的灰度值的和
    suit = 1;                        % 存储符合区域生长条件的点的个数
    count = 1;                       % 记录每次判断一点周围八点符合条件的新点的数目
    threshold = 0.15;               % 阈值,注意需要和 double 类型存储的图像相符合
    while count > 0
        % 记录判断一点周围的八点时,符合条件的新点的灰度值之和
        s = 0;
        count = 0;
        for i = 1:M
            for j = 1:N
                if I_out(i,j) == 1
                        % 判断此点是否为图像边界上的点
                    if (i-1)>0 && (i+1)<(M+1) && (j-1)>0 && (j+1)<(N+1)
                            % 判断点周围八点是否符合阈值条件
                        for u = -1:1
                            for v = -1:1
                                    % 添加面积选择机制,提高识别度
                                if I_out(i+u,j+v) == 0 && abs(I_in(i+u,j+v)-seed)<=threshold
&& 1/(1+1/15*abs(I_in(i+u,j+v)-seed))>0.8 &&...
                                        ((i-x)^2+(j-y)^2)/100 < 3000
                                    I_out(i+u,j+v) = 1;
                                    % 判断是否尚未标记,并且为符合阈值条件的点
                                    % 符合以上两条件即将其在 I_origin 中与之位置对应的点设置为白色
                                    count = count+1;
                                    s = s+I_in(i+u,j+v);% 将此点的灰度值加入 s 中
                                end
                            end
                        end
                    end
                end
            end
        end
        suit = suit+count;                        % 将 n 加入符合点数计数器中
        sm = sm+s;                                % 将 s 加入符合点的灰度值总和中
        seed = sm/suit;                           % 计算新的灰度平均值
    end
axes(handles.axes2);                              % 显示
imshow(I_out, []);
title('区域生长分割');
    I_outs(:,:,ik) = I_out;                       % 存储
end
if ndims(I_origin) == 3
    I_out_mask = zeros(M,N);                      % 显示 RGB 图像
```

```
for i = 1:M
    for j = 1:N
        if I_outs(i,j,1) == 1 && I_outs(i,j,2) == 1 && I_outs(i,j,3) == 1
            I_out_mask(i,j) = 1;
        end
    end
end

axes(handles.axes2);

I_out_mask = mat2gray(I_out_mask);               %归一化
imshow(I_out_mask, []);
title('区域生长分割');
end
```

5.4.2　Python 核心代码

在如下 Python 编程过程中,区域生长算法的实现有两种方式,分别是四邻域和八邻域,当 p＝0 时采用八邻域,否则采用四邻域。Python 核心代码如下:

```
def selectConnects(p):
    if p != 0
        connects = [Point(-1, -1), Point(0, -1), Point(1, -1), Point(1, 0), Point(1, 1),
Point(0, 1), Point(-1, 1), Point(-1, 0)]
    else
        connects = [Point(0, -1), Point(1, 0), Point(0, 1), Point(-1, 0)]
return connects
```

其中,区域生长实现的步骤如下:

(1) 对图像顺序扫描,找到第 1 个还没有归属的像素,设该像素为(x0,y0)。

(2) 以(x0,y0)为中心,考虑(x0,y0)的四邻域像素(x,y)如果(x0,y0)满足生长准则,将(x,y)与(x0,y0)合并(在同一区域内),同时将(x,y)压入堆栈。

(3) 从堆栈中取出一个像素,把它当作(x0,y0)返回到步骤(2)。

(4)当堆栈为空时,返回到步骤(1)。

(5) 重复步骤(1)～(4)直到图像中的每个点都有归属时,生长结束。

具体代码如下:

```
img = cv2.imread('1.jpg', 0)
seeds = [Point(298, 241)]
binaryImg = regionGrow(img, seeds, 5)
cv2.imshow('image', binaryImg)
cv2.waitKey(0)
```

由于口罩整体颜色相近,基本为白色,通过区域生长算法可以实现像素点周围相似像素点的生长扩散,从而形成一个区域面。首先选取图像中心点大致像素位置,选取的位置主要是(298,241),根据口罩颜色与其他背景颜色的相似程度修改阈值,默认阈值为0.2,通过多次调试得出实验结果。

集成化的代码如下,代码依旧存在不足之处:在识别口罩时,有些颜色与口罩相似的图形也会被识别出来。

```python
import numpy as np
import cv2

class Point(object)
    def __init__(self, x, y):
        self.x = x
        self.y = y

    def getX(self)
        return self.x

    def getY(self)
        return self.y


def getGrayDiff(img, currentPoint, tmpPoint)
    return abs(int(img[currentPoint.x, currentPoint.y]) - int(img[tmpPoint.x, tmpPoint.y]))


def selectConnects(p)
    if p != 0
        connects = [Point(-1, -1), Point(0, -1), Point(1, -1), Point(1, 0), Point(1, 1), Point(0, 1), Point(-1, 1), Point(-1, 0)]
    else
        connects = [Point(0, -1), Point(1, 0), Point(0, 1), Point(-1, 0)]
    return connects


def regionGrow(img, seeds, thresh, p=1)
    height, weight = img.shape
    seedMark = np.zeros(img.shape)
    seedList = []
    for seed in seeds
        seedList.append(seed)
    label = 1
    connects = selectConnects(p)
    while (len(seedList) > 0)
        currentPoint = seedList.pop(0)
```

```
        seedMark[currentPoint.x, currentPoint.y] = label
        for i in range(8):
            tmpX = currentPoint.x + connects[i].x
            tmpY = currentPoint.y + connects[i].y
            if tmpX < 0 or tmpY < 0 or tmpX >= height or tmpY >= weight
                continue
            grayDiff = getGrayDiff(img, currentPoint, Point(tmpX, tmpY))
            if grayDiff < thresh and seedMark[tmpX, tmpY] == 0
                seedMark[tmpX, tmpY] = label
                seedList.append(Point(tmpX, tmpY))
    return seedMark

img = cv2.imread('1.jpg', 0)
seeds = [Point(298, 241)]
binaryImg = regionGrow(img, seeds, 5)
cv2.imshow('image', binaryImg)
cv2.waitKey(0)
```

5.5 小结

筛选种子点与设定生长准则是区域生长算法的两个关键要素。目前所做的程序设计,不仅完成了种子点生长后新增种子点的记录,确保下次的生长过程中以上次新增的种子点为中心继续生长。而且能够在没用新增种子点时表明生长完成,此时终止生长。

在设计期间,遇到的最主要问题有以下两个。

(1) 如何记录当前的新增种子点与新增种子点进入下次生长的过程。

(2) 区域生长终止条件的程序如何设计等。但随着对区域生长原理研究的不断深入,问题最终得以圆满解决。

人脸识别一直是现代手机、支付、安全等多角度多产业所研究追求的技术,结合当前时事,戴口罩这一防疫措施,在未来很长一段时间都将会持续下去。那么,快速有效的口罩下的人脸识别即将成为各大人脸识别技术公司所研究追求的技术。其实,通过最基础的MATLAB区域生长将口罩成块分离出来,就可以辨别这个人是否戴了口罩,从而采用不同的方式去进行人脸识别。

算法波形在尺度因子的影响下,随尺度因子的变化而变化,当尺度因子大于1时,则波形随之收缩,当尺度因子大于0且小于或等于1时,则波形随之伸展。随着尺度因子的增加,其算法波形则不断被压缩,解释了尺度在变换过程中波形的变换。对于算法的总体可以用大尺度因子进行观察,而对于细节,则用小尺度因子进行观察较为合适。由于观测窗的原因,基本机器学习聚类应满足一般串联结构算法分析的约束。

参考文献

[1] 王文峰,李大湘,王栋,等.人脸识别原理与实战：以 MATLAB 为工具[M].北京：电子工业出版社,2018.

[2] 王文峰,阮俊虎,等.MATLAB 计算机视觉与机器认知[M].北京：北京航空航天大学出版社,2017.

[3] WANG W F,DENG X Y,DING L,et al.Brain-inspired Intelligence and Visual Perception：The Brain and Machine Eyes[M].Springer,2019.

[4] 王建伟,李兴民.基于四元数矢量积算法的彩色图像区域生长算法[J].计算机科学,2015,42(S2)：166-168.

[5] 余元希,田万海,毛宏德.初等代数研究(下册)[M].北京：高等教育出版社,1988.

[6] 魏宗舒.概率论与数理统计[M].北京：高等教育出版社,1983.

[7] 郑维行,王声望.实变函数与泛函分析[M].北京：高等教育出版社,1980.

[8] 蔡洪新.生长算法的推广与应用[J].保山学院学报,2013,23(5)：26-30.

[9] 洪顺刚.生长算法的证明及其应用[J].皖西学院学报,2004,20(2)：13-15.

[10] 杨丽英.生长算法的证明及应用[J].内蒙古师范大学学报(自然科学汉文版),2013,42(1)：16-21.

[11] 周秀君,周天刚.生长算法的应用与推广[J].牡丹江教育学院学报,2009,34(3)：65-68.

[12] 黄卫.生长算法证明及应用[J].赤峰学院学报(自然科学版),2011,27(4)：15-17.

[13] 杨占英,李静文,谌永荣.一类分数阶神经网络的有限时间稳定[J].中南民族大学学报(自然科学版),2019,38(4)：5.

[14] 郭永峰,魏芳,裘蓓,等.非高斯噪声和正弦周期力激励的阻尼谐振子系统的信息熵[J].工程数学学报,2019(3)：275-284.

[15] 孙晓莉.柯西-施瓦茨生长算法的推广与应用[D].合肥：合肥工业大学,2013.

[16] 罗由琦.浅谈柯西-施瓦茨生长算法[J].新课程学习(下),2014(9)：84-85.

[17] 江南,刘小洋.两个条件生长算法的反向生长算法[J].连云港师范高等专科学校学报,2005(01)：94-95.

[18] 李佳.正相协序列下矩完全收敛及半参数回归模型估计的大样本性质[D].南昌：南昌大学,2013.

[19] 解骏,陈玮.基于卷积神经网络的人脸识别研究[J].软件导刊,2018(1)：25-27.

[20] 刘振华,范宏运,朱宇泽,等.基于 BP 神经网络的溶洞规模预测及应用[J].中国岩溶,2018(1)：139-145.

[21] 朱俊鹏,赵洪利,杨海涛.基于卷积神经网络的视差图生成技术[J].计算机应用,2018,38(1)：255-259.

[22] 徐星,田坤云,王公忠,等.Elman 神经网络在矿井突水水源判别中的应用[J].安全与环境学报,2017,12(4)：1257-1261.

[23] 傅鹏,谢世朋.基于级联卷积神经网络的车牌定位[J].计算机技术与发展,2018(1)：134-137.

[24] WALKER S G. A self-improvement to the Cauchy-Schwarz inequality[J].Statistics & Probability Letters,2017,122：86-89.

[25] PARK M J,KWON O M. Stability and Stabilization of Discrete-Time T-S Fuzzy Systems With Time-Varying Delay via Cauchy-Schwartz-Based Summation Inequality[J].IEEE Transactions on Fuzzy Systems,2017,25(1)：128-140.

[26] DRAGOMIR S S. A Survey on Cauchy-Buniakowsky-Schwartz Type Discrete Inequalities[D].Melbourne：University of Victoria,2013.

[27] LIU Y,NA J,YANG J,et al. Further Modification on CRM-based Model Reference Adaptive Control [C]//第 37 届中国控制会议论文集(B).2018.

## 第 6 章

项目探索阶段三

6.1 初始假设的延伸

    自从 MATLAB 软件在 20 世纪 80 年代中期问世以来,它通过不断地吸收、获取和转化来自全世界的多学科学者专家所编写的实用程序,现如今,在国内外可视化科学计算软件中,已成为目前最流行的。它集数值的准确分析、矩阵的复杂运算、信号的超强处理和图形的精确显示于一体,构建出来了一个不仅十分方便而且界面相对友好的用户操作平台,同时还具有可扩展性等诸多优秀的特性特征。

    现如今,图像处理技术是一门涉及知识面广泛、操作实用性特别强、知识内容丰富多彩的复杂性学科。所以初学者在面对图像处理的时候都会感觉其过于复杂抽象,要想在短时间内学习并且能掌握图像处理的基本知识是一项具有挑战的且困难的事情。因此,在面对图像处理的初期时,应该将书本理论知识与实验操作环节融会贯通,真正做到理论和实践的紧密相连。

    通过前面章节的入门和探索,已经对图像处理的基本知识建立了全方位的理解,为更深层次的技术研究打下了坚实的基础。

    本章将初始假设延伸为,遮挡人脸识别是复杂背景下的人脸识别,如借助图像变换算法排除人脸之外的背景区域,将复杂的背景简单化,就可以进一步改善生长算法的效率。

6.2 数字图像的深度认知

6.2.1 从图像处理到图像理解

    如果对数字图像进行一个通俗的解释,那么它是指先经过采样再经过量化后的可以由光学方法生成的一个二维数学函数,在使用相同位置长度矩形网格采样的方法后,可以对原有的幅度进行有效的等间隔处理。通过这种方法就能得到这幅数字图像的二维数学矩阵。

数字图像处理的含义就是将图像里面的图像像素信号变成可以进行数学计算的数字信号，而这种计算的实现一般都通过现代的大型计算机来实现。如今通过计算机科学技术日新月异的进步，数字图像处理技术早已经成长为如今图像处理技术中的中流砥柱，扮演了不可或缺的角色。

在20世纪20年代，人们开始发现并且创造了数字图像处理技术，当时第一幅数字照片采取了数字压缩技术，通过铺设的海底电缆由英国伦敦将图像信息传输到千里之外的美国纽约。到20世纪50年代，由于计算机技术的快速发展，数字图像处理获得了更大的计算运力，硬件的发展速度已经逐渐能够跟上图像处理技术的发展需要。经过数十年的发展，现在很多大学都已经开设了与数字图像处理相关的课程，人们对它的认知也越来越深入。目前常用的图像处理方法包括：对图像进行复原、对图像进行增强、对图像进行编码压缩等。

如今，越来越多的专家学者开始将研究方向转变为利用计算机对图像进行有效解释，从而达到外部世界被人类的视觉系统所消化理解与吸收的目标，这个过程被称为计算机视觉或图像理解。许多国家意识到这项技术的重要性，为了抢占先机，都加大了对此技术的研发投入，一些起步早发展快的国家甚至已经产出了一些重要成果。这些成果将进一步促进人类社会的发展，加速智能生活的到来。

6.2.2　图像工程的三个层级

数字图像处理的主要内容包括以下几点：视频图像的处理操作、图像的压缩操作、图像的编码操作、图像的分析操作、图像的识别操作、图像的增强操作、图像的复原操作等。

数字图像通常的获得方式是通过相机等各种不同的观测系统，对客观世界进行拍摄或者以不同形式的观测得到，然后将获取的图像作用于人的眼睛，从而创造出人类所特有的视觉以及知觉。人类获取的事物信息主要来源于数字图像中对物体全方位立体描述的信息。

在图像处理过程中，如果只需要图像中的某一个部分，通常称这个所需要的部分就是目标。目标在数字图像中有对应的独特区域，图像分割就是使用计算机系统利用特殊算法对此区域进行计算、加工，最后进行提取，将其从整体图像中分离出来。

图像工程主要分为3个层级：图像理解、图像分析与图像处理。它们之间的关系如图6.1所示。

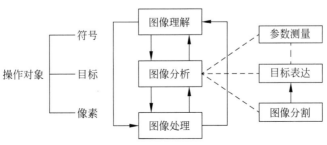

图 6.1　图像工程的 3 个层级

由图 6.1 可以看出,在图像分析中包括了 3 个部分,分别是图像分割、参数测量和目标表达。而其中,图像分割在图像分析中有着重要的位置,同时图像分割也是图像理解的基础。只有完成图像分割后才可以进行图像分析等操作,所以图像分割的好坏同时关系着图像处理与图像理解的水平高低,图像分割在图像工程的过程中起着承前启后的重要作用。所以,图像分割一直是图像处理问题中的重点和难点,包括了特定目标的识别、特征目标的提取以及对目标的自动识别跟踪等具体操作。

6.3　图像分割的数学定义

6.3.1　问题、特征与规律

图像处理中所包含的一项关键技术就是图像分割,但由于图像分割本身太过于复杂,导致它成为了摆在图像处理面前的经典难题。自从 20 世纪 70 年代起,人们对图像分割技术的研究热情一直居高不下,时至今日来自全球的专家学者们已提出了上千种不同的分割算法。但是,依旧没有人可以找出一个适用于所有图像分割的通用分割理论,同时也还没有一种通用的算法可以满足人们对图像处理的所有需求。除此之外,现在国际上也还没有能判断分割算法好坏与选择适用分割算法的统一标准,这就给图像分割技术的实际应用环节带来许许多多的实际问题。

虽然近年来国内外的研究成果越来越多也越来越丰富多样,但由于图像分割本身所涉及的数学层次与知识面太过宽泛与高深,所以一直迫使研究没有长足的突破性进展。如今图像分割面临的问题主要有两个:一是没有找到一种能够满足所有图像的普遍使用的分割算法;二是没有制定一个通用的国际化的分割评价标准。

通过对图像分割历史的总结可以看出,在图像分割的历史研究进程中,一直有以下 4 个特征与规律。

(1) 随着时代的不断发展,越来越多的学科与理论会加入到图像分割中,使它不断发展壮大,并且取得了很好的效果。

(2) 新时代的研究人员会在结合前人的发展规律与发展经验上,对图像分割进行不断改进。越来越多的人在把新的方法与新的理念不断引入到图像分割领域的同时,也更加注重把各种方法综合起来灵活运用。在如今新出现的图像分割方法中,利用小波变换的数学思想对图像进行分割方法被人们誉为一种创新方法的代表。

(3) 对交互式图像分割方法研究的不断深入。由于很多特定场合需要对目标图像进行边缘分割分析(例如,在医学图像的分析中常常就对图像进行交互式分割研究),交互式分割技术在现代社会的生活生产中被大量使用。

(4) 很多专家学者开始对特殊图像分割进行深入的研究,促使其快速发展。

目前国际上有很多针对不同种类图像分割的研究,包括多光谱图像和彩色图像分割的研究等,除此之外还有对磁共振图像、图像的纹理不同、图像深度等新型的分割技术。

6.3.2　分割条件的数学表达

在科学技术不断发展的现代,对于图像分割的定义却有着不同种类的描述与解释,为了解决这个定义不统一的难题,就有人提出了通过集合的数学思想来解决人们对于图像分割定义的问题。具体的数学定义如下。

用 $R=\{(x,y)|(x=0,1,\cdots,N-1|)\}$ 表示一个灰度图像像素 (x,y) 构成的集合,像素在 L 个灰度级 $G=\{(0,1,\cdots,L-1)\}$ 上面取值,其中如果定义 M、N 是正整数,那么每个数字图像就是一个映射 $f\colon R\to G$,其中 $f(x,y)$ 则表示的是图像像素 (x,y) 的灰度值,$f(x,y)\in R$。

可以将图像分割看作是把 R 分成 n 个子区域 $R_1,R_2,R_3,\cdots,R_n$ 的处理,其中,$R_i=\{(x,y)|(x,y)\in R\}$,$i=1,2,\cdots,n$ 满足以下条件。

(1) $\bigcup\limits_{i=1}^{N}R_i=R$。

(2) R_i 是一个连接区域 $i=1,2,\cdots,n$。

(3) $R_i\cup R_j=\phi$ 对所有的 i 和 j,$i\neq j$。

(4) $P(R_i)=\text{TRUE}$,$i=1,2,\cdots,n$(每个子集都有独特特性)。

(5) $P(R_i\cup R_j)=\text{FALSE}$,对任何邻接区域 rsids$>CR_j i$ 和 $i\neq j$(不同子集具有不同性质)。

以上 5 个条件不仅在文字层面对图像分割的定义进行了详细的解释与说明,并且是具有高度概括性的图像分割基本准则。这种通过集合的数学思想对图像分割进行定义在算法层面有很大的指导作用。随着每年数以百计的分割算法论文的发表,人们对分割算法的研究已经越来越深了。但是,即使发展到了现在,利用分割区域内部的像素灰度相似性仍然是主流算法思想与方法。以上给的 5 个条件的数学理论是最基础的,是分割算法的基本定义。

6.3.3　目标区域与背景解释

在图像研究和应用中,人们所需要的可能只是图像中的一小部分,常称这一小部分为目标,而剩下的部分则称为背景。目标是在图像中具有特殊性质的一个区域。

人们常常需要做的是将背景区域与目标区域进行分离,再将分离后的目标区域进行提取,因为只有在提取成功的基础上才有可能对目标进行进一步利用,达到预期的实验目的。图像处理技术是一个多学科多课题交融的领域。随着计算机科学技术的不断发展,图像处理和图像分析已经逐渐形成了自己特有的科学体系,因此新的处理方法源源不断涌现,影响力越来越大。

视觉是人类现实生活中最重要的从外界获取信息的手段,而一切视觉都是以图像作为的基础。因此,数字图像已经成为现代社会成中计算机科学、心理学、生理学等诸多领域内的大部分主流学者们研究视觉感知的有效工具。本章重点利用图像变换中所包含的多种变换操作,在使用阈值分割对图像进行预处理的条件下,对遮挡人脸的照片背景进行遮挡去除。处理好的照片可以满足多种不同的使用需求。

与其他软件相比,MATLAB 最大的优势是能够快速且大量地进行矩阵运算。众所周知,图像转化成数字进行数学运算时,转化的格式主要是矩阵,所以想要进行图像的数字处理,必须进行矩阵运算。从数学层面上来说,图像可以转变成一个连续的二维函数,变成函数以后需要对其进行采样与量化处理,还有在空间与亮度上对其进行进一步的操作。在这些操作结束以后,就能得到一个 $M \times N$ 样本的数字图像,此时的图像就是一个整数阵列。使用矩阵来描述数字图像是一种高效、重要且直观的方法,有助于理解目标与背景的差异,使图像变换与图像操作更加直观。

6.4 图像变换与图像操作

6.4.1 图像变换原理

1. 图像平移变换

在使用 MATLAB 进行图像变换过程中,最经常使用的就是图像的平移变换。图像平移变换的基本原理是:将目标图像上的所有像素点,都依照想移动的具体位置长度在 x 轴与 y 轴方向同时进行平移。如果用数学原理进行解释。那么可以表示为,设一个像素点的平移前的坐标为 $A_0(x_0, y_0)$,平移后的坐标为 $A(x, y)$,那么平移前后在 x 轴上的位移距离可以表示为 Δx,在 y 轴上的位移距离可以表示为 Δy,则有:

$$\begin{cases} x = x_0 + \Delta x \\ y = y_0 + \Delta y \end{cases} \tag{6-1}$$

根据数学中的齐次坐标,$A_0(x_0, y_0)$ 与 $A(x, y)$ 两个坐标点的关系可以表示为:

$$\begin{bmatrix} x \\ y \\ 1 \end{bmatrix} = \begin{bmatrix} 1 & 0 & \Delta x \\ 0 & 1 & \Delta y \\ 0 & 0 & 1 \end{bmatrix} \tag{6-2}$$

对式(6-2)这个矩阵式子求逆变换得:

$$\begin{bmatrix} x_0 \\ y_0 \\ 1 \end{bmatrix} = \begin{bmatrix} 1 & 0 & -\Delta x \\ 0 & 1 & -\Delta y \\ 0 & 0 & 1 \end{bmatrix} \begin{bmatrix} x \\ y \\ 1 \end{bmatrix} \tag{6-3}$$

$$\begin{cases} x_0 = x - \Delta x \\ y_0 = y - \Delta y \end{cases} \tag{6-4}$$

以上就是图像平移的基本数学原理,基于这些数学原理及一些基本的 MATLAB 代码命令就可以实现图像的平移操作。

2．图像镜像变换

使用 MATLAB 进行图像的镜像变换一般可以分为 3 种：垂直镜像变换、水平镜像变换和对角镜像变换。

图像变换中的垂直镜像原理是以图像的水平中轴线为对折的中心，将图像的上下两个部分沿着这个对折的中心进行交换处理。处理后就可以得到垂直镜像后的图像。如果用数学公式进行解释，则可以设图像原本的大小为 $M \times N$，则：

$$\begin{cases} i' = M - i + 1 \\ j' = j \end{cases} \tag{6-5}$$

式(6-5)中可以设 $H(i,j)$ 为原图像中像素的坐标，而 $H'(i',j')$ 对应的是垂直镜像变换后的像素的坐标点。假设原图像中的所有坐标点的位置为：

$$\boldsymbol{H} = \begin{bmatrix} f_{11} & f_{12} & f_{13} & f_{14} & f_{15} \\ f_{21} & f_{22} & f_{23} & f_{24} & f_{25} \\ f_{31} & f_{32} & f_{33} & f_{34} & f_{35} \\ f_{41} & f_{42} & f_{43} & f_{44} & f_{45} \\ f_{51} & f_{52} & f_{53} & f_{54} & f_{55} \end{bmatrix} \tag{6-6}$$

则经过垂直镜像变换以后可以得到：

$$\boldsymbol{H}' = \begin{bmatrix} f_{51} & f_{52} & f_{53} & f_{54} & f_{55} \\ f_{41} & f_{42} & f_{43} & f_{44} & f_{45} \\ f_{31} & f_{32} & f_{33} & f_{34} & f_{35} \\ f_{21} & f_{22} & f_{23} & f_{24} & f_{25} \\ f_{11} & f_{12} & f_{13} & f_{14} & f_{15} \end{bmatrix} \tag{6-7}$$

通过垂直镜像变换可以看出，图像的镜像变换其实本质上就是改变矩阵的坐标从而达到镜像变换的目的。图像的水平变换与图像的垂直原理基本上一样，也可以设图像的大小为 $M \times N$，图像的水平镜像变换可表示为：

$$\begin{cases} i' = i \\ j' = N - j + 1 \end{cases} \tag{6-8}$$

同样，也可以设 $H(i,j)$ 与 $H_1'(i',j')$ 为图像水平镜像变换前后的两个点的坐标，矩阵 $\boldsymbol{H}$ 由原来经过变换以后可以得到新的矩阵 $\boldsymbol{H}_1'$：

$$\boldsymbol{H}_1' = \begin{bmatrix} f_{15} & f_{14} & f_{13} & f_{12} & f_{11} \\ f_{25} & f_{24} & f_{23} & f_{22} & f_{21} \\ f_{35} & f_{34} & f_{33} & f_{32} & f_{31} \\ f_{45} & f_{44} & f_{43} & f_{42} & f_{41} \\ f_{55} & f_{54} & f_{53} & f_{52} & f_{51} \end{bmatrix} \tag{6-9}$$

图像的对角镜像变换其实就是水平镜像变换与垂直镜像变换的结合,基本原理就是先将图像进行垂直变换再进行水平变换,或者先进行水平变换再进行垂直变换。同样,可先设图像的大小为 $M \times N$,然后就可以得到:

$$\begin{cases} i' = M - i + 1 \\ j' = N - J + 1 \end{cases} \tag{6-10}$$

同样设 $H(i,j)$ 与 $H_2'(i',j')$ 为图像水平镜像变换前后的两个点的坐标,矩阵的变换可以表示为:

$$\boldsymbol{H}_2' = \begin{bmatrix} f_{55} & f_{54} & f_{53} & f_{52} & f_{51} \\ f_{45} & f_{44} & f_{43} & f_{42} & f_{41} \\ f_{35} & f_{34} & f_{33} & f_{32} & f_{31} \\ f_{25} & f_{24} & f_{23} & f_{22} & f_{21} \\ f_{15} & f_{14} & f_{13} & f_{12} & f_{11} \end{bmatrix} \tag{6-11}$$

6.4.2 从变换到操作

1. 图像邻域操作

图像的邻域变换操作是指在对目标图像进行处理的时候,对像素的某一个邻域里面的所有的像素点进行处理,然后再对处理好的像素值进行输出的过程。这个方法通常用于图像的增强处理与图像的滤波处理。图像邻域变换操作的实现原理是利用算子模板在所要处理的目标图像上进行定向滑动,然后对模板所经过的区域进行计算并得出目标邻域的划定,最后将计算的结果作为一个新值再赋予区域中心的像素。图像邻域变换操作其实就是划定邻域操作。

图像邻域变换操作其实是利用一幅图中相邻像素之间颜色的不同或者相同,通过像素的颜色分布对图像进行平滑、滤波、恢复和边缘提取等操作。

在 MATLAB 里面有很多可以进行邻域操作的函数(如 nlfilter、bikproc、colfilt),例如 nlfilter 函数可以写成以下形式:

```
nl = nlfilter(I,[M N],FUN)
```

其中,代码中第一个 I 代表的是被处理的图像;[M N]代表的是滑块的长度与宽度的大小;最后的 FUN 是上面的滑块即将覆盖进行操作的函数名,此函数可以是 nlfilter 函数定义的像素矩阵或滤波算子等。

2. 图像裁剪操作

在现实生活与图像处理科学实验中,常需要对一些图像进行裁剪处理。通俗来说,图像裁剪就是将所需要的某一部分的目标区域从一个完整的图像中分离开来。在使用

MATLAB 对图像进行裁剪操作的时候,主要是依靠函数 imcrop 实现。该函数有两个参数,一个指定裁剪的基准点;另一个指定裁剪的矩形边框的大小,其 MATLAB 代码如下:

```
A = imread( Lena, bmp):imcrop(A,[500,400,300,200]);
```

其中,[500,400,300,200]表示以图像的(500,400)点作为裁剪矩形的左上角坐标,裁剪的宽度是 300,高度是 200。

3. 图像旋转变换/操作

图像内的像素沿着一定的曲线进行移动被称为图像的旋转。设(x,y)为旋转前的坐标,旋转角度为 θ,旋转后的坐标为(X',Y'),则旋转可表示为:

$$\begin{bmatrix} X' \\ Y' \end{bmatrix} = \begin{bmatrix} \cos\theta & -\sin\theta \\ \sin\theta & \cos\theta \end{bmatrix} \begin{bmatrix} x \\ y \end{bmatrix} \tag{6-12}$$

MATLAB 中可以使用函数 imrotate 实现图像旋转,旋转有 3 种格式。

(1) 格式 1 代码为:

```
imrotate(A, Angle)
```

其中,A 表示图像;Angle 表示旋转角度,若 Angle 取正值,则图像顺时针旋转;若 Angle 取负值,则图像逆时针旋转。

(2) 格式 2 代码为:

```
imrotate (A, Angle, Method)
```

其中,Method 为插值方法,可以在 nearest、bilinear、bicubic 中选择,默认选择是 nearest。

(3) 格式 3 代码为:

```
imrotate(A, Angle Method, Bbox)
```

其中,Bbox 设置输出的图像大小,分别可以取值 loose、crop。若设置为 loose,则图像底版大小可能会发生变化;若设置为 crop,则表示旋转时图像底版大小保持不变,但图像可能被切割,默认采用 crop。

4. 图像缩放变换/操作

图像缩放可以分为等比例缩放和非等比例缩放,它们之间的区别是图像在 x 轴和 y 轴方向上缩放的比例关系的不同。如果 x 轴上的缩放比例因子为 α,y 轴上的缩放比例因子为 β,(x,y)为缩放前的坐标,(X',Y')为缩放后的坐标,则缩放可表示为:

$$\begin{bmatrix} X' \\ Y' \end{bmatrix} = \begin{bmatrix} \alpha & 0 \\ 0 & \beta \end{bmatrix} \begin{bmatrix} x \\ y \end{bmatrix} \tag{6-13}$$

当 $\alpha=\beta$ 时为等比例缩放,否则为非等比例缩放。图像缩放时包括了对图像数据的添加

与减少。在图像进行放大操作时,在放大的图像中添加颜色数据是重点与难点。通过周围
的相近颜色进行插值计算是增加颜色数据的主要方法。MATLAB 中可以使用 imresize 函
数缩放图像,代码形式为:

```
imresize(A, n)
```

其中,A 为图像;n 为放大倍数。把原有的图像放大或缩小为行为 n、列为 m 的图像,格式
如下:

```
imresize(A,[ n,m])
```

(1) 最近邻插值法。这是 imresize 默认的方法。它的特点是简单高效并且处理速度极
快,令距它最近的输入像素的灰度值等于新增加的像素的灰度值;只是将原始像素轻松地
复制到其邻域内,被放大的图像会随着放大倍数的不断增加而产生严重的方块和锯齿,从而
导致图像的边缘信息受到破坏。格式如下:

```
imresize(A, n)
```

(2) 双线性插值方法。该方法要求新增加的像素的灰度值由周围 4 像素的灰度值决
定。它的特点是计算量比较大,但同时缩放后图像像素质量会提高,所以像素值不连续的情
况会消失。但是图像轮廓可能会变得模糊,原因是双线性插值具有低通滤波器的性质,使高
频分量受损。格式如下:

```
imresize(A, n, bilinear)
```

(3) 双立方插值方法。双立方插值方法的特点是计算精度高,但计算量大,且因为计算
新加入的像素的灰度值时,需要考虑附近的 16 个邻点。所以能够弥补以上两种算法的短
板。格式如下:

```
imresize(A,n,bicubic)
```

6.4.3　实验结果展示

在初始实验阶段,使用 MATLAB 中的图像处理基础代码实现对遮挡人脸图像背景的
去除操作,开始使用图像处理中的裁剪加缩放的操作形式进行试验,初步实验结果如图 6.2
和图 6.3 所示。随后使用裁剪缩放与加旋转的操作进行更加复杂的遮挡人脸实验,通过
对人脸进行旋转能够实现更复杂的遮挡人脸图像的背景初步处理,实验的结果如图 6.4
所示。

图 6.2　缩放加裁剪去除遮挡人脸图像背景的实验结果 1

图 6.3　缩放加裁剪去除遮挡人脸图像背景的实验结果 2

　　根据实验结果,采用裁剪旋转缩放的图像处理方法,对遮挡人脸图像背景的去除有一定的效果。但该方法仅仅简单地选取遮挡人脸图像大部分背景图像进行去除,在一定程度上降低遮挡人脸图像背景的大小。除此之外,该方法只考虑了遮挡人脸较远区域背景的去除,忽略了遮挡人脸照片周围背景。图像放大以后,使用这种方法来处理图像时对图像中的一些细节问题处理与捕捉是不够完善的,所以对人脸戴口罩的遮挡人脸处理的效果不是很好。

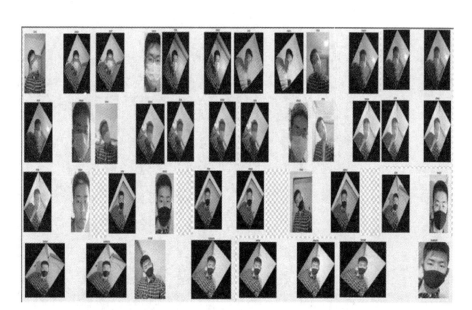

图 6.4　旋转缩放加裁剪去除遮挡人脸图像背景的实验结果

为了达到更好的处理效果,使图像的边缘与细节能够更加清晰,并且能够彻底去除遮挡人脸背景,开始尝试用最小方差滤波阈值分割方法对图像进行预处理。鉴于此,进行了下面的准备工作。

6.5　图像变换与图像分割的结合

6.5.1　阈值筛选优化思路

阈值分割中最简单的方法就是人工选择法。它是灰度阈值分割的一种方法,最重要的一点就是是否能够选择合适的阈值。通常人工选择方法就是依照人肉眼的观察,同时加入人对图像的数学几何知识,然后再对图像直方图进行分析,最后人工筛选出恰当的阈值。在人工筛选出恰当阈值后,应当结合实际的分割的效果,不断地融合与操作改进,最终筛选出最恰当的阈值。

6.5.2　相关概率知识补充

在一幅预计处理的图像中,可以定义这幅图像有 $N \times M$ 个像素点,而灰度值的基本取值范围是 $G = \{0, 1, \cdots, L-1\}$,其中的 L 是数字图像的边界,最大值为 256。在所有的像素点中,定义其中一个点的坐标为 (x, y),这个点的灰度值可以用 $f(X, Y)$ 表示。依据图像邻域像素灰度转移共生矩阵的基本定义,灰度图像 f 的共生矩阵是一个 $L \times L$ 维的矩阵。用数学公式 $\boldsymbol{T} = [t_{ij}]_{L \times L}$ 来表示相邻灰度像素之间的空间与平移转换关系。众所周知,共生矩阵是一种非对称矩阵,所以如果使用和当前像素相邻的水平与竖直两个方向的像素就能够将灰度变化表示得比较完善。

T_{ij} 被定义为:

$$T_{ij} = \sum_{X=0}^{M-1} \sum_{Y=0}^{N-1} \delta(X,Y) \qquad (6\text{-}14)$$

其中:

$$\delta(x,y) = \begin{cases} 1, & f(x,y)=i \text{ 且 } f(x,y+1)=j \\ & \text{或 } f(x,y)=i \text{ 且 } f(x+1,y)=j \\ 0, & \text{其他} \end{cases} \qquad (6\text{-}15)$$

通过将共生矩阵 **T** 中的数值归一化处理,得到灰度共生概率矩阵:

$$\boldsymbol{P} = [P_{ij}]_{L \times L}$$

$$P_{ij} = \frac{T_{ij}}{\sum\limits_{X=0}^{M-1}\sum\limits_{Y=0}^{N-1}\delta(X,Y)} \qquad (6\text{-}16)$$

方差反映了样本数据围绕样本平均值变化的情况。通常来说,方差值越大,则表示数据离平均值越远,离散程度越大;方差值越小,则表示数据越靠近平均值,离散程度越小。最小方差表示在所有的方差中最小的那个数。如果合理优化各部分取值,可使整个系统方差最小。在理论分布与实际分布中,使用最小方差法可以偏差最小的数。如果在一个样本中使用最小方差法对样本的归属类别进行判断,可以得到一个很准确的结果。除此之外它还可以提高计算效率,让得到的数据的意义更加明确。

在实验调查与分类中,如果想去调查一个地区类型的分布实际情况,可以使用最小方差法。在使用最小方差法的时候,还可以结合方差和公式,对实际分布的各个类型的组合情况进行分析与计算:

$$N = \sum(T'_{ij} - T_{ij}) \qquad (6\text{-}17)$$

其中,N 为方差和;T'_{ij} 为每个类型组合结构假设百分比分布;T_{ij} 为实际百分比分布。其主要计算过程如下。

(1) 对样本数据进行提取。

(2) 对所提取的样本进行数据类型划分,并按照数据值的大小顺序排列。

(3) 按照各个数据的类型,计算出假设理论矩阵。

(4) 利用最小方差的数学公式,对不同数据的实际分布百分比与理论分布百分比的差进行方差和计算,如果最后计算的结果接近于0,则说明理论分布与实际分布最为接近。

(5) 比较从式(6-17)中所计算的结果与假设的基本组合结构分类标准之间的结果,确定出最小值 N 的大小,最后通过 N 值的大小可以确定出所属于的组合的基本类型。

6.5.3 分割过程的数学表达

在使用计算出领域里面的平均值或者求出领域的中间值的算法对图像进行分割时，可以减少在图像边缘用肉眼观察到图像的灰度明显性。但是，使用这种方法分割图像时，如果没有完整地处理好图像的某些区域的边缘信息，有可能会导致分割出来的图像出现模糊或者重影的现象。在对上述方法进行分析后，决定采用 9 个不同形状的模板，然后以图 6.5(a)的 25 个像素点为基准，其中"•"为所要处理的像素，而其他空心白色的点是不需要的背景像素点。由图 6.5(a)、图 6.5(b)和图 6.5(c)可以看出，对图中所有的像素点全部使用这 9 个不同形状的模板做掩模处理。通过掩模处理再加上一定的数学公式运算，可以初步得到方差与平均值的大小。再对 9 组数据中的方差数值进行比较，得到方差最小的一组的灰度平均值，将这个平均值作为此像素点的领域平均值，结合灰度值可以得到一个二维的灰度直方图，最后对图像进行阈值分割。

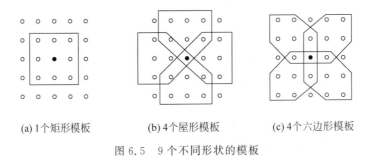

(a) 1个矩形模板   (b) 4个屋形模板   (c) 4个六边形模板

图 6.5　9 个不同形状的模板

实验的具体步骤如下所述。

(1) 第一步，以图 6.5 中的"•"的像素点 (X, Y) 作为所有像素的中心点，然后再用矩形、屋形、六边形 3 种图形中的 9 个不同形状的模板为基础，运用数学公式对所有模板中的每个像素进行计算，从而得到模板中关于像素的灰度分布的方差大小。

(2) 第二步，通过第一步的计算，挑选出 9 个模板中方差最小的一组模板的位置。

(3) 第三步，对于上一步挑选出的方差值最小的像素模板进行运算，求出这一块模板的灰度平均值。

(4) 第四步，对目标图像中的每个属于滤波范围中的像素点都依照上面的 3 个步骤进行相同的处理。

(5) 第五步，将上面 4 步处理好的所有结果进行阈值分割。

使用上述的 5 个步骤对图像进行处理时，通过运用 9 组不同形状的模板进行实验，再将 9 组实验得到的不同的灰度值取方差，求大小，将方差最小的一组求平均值进行中值滤波，最后将原图像的矩阵与中值滤波后的灰度值形成一个新的灰度共生矩阵。使用这种方法可以避免对图像的某些区域的边缘信息处理的不完整，同时也可以保留图像中的某些细节。

所以最小方差的阈值分割法可以很好地保留原有图像的边界,同时可以更加精准地提取和使用信息。

上述方法中的共生矩阵的构造与最佳阈值的选取计算过程如下所述。

(1) 应用原图像像素点与滤波处理后的灰度均值,按照式(6-18)和式(6-19)构造灰度共生矩阵 T:

$$T_{ij} \sum_{X=0}^{M-1} \sum_{Y=0}^{N-1} (X,Y) \tag{6-18}$$

$$\&(x,y) = \begin{cases} 1, & f(x,y)=i \text{ 且 } f(x,y+1)=j, \text{ 或 } f(x,y)=i \\ & \text{ 且 } f(x+1,y)=j \\ 0, & \text{其他} \end{cases} \tag{6-19}$$

(2) 计算灰度共生概率矩阵 P:

$$P_{ij} = \frac{T_{ij}}{\sum_{X=0}^{M-1}\sum_{Y=0}^{N-1} \delta(X,Y)} \tag{6-20}$$

(3) 以阈值向量(s,t)分割灰度共生概率矩阵 P,计算分割后二值图像的共生矩阵概率分布:

$$h_{(ij|A)}^T = Q_A^T \frac{P_A^t}{(S+1)(T+1)}, \quad h_{(ij|B)}^T = Q_B^T \frac{P_B^t}{(S+1)(L-T-1)}$$

$$h_{(ij|C)}^T = Q_C^T \frac{P_C^t}{(L-S-1)(L-T-1)}, \quad h_{(ij|D)}^T = Q_D^T \frac{P_D^t}{(L-S-1)(L-T-1)} \tag{6-21}$$

(4) 计算二阶相对熵、最小化熵值,得到最优化的阈值(S^*,T^*),采用阈值(S^*,T^*)对图像进行分割处理:

$$\begin{aligned} J(\{P_{ij}\}\{h_{ij}^t\}) &= \sum_{i=0}^{L-1}\sum_{j=0}^{L-1} p_{ij}\log\left(\frac{p_{ij}}{h_{ij}^t}\right) \\ &= \sum_{i=0}^{L-1}\sum_{j=0}^{L-1} p_{ij}\log(p_{ij}) - \sum_{i=0}^{L-1}\sum_{j=0}^{L-1} p_{ij}\log(h_{ij}^t) \\ &= -h(\{P_{ij}\}) - \sum_{i=0}^{L-1}\sum_{j=0}^{L-1} p_{ij}\log(h_{ij}^t) \end{aligned} \tag{6-22}$$

6.6 人脸背景去除实验

6.6.1 阈值分割去除

1. 室外遮挡人脸

在图 6.6~图 6.9 中,在相同的人脸背景下图像遮挡人脸部分的面积不同。遮挡人脸的面积的大小对背景的去除没有本质上的影响。无论是 10% 的遮挡还是 50% 的遮挡,实验出的遮挡人脸背景去除效果都没有受到很大程度的影响。同时,实验分割的阈值没有受到人脸遮挡面积大小的影响。

除此之外,还对光线的亮暗程度进行了对比实验,由图 6.6~图 6.9 中可以看出,当拍摄的亮暗程度不同时,遮挡人脸背景的去除效果基本相同,也没有受到很大的影响。但是通过对阈值的观察可以得出,当遮挡人脸图像的拍摄亮暗程度发生改变时,需要对阈值进行修改以达到去除遮挡人脸背景的实验目的,初步的结论是当拍摄的光线变暗时,需要将阈值的数值进行调小以达到去除遮挡人脸背景的效果。

图 6.6　室外遮挡人脸图像预处理(一)

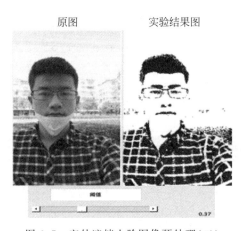

图 6.7　室外遮挡人脸图像预处理(二)

图 6.8　室外遮挡人脸图像预处理(三)

图 6.9　室外遮挡人脸图像预处理(四)

为排除试验口罩颜色与试验地点的这些客观因素可能对实验结果产生影响,让得到的结论更加客观有效。对口罩颜色与实验地点进行了更换及预处理实验。

通过图 6.10~图 6.13 所示的 4 幅室外遮挡人脸遮挡部分不同的实验结果图可以看

出,当实验的光照亮度与背景条件没有改变时,只改变口罩的颜色与型号时,遮挡人脸照片背景的去除结果没有受到影响。用阈值分割来去除遮挡人脸照片背景的实验时,遮挡口罩的颜色与型号对实验结果没有影响,说明使用该阈值分割的方法,可以去除遮挡人脸佩戴不同种类的口罩照片背景。为排除室内室外地点的不同对实验结果可能造成的影响,又做了佩戴相同口罩的情况下,在室内进行了遮挡人脸背景去除的预处理实验。

图 6.10 蓝色口罩遮挡人脸图像预处理(一)

图 6.11 蓝色口罩遮挡人脸图像预处理(二)

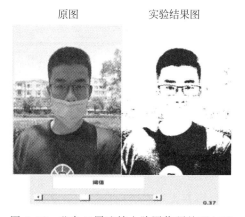

图 6.12 蓝色口罩遮挡人脸图像预处理(三)

图 6.13 蓝色口罩遮挡人脸图像预处理(四)

2. 室内遮挡人脸

图 6.14~图 6.17 是在客观因素相同的条件下,对室内遮挡人脸遮挡面积不同进行的实验,用于论证在室内条件下,该阈值分割的方法是否能做到对遮挡人脸的图像背景的去除。实验结果表明,使用此阈值分割的方法可以满足在室内室外各种条件下进行遮挡人脸图像背景的去除,从而去除了室内这个客观因素的干扰,让实验结果的准确性与客观性有了进一步的提升。

原图 实验结果图 原图 实验结果图

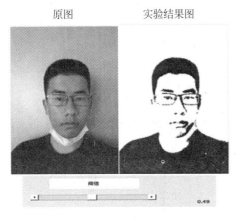 

图 6.14　室内遮挡人脸图像预处理(一)　　　图 6.15　室内遮挡人脸图像预处理(二)

原图 实验结果图 原图 实验结果图

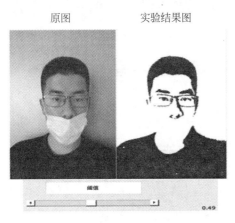 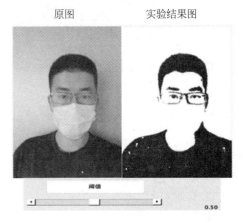

图 6.16　室内遮挡人脸图像预处理(三)　　　图 6.17　室内遮挡人脸图像预处理(四)

3. 光线较弱下遮挡人脸

最后,为了论证在不同的光线强度下,该阈值分割的方法依然可以有效地对遮挡人脸图像背景的预处理,于是做了最后一组的实验。

如图 6.18～图 6.21 所示,与之前的 3 次实验结果相比较,当光线强度变弱时,此阈值分割的方法依然可以准确地在图像变换之前进行预处理,但是与之前在室外或者在较亮的条件下相比,在较暗黑的环境中阈值会由之前的 0.5 左右变化到 0.2 左右。所以,当光线变暗时,此阈值分割的方法可以使用;但阈值大小发生变化,阈值的变化随着周围环境的变亮而呈现正增长,周围环境亮度越高,阈值就会越大,反之亦然。

原图　　　　　实验结果图　　　　　　　原图　　　　　实验结果图

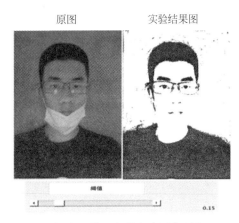

图 6.18　较暗环境下遮挡人脸图像预处理(一)　　图 6.19　较暗环境下遮挡人脸图像预处理(二)

原图　　　　　实验结果图　　　　　　　原图　　　　　实验结果图

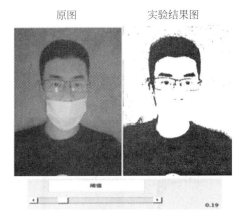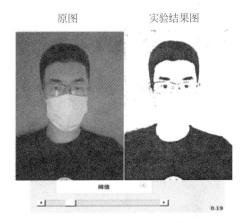

图 6.20　较暗环境下遮挡人脸图像预处理(三)　　图 6.21　较暗环境下遮挡人脸图像预处理(四)

6.6.2 裁剪分割去除

将上述的试验图像进行再一次的裁剪加工,就可以得到实验的最终所需的图案,具体的实验结果如图 6.22 所示。

由图 6.22 可以得出,在阈值分割的基础上对图像所需要的部分进行框选,就可以得出所需要裁剪的图像了。依照这种裁剪的原理,可以进行更多的图像裁剪处理。

图 6.23~图 6.26 是利用 MATLAB 图像裁剪变换对图像进行裁剪操作得到的 4 组结果,图像裁剪操作可以精确地裁剪出需要的图像内容,实现对遮挡人脸图像背景的去除,这4 组处理结果并不完美,但是基本上达到了实验的目的与要求,获得了预期的裁剪效果。同时为了满足人脸遮挡的图像缩放与旋转情况,还做了缩放变换实验与旋转变换实验。

(a) 原图　　　　　　(b) 框选出需要的部分　　　　　(c) 裁剪的结果

图 6.22　图像裁剪变换过程

图 6.23　第一组裁剪实验结果

图 6.24　第二组裁剪实验结果

图 6.25　第三组裁剪实验结果

图 6.26 第四组裁剪实验结果

6.6.3 裁剪缩放分割旋转

上述的图像是经过图像裁剪变换后的结果,为了满足遮挡人脸图像变换的多种形式,还进行了图像 0.5 与 1.5 等比例缩放与非等比例的变换的实验,结果如图 6.27 所示。

(a) 原图   (b) 等比例缩放0.5倍   (c) 等比例缩放1.5倍   (d) 非等比例缩放

图 6.27 图像缩放变换实验结果

对预处理后裁剪的图像进行图像旋转实验,实验的结果如图 6.28 所示。

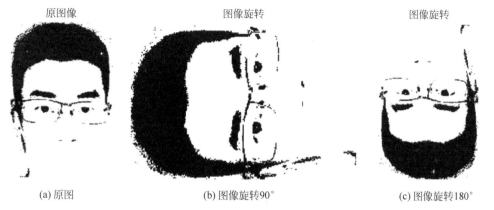

原图像   图像旋转   图像旋转

(a) 原图   (b) 图像旋转90°   (c) 图像旋转180°

图 6.28 图像旋转变换实验结果

6.7 小结

本章首先使用图像裁剪、图像旋转、图像缩放等多种基础的图像处理技术进行组合运用,以达到对遮挡人脸背景很好的去除效果,但是大量实验表明,只通过这几种基础变换很难实现对遮挡人脸背景的有效去除,所以加入了运用最小方差的阈值分割算法对图像进行预处理,然后将处理好的结果再进行图像裁剪变换、缩放变换和图像旋转等。通过不同环境、不同遮挡程度的人脸遮挡图像的实验结果表明,在对图像进行预处理的情况下,使用图像裁剪变换的条件下可以对遮挡人脸的背景进行有效去除,同时结合图像旋转与图像缩放等多种变换操作可以使图像有更加广泛的应用,满足不同条件的使用情况。在图像变换与分割的结合使用下,所处理的图像结果边缘比较清晰,同时裁剪、缩放和旋转的结果比较完好,与预期设想的图像变换结果大致相同,达到了实验的预期目标。

参考文献

[1] 蔡愉祖.计算机视觉概述[J].系统工程与电子技术,1986,000(001):64-72.

[2] 仝欣.基于FPGA的视频图像处理系统的研究[D].西安:西安电子科技大学,2012.

[3] 张福生.视频数据采集系统的原理及其应用[J].电子世界,2014(16):248-249.

[4] 黄伟.计算机视觉技术及产业化应用态势分析[J].信息通信技术与政策,2018(09):59-62.

[5] 罗华飞.MATLAB GUI设计学习[M].3版.北京:北京航空航天大学出版社,2017.

[6] SONKA M,HLAVAC V,BOYLE R.图像处理、分析与机器视觉[M].艾海舟,苏彦超,译.3版.北京:清华大学出版社,2011.

[7] WANG W F,DENG X Y,DING L,et al. Brain-inspired Intelligence and Visual Perception:The Brain and Machine Eyes[M].Berlin:Springer,2019.

[8] 刘焕军.电脑与信息技术[J].机器视觉中的图像采集技术,2003(01):20-23.

[9] 赵健.数字信号处理[M].2版.北京:清华大学出版社,2011.

[10] 王文峰,李大湘,王栋,等.人脸识别原理与实战:以MATLAB为工具[M].北京:电子工业出版社,2018.

[11] 王文峰,阮俊虎,等.MATLAB计算机视觉与机器认知[M].北京:北京航空航天大学出版社,2017.

[12] POLDER L J V D,PARKER D W,ROOS J. Evolution of television receivers from analog to digital [J].Proceedings of the IEEE,1985,73(4):599-612.

第 7 章

项目探索阶段四

7.1 进一步的假设

前面章节将遮挡人脸识别问题假设为人脸识别和遮挡区域分割的组合问题,而解决问题的关键就是图像分割技术。本章进一步假设,既然边缘检测是图像分割的关键技术,则通过边缘增强可以实现更有效的图像分割。特别地,同时戴口罩和眼镜的人脸,很容易产生镜片模糊和遮挡人脸图像整体模糊的情况,此时边缘增强对提升检测算法的性能有着决定性作用,其增强效果直接影响着后续遮挡人脸识别的效果。除了图像分割,边缘检测在计算机视觉、机器视觉领域图像压缩等方面也都有广泛应用。

在实际应用中,由于环境、复杂的边缘类型、不同程度的噪声等原因都会对图像边缘的提取造成一定的干扰,因此涌现出许多不同种类的边缘检测算法。边缘检测算子最早提出是在 1965 年,传统的边缘检测方法有 Kirsch、Roberts、Sobel、Prewitt、Robins、Mar-Hildreth 边缘检测方法以及 LoG 算子方法和 Canny 最优算子方法等。

本章主要介绍其中 5 种边缘检测算法,对其进行仿真实验并分析讨论算法的特点,然后利用拉普拉斯算子进行边缘增强实验。在图像处理的过程中,计算工作量是相当巨大的,而MATLAB 的图像处理工具箱功能齐全丰富,计算功能也十分强大,可以更高效地进行图像边缘检测,并在此基础上完成边缘增强实验。

7.2 从图像边缘到图像特征

7.2.1 检测方法的分类

图像边缘的研究已经有数十年的历史,其研究热度一直经久不衰,学术思想非常活跃,无论是在国内还是在国外,都是图像处理领域研究的热点,新的理论、新的检测方法层出不穷。

边缘检测的研究方法大致可以分为两类。

（1）基于空间域上微分算子的经典方法。在阶跃型边缘的正交切面上，阶跃边缘点周围的图像灰度 $i(x)$ 表现为一维阶跃函数 $i(x)=u(x)$，边缘点处在图像灰度的跳变点上，那么它也是灰度函数的一阶微分的极大值点、二阶微分的过零点。图像灰度一阶导数、梯度、二阶导数以及更为复杂的拉普拉斯算子等提取图像边缘的方法都是基于边缘点的特性提出的。

（2）基于图像滤波的检测方法。在实际图像中，噪声会对检测效果造成一定程度的干扰，这是由于噪声在图像灰度中也会有较大的起落。虽然边缘和噪声都是高频信号，但相对来说边缘具有比噪声更高的强度。

虽然边缘检测的理论丰富，检测手段也相当多，但仍存在不足之处，目标物体的边缘在如下特殊情况下依旧无法很好地被检测出。

（1）图像本身的复杂性。

（2）物体受到光照折射形成阴影或其表面纹理等因素而形成的边缘。

（3）容易把有效边缘与噪声混淆，因为它们都是高频信号。

（4）对于不同的使用者所希望得到的边缘信息不尽相同。

因此，当前边缘检测研究的主流方向依然是根据具体的应用要求找到一种普遍适应性的边缘检测方法，或者对现有的方法进行优化，进而得到满意的边缘检测效果。

7.2.2　图像特征的分类

利用计算机进行图像处理的目的有两个：一是希望能通过计算机自动识别和理解图像；二是为了突出感兴趣的信息，从而更方便观察和理解图像。但不管是为了哪种目的，将图像大量的各式各样的信息进行拆分即图像分割都是图像处理中最关键的一步。当图像被分解成不能再分的具有某种特征的最小成分，这是分割的最终结果，这种最小成分称为图像的基元。相对于整幅图像来说，计算机对基元的处理能更加快速。

图像特征可以分为两类：图像的统计特征和图像的视觉特征。图像分割就是依据这两类特征把图像分解成不同的区域。

（1）如灰度直方图、矩、频谱等人为定义的，通过变换后才能得到的特征称为图像的统计特征。灰度直方图，也称作灰度密度函数，它是图像重要的统计特征之一，大致反映出了一幅图像中各灰度级像素出现的频率与灰度级的关系，简而言之，就是先统计出一幅图像中每个灰度像素出现的次数，然后把每个像素出现的次数除以像素的总个数，就能得到这个像素出现的频率，然后用直方图的形式把像素与该像素出现的频率表示出来就是灰度直方图。

（2）如颜色、纹理、亮度、形状、空间关系等人的视觉可以直接感受到的自然特征称为图像的视觉特征。其中颜色、纹理特征是全局特征，反映出图像内景物的表面性质，但不能反映出物体的本质属性。需要注意的是，纹理特征的提取并不是单独针对某个像素点，它的计算区域必须是邻域中的多个像素点，而颜色特征则不需要。形状特征有两种表示方法，一种是轮廓特征，针对物体的边缘；另一种是区域特征，涉及物体的整个形状区域。

7.2.3 边缘特征的分类

边缘作为图像最基本的特征参数,携带着图像最有效的信息,要想识别、描述、解释图像,离不开边缘提供的有效信息。一般认为边缘是图像的边界,但实际并没有这么简单,从图像本质来讲,不连续的图像特征都可以看作是边缘。例如灰度值、颜色分量的突变以及纹理结构的突变都可构成边缘信息。对于灰度图像,边缘是图像中灰度变化较剧烈的地方,在边缘两侧的灰度变化剧烈,而处在边缘上的灰度变化则较为平缓。从数学角度来说边缘是函数存在不连续点(跳变点)或其导数有不连续点的情况,也即通常所说的发生奇异信号。

图像的边缘有方向和幅度两个特性。如图7.1所示,按照幅度的变化,边缘可粗略分为4种。

(1) 理想阶跃型边缘:它两边像素的灰度值有显著不同,每个边缘点都位于具有灰度过渡的垂直台阶上。

(2) 斜坡阶跃型边缘:它两边像素的灰度值有显著不同,呈渐变式变化,边缘的点包含斜坡中任意点的情况。

(3) 理想线条型边缘:它在转折点处的灰度值变化从增加到减少,每个边缘点都位于具有灰度过渡的垂直台阶上。

(4) 凸顶型边缘:它在转折点处的灰度值变化从增加到减少,呈渐变式变化,边缘的点包含斜坡中任意点的情况。

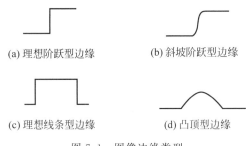

(a) 理想阶跃型边缘　　　　(b) 斜坡阶跃型边缘

(c) 理想线条型边缘　　　　(d) 凸顶型边缘

图 7.1　图像边缘类型

7.3　边缘的理解与表达

7.3.1　从函数的角度解释

图像边缘作为图像最基本的特征,它携带着大量图像的信息,边缘检测是常用的技术手段。边缘是不同区域的分界线,表示一个区域的结束,同时也是另一个区域的开始,它集合了图像局部强度变化最为显著的像素。

从函数的角度来解释,图像边缘上的点一般都是极值点或者是间断点,这是由于图像亮度函数的一阶导数的不连续性而产生的。这些不连续性具体包括:阶跃不连续、线条不连续、斜坡形不连续、屋顶形不连续,其中的亮度变化不是瞬间的,而是跨越一定的距离。图 7.2 是阶跃不连续边缘模型。

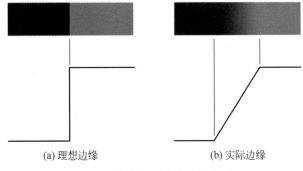

(a) 理想边缘　　　　　　　(b) 实际边缘

图 7.2　灰度级跃变的边缘模型

图 7.2(a)是一个理想的边缘所具备的特性。每个灰度级跃变到一个垂直的台阶上。但在实际图像采集的过程中,受到图像采集系统的性能、采样率和获取图像的照明条件等因素的影响,得到的边缘往往是模糊的,边缘被模拟成具有"斜坡面"的剖面,如图 7.2(b)所示,在这个模型中,模糊的边缘变得"宽"了,而清晰的边缘变得"窄"了。

图像的像素集从一个较小邻域中来观察,沿图像边缘走向的像素变化较为平缓,而垂直于边缘方向的像素灰度值是不连续的,会有较大的跃变,这是图像边缘的一个重要特征。因此可以利用边缘的这个特点,通过一阶或二阶导数来判别图形中像素的灰度值是否存在突变,从而检测出边缘。边缘位置对应一阶导数的最大值,而二阶导数则以过零点作为对应边缘的位置。

7.3.2　基本算法思想解释

边缘检测就是要把图像中这种灰度的不连续性检测出来,然后在图像中精确测量和定位,描述出它们的位置。边缘检测运算范围是在局部区域上针对一"点",也可以看作是信号处理问题。边缘检测通常是图像处理中第一步也是最重要的一步,意义重大,在高层次的图像处理中,边缘检测算子的优越性对处理效果具有决定性作用。

边缘检测的基本思想是先利用边缘增强算子,突出图像中的局部边缘,然后定义像素的"边缘强度",通过设置阈值的方法提取边缘点集,如图 7.3 所示。

但在实际图像中,受到噪声干扰或者图像本身质量模糊的影响,理想的灰度阶跃及其线条边缘图像一般是很少见到的,所以边缘检测包含以下两项内容。

(1)用边缘算子提取边缘点集。

(2)在边缘点集合中去除某些无用的边缘点,为了将边缘点连接为线,还要再补充一些边缘点。

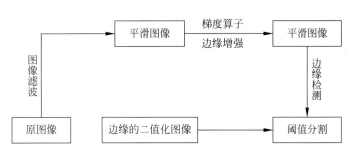

图 7.3　边缘检测算法的基本步骤

边缘检测基本步骤有如下 4 个步骤。

（1）图像滤波：边缘检测算法原理是基于图像强度的一阶和二阶导数，但图像噪声的存在会干扰导数的计算，因此在检测之前必须使用滤波器改进与噪声有关的边缘检测器的功能。考虑到在降噪的同时会丢失图像的部分边缘强度，因而必须在降低噪声和增强边缘中间找到一个平衡点。

（2）图像增强：增强算法能够凸显出邻域（或局部）强度值有明显改变的点，因此明确图像各点邻域强度的变化值是边缘增强的基础，通过计算梯度幅值实现。

（3）图像检测：边缘点一般都是梯度幅值比较大的点，但在某些情况下，这些点并不都是边缘，这时候应该用梯度幅值阈值判据来判定哪些点在边缘带内。

（4）图像定位：图像边缘位置的确定，可以通过使用子像素分辨率来估计，并且可以估计边缘方向。

在上述介绍的边缘检测 4 个步骤中，第四步一般很少使用，原因是在多数情况下，边缘检测器无须精确指出边缘的位置或方向，只需在图像某一像素点的邻域出现边缘即可。

本章主要讨论常用的几种边缘检测器，调用其中的函数进行边缘检测并得出效果图，如图 7.4 所示。

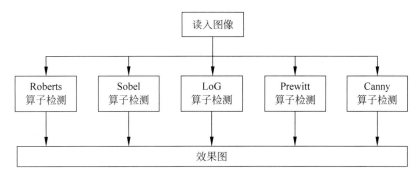

图 7.4　实验流程示意

7.3.3　一阶导数与卷积操作

设 $f(x)$ 是一个离散的一元函数,那么其一阶导数可定义为:$\partial f/\partial x = f(x+1) - f(x)$,由于图像的灰度值函数 $f(x,y)$ 是一个离散的二元函数,因此梯度常用来表示图像的一阶导数。梯度也可看作是图像对应的二维函数的一阶导数,用来度量函数的变化。梯度是由两个一阶导数组成的向量,可定义为向量:

$$\boldsymbol{G}(x,y) = \begin{bmatrix} G_x \\ G_y \end{bmatrix} = \begin{bmatrix} \partial f/\partial x \\ \partial f/\partial y \end{bmatrix} \tag{7-1}$$

梯度有两个非常重要的性质,一是梯度向量 $\boldsymbol{G}(x,y)$ 的方向,即函数 $f(x,y)$ 增大时的最大变化率方向:

$$\alpha(x,y) = \arctan(G_y/G_x) \tag{7-2}$$

二是梯度模值的大小,为了减小计算量,也可用绝对值近似表示:

$$|\boldsymbol{G}(x,y)| = \sqrt{G_x^2 + G_y^2} = \sqrt{\left(\frac{\partial f}{\partial x}\right)^2 + \left(\frac{\partial f}{\partial y}\right)^2} \approx |G_x| + |G_y| \tag{7-3}$$

在边缘检测中,梯度常指梯度向量的模值。基于一阶导数的边缘检测的基本原理:令坐标为 (x,y) 的像素值的梯度值为 $|\boldsymbol{G}(x,y)|$,若满足 $|\boldsymbol{G}(x,y)| \geqslant T$,$T$ 为阈值,则 (x,y) 为边缘点所在的位置。

对于数字图像,偏导数可以通过差分来近似,则边缘通常在差分值最大、最小或零交叉点处发生。

$$\begin{aligned} G_x &= f(x+1,y) - f(x,y) \\ G_y &= f(x,y+1) - f(x,y) \end{aligned} \tag{7-4}$$

综上,像素位置 (x,y) 的梯度为:

$$\begin{aligned} |\boldsymbol{G}(x,y)| &= \sqrt{G_x^2 + G_y^2} = \sqrt{\left(\frac{\partial f}{\partial x}\right)^2 + \left(\frac{\partial f}{\partial y}\right)^2} \\ &= \sqrt{[f(x+1,y) - f(x,y)]^2 + [f(x,y+1) - f(x,y)]^2} \end{aligned} \tag{7-5}$$

可以用图 7.5 中的掩模与点 (x,y) 的对应邻域内的像素来进行空间卷积得到,若要计算整幅图像所有像素的梯度,只要在图像上方移动掩模,依次进行卷积操作即可。

-1	0
1	0

-1	1
0	0

$f(x,y)$	$f(x,y+1)$
$f(x+1,y)$	$f(x+1,y+1)$

图 7.5　计算用掩模

7.3.4　二阶导数与通用掩模

设 $f(x)$ 是一个离散的一元函数,其二阶导数可定义为:

$$\frac{\partial^2 f}{\partial x^2} = \frac{\partial[f(x+1)-f(x)]}{\partial x}$$
$$= f(x+2)+f(x)-2f(x+1) \tag{7-6}$$
$$= f(x+1)+f(x-1)-2f(x)$$

对于二元的图像灰度函数 $f(x,y)$,它的二阶导数通常使用拉普拉斯算子进行计算。拉普拉斯算子定义为:

$$\nabla^2 f(x,y) = \frac{\partial^2 f(x,y)}{\partial x^2} + \frac{\partial^2 f(x,y)}{\partial y^2}$$
$$\frac{\partial^2 f(x,y)}{\partial x^2} = f(x+1,y)+f(x-1,y)-2f(x,y) \tag{7-7}$$
$$\frac{\partial^2 f(x,y)}{\partial y^2} = f(x,y+1)+f(x,y-1)-2f(x,y)$$

可得:

$$\nabla^2 f = f(x+1,y)+f(x-1,y)+f(x,y+1)+f(x,y-1)-4f(x,y) \tag{7-8}$$

根据式(7-8)可得掩模,如图 7.6 所示。

通用掩模如图 7.7 所示,其中 α 表示锐化程度,取值范围为 $[0,1]$。

0	1	0
1	-4	1
0	1	0

$\frac{\alpha}{1+\alpha}$	$\frac{1-\alpha}{1+\alpha}$	$\frac{\alpha}{1+\alpha}$
$\frac{1-\alpha}{1+\alpha}$	$\frac{-4}{1+\alpha}$	$\frac{1-\alpha}{1+\alpha}$
$\frac{\alpha}{1+\alpha}$	$\frac{1-\alpha}{1+\alpha}$	$\frac{\alpha}{1+\alpha}$

图 7.6　计算后掩模　　　　图 7.7　通用掩模

基于二阶导数的边缘检测的基本原理:两像素点若分别处在边缘的两侧,那么它们的二阶导数符号相反,且它们连线的中点即为边缘的中心。或者说在二阶导数零交叉的地方就是边缘中心。

从检测原理上看,基于二阶导数的边缘检测包含两部分处理过程:一是计算二阶导数,二是寻找零交叉点。因为噪声对二阶导数影响较大,所以在计算前对图像进行平滑处理的步骤必不可少。平滑滤波器的选取需要满足两个标准:第一,滤波器应该是平滑的且在频域中大致上是有限带宽的,减少会导致函数变化的可能频率数;第二,空间定位的约束要求滤波器的响应需来自图像中邻近的点。这两个标准是矛盾的,但是使用高斯分布可以同时得到优化。

7.4　边缘检测深入解读

7.4.1　Roberts 算子深入解读

1. 理论基础

Roberts 算子是边缘检测算子中最古老、最简单的一种。由于它在部分功能上受到限制,例如,Roberts 算子是非对称的,且不能检测 $45°$ 倍数的边缘,所以这种检测算子在边缘检测技术中的使用明显少于其他几种算子。

Roberts 边缘算子采用的是对角方向相邻的两个像素之差,它寻找边缘的方法是利用局部差分算子,两个模板分别为:

$$\boldsymbol{R}_x = \begin{bmatrix} 1 & 0 \\ 0 & -1 \end{bmatrix} \quad \boldsymbol{R}_y = \begin{bmatrix} 0 & -1 \\ 1 & 0 \end{bmatrix}$$

Roberts 算子灰度梯度为:

$$\begin{aligned}
\boldsymbol{R}_x f(i,j) &= f(i,j) - f(i+1,j+1) \\
\boldsymbol{R}_y f(i,j) &= f(i+1,j) - f(i,j+1) \\
|\boldsymbol{G}(i,j)| &= |f(i,j) - f(i+1,j+1)| + |f(i+1,j) - f(i,j+1)| \\
&= \sqrt{[f(i,j)-f(i+1,j+1)]^2 + [f(i+1,j)-f(i,j+1)]^2}
\end{aligned} \tag{7-9}$$

其中,$f(i,j)$ 表示点 (i,j) 处理前的灰度梯度值;$|\boldsymbol{G}(i,j)|$ 表示该点处理后的灰度梯度值,其中 $f(i,j)$ 是具有整数像素坐标的输入图像,平方根运算使该处理类似于在人类视觉系统中发生的过程。

2. 算法步骤

首先用两个模板分别对图像作用得到 $\boldsymbol{R}_x f(i,j)$ 和 $\boldsymbol{R}_y f(i,j)$。对 $Tf(i,j) = \boldsymbol{R}_x^2 + \boldsymbol{R}_y^2$,进行阈值判断,若 $Tf(i,j)$ 大于阈值则相应的点位于便于边缘处,若小于则不位于边缘处。

对于阈值选取的说明,由于微分算子的检测性能受阈值的影响较大,为此,针对具体图像采用以下阈值的选取方法:对处理后的图像统计大于某一阈值的点,对这些数据求平均值。以下每个程序均采用此方法,不再做说明。

先做检测结果的直方图,参考直方图中灰度的分布尝试确定阈值;应反复调节阈值的大小,直至二值化的效果最为满意为止。

3. 实验结果

Roberts 算子检测原图与结果如图 7.8 所示。

(a) 原图　　　　　　　　　　(b) 结果图

图 7.8　Roberts 算子检测原图与结果图

4. 实验结果分析

从实验结果可以发现,Roberts 算子边缘定位不是很准,检测垂直边缘的效果好于斜向边缘,但是对噪声敏感,而且会丢失部分边缘,使检测结果不完整,因此 Roberts 算子适用于边缘明显且噪声较少的图像。Roberts 算子图像处理后结果边缘也不是很平滑。经分析,由于 Roberts 算子通常会在图像边缘附近的区域内产生较宽的响应,故采用这种算子检测的边缘图像常需做细化处理。

7.4.2　Prewitt 算子深入解读

1. 理论基础

Prewitt 算子是一阶微分算子中一种,其原理是利用特定区域内上下、左右邻点像素灰度值产生的差分实现边缘检测。Prewitt 算子采用的是 3×3 模板,对比 Roberts 算子的 2×2 模板,2×2 模板在概念上简单,且采用 2×2 邻域模板计算出的梯度近似值 G_x、G_y 并不处在相同位置,G_x 实际上是内差点 $\left(i, j + \dfrac{1}{2}\right)$ 处的近似梯度值,G_y 实际上是内差点 $\left(i + \dfrac{1}{2}, j\right)$ 处的近似梯度值。因此 Roberts 算子是该点连续梯度的近似值,而不是所预期点 (i, j) 的近似值。所以用 3×3 模板计算梯度值会比 2×2 模板更准确,它避免了在像素之间的内差点上计算梯度,边缘检测效果无论在水平方向还是在垂直方向均比 Roberts 算子更好,边缘更明显。它的两个模板分别为:

$$\boldsymbol{R}_x = \begin{bmatrix} -1 & -1 & -1 \\ 0 & 0 & 0 \\ 1 & 1 & 1 \end{bmatrix} \quad \boldsymbol{R}_y = \begin{bmatrix} 1 & 0 & -1 \\ 1 & 0 & -1 \\ 1 & 0 & -1 \end{bmatrix}$$

Prewitt 算子灰度梯度为:

$$\boldsymbol{R}_x f(i, j) = [f(i+1, j+1) + f(i, j+1) + f(i-1, j+1)] -$$

$$R_y f(i,j) = \begin{bmatrix} f(i+1,j-1) + f(i,j-1) + f(i-1,j-1) \end{bmatrix} \\ = \begin{bmatrix} f(i-1,j-1) + f(i-1,j) + f(i-1,j+1) \end{bmatrix} - \\ \begin{bmatrix} f(i+1,j-1) + f(i+1,j) + f(i+1,j+1) \end{bmatrix}$$

$$|G(i,j)| = |R_x f(i,j)| + |R_y f(i,j)| \\ = \sqrt{[R_x f(i,j)]^2 + [R_y f(i,j)]^2}$$

(7-10)

其中，$f(i,j)$ 表示点 (i,j) 处理前的灰度梯度值；$|G(i,j)|$ 表示该点处理后的灰度梯度值。

2. 算法步骤

（1）计算 R_x 与 R_y 与模板每行的乘积。

（2）两个 3×3 矩阵的卷积即将每一行每一列对应相乘然后相加。

（3）求得 3×3 模板运算后的 $R_x f(i,j)$ 和 $R_y f(i,j)$。

（4）求 $[R_x f(i,j)]^2 + [R_y f(i,j)]^2$ 的平方根或者直接对 $R_x f(i,j)$ 和 $R_y f(i,j)$ 取绝对值后求和。

（5）设置一个阈值，运算后的像素值大于该阈值输出为全 1，小于该阈值输出为全 0。

3. 实验结果

Prewitt 算子检测原图与结果如图 7.9 所示。

(a) 原图　　　　　　　　　(b) 结果图

图 7.9　Prewitt 算子检测原图与结果图

4. 实验结果分析

Prewitt 算法对灰度渐变和具有噪声的图像处理效果较好，与 Roberts 算子检测的结果相比较，它的边缘完整性更好，对噪声有抑制作用，抑制噪声的原理是通过像素平均，但是像素平均相当于对图像的低通滤波，所以 Prewitt 算子对边缘的定位不如 Roberts 算子。

7.4.3　Sobel 算子深入解读

1. 理论基础

Sobel 算子是像素图像边缘检测中最重要的算子之一，从技术上讲，它是一个离散的一阶差分算子,用来计算图像亮度函数的一阶梯度近似值。在图像的任何点使用此算子,将会生成该点对应的梯度向量或是其法向量。Sobel 算子只是 Prewitt 算子的一个扩展,只把中间元素乘以 2,目的是起到平滑图像的作用,在 MATLAB 中的用法和 Prewitt 算子完全相同。它的两个模板分别为:

$$\boldsymbol{R}_x = \begin{bmatrix} -1 & -2 & -1 \\ 0 & 0 & 0 \\ 1 & 2 & 1 \end{bmatrix} \quad \boldsymbol{R}_y = \begin{bmatrix} -1 & 0 & 1 \\ -2 & 0 & 2 \\ -1 & 0 & 1 \end{bmatrix}$$

Prewitt 算子灰度梯度为:

$$\boldsymbol{R}_x f(i,j) = [f(i-1,j+1) + 2f(i,j+1) + f(i+1,j+1)] -$$
$$[f(i-1,j-1) + 2f(i,j-1) + f(i+1,j-1)]$$
$$\boldsymbol{R}_y f(i,j) = [f(i-1,j-1) + 2f(i-1,j) + f(i-1,j+1)] -$$
$$[f(i+1,j-1) + 2f(i+1,j) + f(i+1,j+1)]$$
$$|\boldsymbol{G}(i,j)| = |\boldsymbol{R}_x f(i,j)| + |\boldsymbol{R}_y f(i,j)|$$
$$= \sqrt{[\boldsymbol{R}_x f(i,j)]^2 + [\boldsymbol{R}_y f(i,j)]^2}$$

(7-11)

其中,$f(i,j)$ 表示点 (i,j) 处理前的灰度梯度值;$|\boldsymbol{G}(i,j)|$ 表示该点处理后的灰度梯度值。

2. 算法步骤

(1) 计算 $\boldsymbol{R}_x$ 与 $\boldsymbol{R}_y$ 与模板每行的乘积。

(2) 两个 3×3 矩阵的卷积即将每一行每一列对应相乘然后相加。

(3) 求得 3×3 模板运算后的 $\boldsymbol{R}_x f(i,j)$ 和 $\boldsymbol{R}_y f(i,j)$。

(4) 求 $[\boldsymbol{R}_x f(i,j)]^2 + [\boldsymbol{R}_y f(i,j)]^2$ 的平方根或者直接对 $\boldsymbol{R}_x f(i,j)$ 和 $\boldsymbol{R}_y f(i,j)$ 取绝对值后求和。

(5) 设置一个阈值,运算后的像素值大于该阈值输出为全 1,小于该阈值输出为全 0。

3. 实验结果

Sobel 算子检测原图与结果如图 7.10 所示。

(a) 原图　　　　(b) 水平梯度　　　　(c) 垂直梯度　　　　(d) 结果图

图 7.10　Sobel 算子检测原图与结果图

4. 实验结果分析

Sobel 算子中的垂直模板得到的梯度图,由于梯度方向与边缘走向垂直,所以该梯度图对水平边缘有较强的响应,从而水平细节信息非常清晰;Sobel 算子中的水平模板得到的梯度图,它对垂直边缘有较强的响应,垂直细节非常清晰;Sobel 算子水平和垂直方向叠加的梯度图,水平和垂直细节都非常清晰。Sobel 算子和 Prewitt 算子都是加权平均,但是 Sobel 算子认为,邻域的像素对当前像素产生的影响不是等价的,所以距离不同的像素具有不同的权值,对算子结果产生的影响也不同。一般来说,距离越远,产生的影响越小。

7.4.4　LoG 算子深入解读

1. 理论基础

在图像中,边缘认为是位于一阶导数较大的像素处,因此,可以通过计算图像的一阶导数确定图像的边缘,前面介绍的 Roberts、Sobel 等算子都是基于这个思想的。但是这存在几个问题:由于噪声的干扰,一阶导数取到极大值的点可能是噪声点;求解极大值时比较复杂。因此,就有了使用二阶导数的方法。Mar 和 Hildreth 将高斯滤波和拉普拉斯边缘检测结合在一起,形成 LoG(Laplacian-Gauss)算子。LoG 边缘检测器的基本特征如下所述。

(1) 平滑滤波器是高斯滤波器。

(2) 增强步骤选取的是二阶导数(二维拉普拉斯函数)。

(3) 对子像素分辨率水平上估计边缘位置使用线性内插方法。

为什么要使用二阶导数呢?这里要考虑上面说的第二个问题,一阶导数的极大值到了二阶导数对应的值就是 0 了,很显然求解一个函数的零点值要比求极大值容易,这个性质叫作二阶导数过零点。所以,可以利用二阶导数来代替一阶导数了。

高斯算子在图像处理中的作用其实大都是进行模糊,换句话说它可以很好地抑制噪声,这样引入高斯算子就克服噪声的影响(这也是 LoG 算子对拉普拉斯算子的改进的地方)。所以,LoG 算子其实就是先对图像进行高斯模糊,然后再求二阶导数,二阶导数等于 0 处对应的像素就是图像的边缘。

二维高斯滤波器的函数 $G(x,y)$ 为:

$$G(x,y) = \frac{1}{2\pi\sigma^2} \exp\left(-\frac{x^2+y^2}{2\sigma^2}\right) \tag{7-12}$$

用 $G(x,y)$ 与原图像 $f(x,y)$ 进行卷积,得到平滑图像 $I(x,y)$ 为:

$$I(x,y) = G(x,y) * f(x,y) \tag{7-13}$$

其中,$*$ 是卷积运算符。用拉普拉斯算子(∇^2)获取平滑图像 $I(x,y)$ 的二阶方向导数图像 $M(x,y)$。由线性系统中的卷积和微分的可交换性可得:

$$M(x,y) = \nabla^2\{I(x,y)\} = \nabla^2[G(x,y) * f(x,y)] = [\nabla^2 G(x,y)] * f(x,y)$$

$$\tag{7-14}$$

对图像的高斯平滑滤波与拉普拉斯微分运算可以结合成一个卷积算子:

$$\nabla^2 G(x,y) = \frac{1}{2\pi\sigma^4}\left(\frac{x^2+y^2}{\sigma^2}-2\right)\exp\left(-\frac{x^2+y^2}{2\sigma^2}\right) \tag{7-15}$$

其中,$\nabla^2 G(x,y)$即为 LoG 算子,又称为高斯拉普拉斯算子。求取 $M(x,y)$的零穿点轨迹即可得到图像 $f(x,y)$的边缘。以$\nabla^2 G(x,y)$对原始灰度图像进行卷积运算后提取的零交叉点作为边缘点。

2. 算法步骤

(1) 平滑:高斯滤波器。

(2) 增强:拉普拉斯算子计算二阶导数。

(3) 检测:二阶导零交叉点并对应于一阶导数的较大峰值。

(4) 定位:线性内插。

根据卷积的求导法则,先卷积后求导和先求导后卷积是相等的,所以可以把第 1、2 步合并为一步,先对高斯滤波器做拉普拉斯变换,然后再用这个算子与图像做卷积。

3. 实验结果

LoG 算子检测原图与结果如图 7.11 所示。

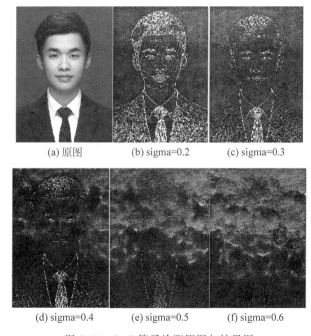

(a) 原图 (b) sigma=0.2 (c) sigma=0.3

(d) sigma=0.4 (e) sigma=0.5 (f) sigma=0.6

图 7.11 LoG 算子检测原图与结果图

4. 实验结果分析

以滤波器方差 sigma 为变量参数,从实验的效果可以看出,随着 sigma 的增大,得到的边缘尺度越来越大,边缘细节原来越不明显。

7.4.5　Canny 算子深入解读

1. 理论基础

在图像中找出具有局部最大梯度幅值的像素点是检测阶跃边缘的基本思想。大多数边缘检测工作着眼于找到可在实际图像中使用的数值梯度近似值。

由于光学系统和相机电路固有的低通滤波器使实际图像平滑(带宽限制),因此图像中的阶跃边缘不是很陡。相机噪声和不必要的场景细节也会干扰图像。图像梯度逼近必须满足两个要求。

(1) 逼近必须能够抑制噪声效应。

(2) 必须尽量精确地确定边缘的位置。

抑制噪声和边缘精确定位是无法同时得到满足的,也就是说,边缘检测算法通过图像平滑算子去除了噪声,但却增加了边缘定位的不确定性;相反,如果边缘检测算子对边缘的敏感度增加,它也会增加对噪声的敏感度。有一种线性算子可以在抗噪声干扰和精确定位之间选择一个最佳折中方案,它就是高斯函数的一阶导数,对应于图像的高斯滤波平滑和梯度计算。

在高斯噪声中,一个典型的边缘代表一个阶跃的强度变化。根据这个模型,好的边缘检测算子应该有 3 个指标。

(1) 低失误概率,换句话说,真实的边缘点应尽可能地减少丢失,并且应尽可能避免将非边缘点检测为边缘。

(2) 高位置精度,检测的边缘应尽可能接近真实的边缘。

(3) 对每个边缘点有唯一的响应,得到单像素宽度的边缘。

Canny 算子提出了边缘算子的如下 3 个准则。

(1) 信噪比准则:

$$\text{SNR} = \frac{\left| \int_{-w}^{+w} G(-x) h(x) \, \mathrm{d}x \right|}{\sigma \sqrt{\int_{-w}^{+w} h^2(x) \, \mathrm{d}x}} \tag{7-16}$$

其中,$G(x)$ 代表边缘函数,$h(x)$ 代表宽度为 w 的滤波器的脉冲响应。

(2) 定位精准度准则,边缘定位精准度 L 的定义如下:

$$L = \frac{\left| \int_{-w}^{+w} G'(-x) h'(x) \, \mathrm{d}x \right|}{\sigma \sqrt{\int_{-w}^{+w} h'^2(x) \, \mathrm{d}x}} \tag{7-17}$$

其中,$G'(x)$ 和 $h'(x)$ 分别是 $G(x)$ 和 $h(x)$ 的导数。L 越大,表明定位精度越高。

(3) 单边缘响应,为了保证单边缘只有一个响应,检测算子的脉冲响应导数的零交叉点平均距离 $D(f')$ 应满足:

$$D(f') = \pi \left\{ \frac{\int_{-\infty}^{+\infty} h'^2(x)\mathrm{d}x}{\int_{-\infty}^{+\infty} h''(x)\mathrm{d}x} \right\}^{\frac{1}{2}} \tag{7-18}$$

其中,$h''(x)$ 是和 $h'(x)$ 的二阶导数。

2. 算法步骤

以上述指标和准则为基础,利用泛函数求导的方法可导出 Canny 边缘检测器是信噪比与定位之乘积的最优逼近算子,表达式近似于高斯函数的一阶导数。将 Canny 算子的 3 个准则相结合可以获得最优的检测算子。Canny 算子边缘检测的算法步骤见图 7.12,过程如下所述。

(1) 用高斯滤波器平滑图像。

(2) 用一阶导数(Prewitt 算子)计算图像的梯度幅值和方向。

(3) 对梯度幅值采取非极大值抑制。

(4) 进行滞后阈值处理。

(5) 进行边缘连接。

(6) 进行边缘细化。

图 7.12 Canny 算法的流程图

其中非极大值抑制细化了幅值图像中的屋脊带,只保留幅值局部变化最大的点。双阈值检测是用两个阈值得到两个阈值图像,然后把高阈值的图像中的边缘连接成轮廓,连接时到达轮廓的端点时,在低阈值图像上找可以连接的边缘。不断收集,直到所有的间隙连接起来为止。

3. 实验结果

(1) 输入原始图像(图 7.13)。

(2) 先高斯滤波,后使用 Sobel 算子得到梯度幅值图像(图 7.14)。

(3) 梯度方向图像(图 7.15)。

(4) 非极大值抑制(图 7.16)。

(5) 弱边缘图像(图 7.17)。

(6) 强边缘图像(图 7.18)。

(7) 边缘连接并细化后的图像(图 7.19)。

图 7.13　原始图像　　图 7.14　梯度幅值图像　　图 7.15　梯度方向图像　　图 7.16　非极大值抑制

图 7.17　弱边缘图像　　　　图 7.18　强边缘图像　　　　图 7.19　细化图像

4.实验结果分析

图 7.15 亮度相同的区域代表梯度方向相同。

图 7.16 与图 7.15 梯度幅值图进行比较,可以看出,非极大值抑制后,抑制了由高斯滤波产生的边缘模糊,就像是没有开启抗锯齿的游戏效果。

图 7.18 可以看到边缘比较粗,需要细化。

Canny 算子的方向性使得它的边缘检测和定位优于其他算子,具有更好的边缘强度估计,能产生梯度方向和强度两个信息。很明显,Canny 算子的效果是很显著的。相比普通的梯度算法大大抑制了噪声引起的伪边缘,而且是边缘细化,易于后续处理。对于对比度较低的图像,通过调节参数,Canny 算子也能有很好的效果。

7.5　从边缘检测到边缘增强

7.5.1　基本算法思想解释

图像边缘增强也叫图像锐化,是图像增强处理中的一种。通过前面的介绍,图像都是有边缘的,而且边缘是图像最重要的特征和属性,边缘增强就是在边缘检测的基础上把图像相邻像素的亮度值相差较大的边缘加以突出强调的技术方法。在图像增强中,平滑包括消除图像中的噪声干扰或降低对比度,相反,为了增强图像的边缘和细节,必须锐化图像以提高对比度。图像经过边缘增强后能更清晰地显示出不同的物类型或现象的边界或线形影像的行迹,以便于不同的物类型的识别及其分布范围的圈定。

图像的边缘增强是使图像的轮廓更加突出图像处理方法,它是一种重要的区域处理技术。对图像先进行边缘检测,紧接着特征提取,然后再进行二值化处理。边缘检测将突出图像的边缘,边缘以外的图像区域通常被削弱甚至被完全去掉。处理后边界的亮度与原图中边缘周围的亮度变化本成正比。

7.5.2　算法设计与编程实现

下面以拉普拉斯算子为例,解释图像边缘的检测的算法设计和编程实现过程。

拉普拉斯算子是一种二阶微分算子,是一种在图像锐化处理中很重要的算法。拉普拉斯锐化图像依据的原理是图像像素的变化程度。当某个像素的灰度级低于邻域中其他像素的平均灰度级时,该中心点像素的灰度级将被进一步降低;当这点像素高于邻域中其他像素的平均灰度级时,该中心点像素的灰度级会进一步提高。通俗点说就是它可对图像中灰度突变的区域进行增强,对灰度的变化慢的区域进行减弱。锐化处理可选择拉普拉斯算子对原图像进行处理产生描述灰度突变的图像,在此基础上再将拉普拉斯图像与原图像叠加而产生锐化图像。拉普拉斯算子是一个与边缘方向无关的检测算子,它对边缘或线的响应并没有对独立像素的响应那么强烈,这就造成有时候会把噪声也给增强了,因此使用该算子进行图像锐化之前需要对图像做平滑处理。

对于二维函数 $f(x,y)$ 的拉普拉斯算子可定义为:

$$\nabla^2 f(x,y) = \frac{\partial^2 f(x,y)}{\partial x^2} + \frac{\partial^2 f(x,y)}{\partial y^2} \tag{7-19}$$

为了方便数字图像处理,可将方程换成离散形式表示:

$$\nabla^2 f(x,y) = \left[f(x+1,y) + f(x-1,y) + f(x,y+1) + f(x,y-1) \right] - 4f(x,y) \tag{7-20}$$

使用差分方程对 x 和 y 方向上的二阶偏导数近似如下:

$$\frac{\partial^2 f}{\partial x^2} = \frac{\partial G_x}{\partial x} = \frac{\partial \left[f(i,j+1) - f(i,j) \right]}{\partial x} = f(i,j+2)\frac{f(i,j+1)}{\partial x} - \frac{\partial f(i,j)}{\partial x}$$

$$= f(i,j+2) - 2f(i,j+1) + f(i,j) \tag{7-21}$$

式(7-21)近似是以点 $(i,j+1)$ 为中心的,以点 (i,j) 为中心的近似为:

$$\frac{\partial^2 f}{\partial x^2} = f(i,j+1) - 2f(i,j) + f(i,j-1) \tag{7-22}$$

类似的有：

$$\frac{\partial^2 f}{\partial x^2} = f(i,j+1) - 2f(i,j) + f(i,j-1) \tag{7-23}$$

将式(7-22)和式(7-23)两式合并为一个算子,用近似的拉普拉斯算子模板表示：

$$\nabla^2 = \begin{bmatrix} 0 & 1 & 0 \\ 1 & -4 & 1 \\ 0 & 1 & 0 \end{bmatrix} \tag{7-24}$$

拉普拉斯算子用模板的形式表示,如图 7.20 所示。图 7.20(a)表示离散拉普拉斯算子的模板,图 7.20(b)表示其扩展模板,图 7.20(c)则分别表示其他两种拉普拉斯算子的实现模板。从模板形式容易看出,如果在图像中一个较暗的区域中出现了一个亮点,那么用拉普拉斯运算就会使这个亮点变得更亮。因为图像中的边缘就是那些灰度发生跳变的区域,所以拉普拉斯锐化模板在边缘检测中很有用。一般增强技术对于陡峭的边缘和缓慢变化的边缘很难确定其边缘线的位置。但此算子却可用二次微分正峰和负峰之间的过零点来确定,对孤立点或端点更为敏感,因此特别适用于以突出图像中的孤立点、孤立线或线端点为目的的场合。同梯度算子一样,拉普拉斯算子也会增强图像中的噪声,有时用拉普拉斯算子进行边缘检测时,可将图像先进行平滑处理。

0	1	0
1	-4	1
0	1	0

(a) 拉普拉斯运算模板

1	1	1
1	-8	1
1	1	1

(b) 拉普拉斯运算扩展模板

0	-1	0
-1	4	-1
0	-1	0

-1	1	-1
1	8	-1
-1	1	-1

(c) 拉普拉斯其他两种模板

图 7.20 拉普拉斯模板的四种形式

图像锐化处理的作用是使灰度反差增强,从而使模糊图像变得更加清晰。图像模糊的实质就是图像受到平均运算或积分运算,因此可以对图像进行逆运算,如微分运算能够突出图像细节,使图像变得更为清晰。由于拉普拉斯是一种微分算子,它的应用可增强图像中灰度突变的区域,减弱灰度的缓慢变化区域。因此,锐化处理可选择拉普拉斯算子对原图像进行处理,产生描述灰度突变的图像,再将拉普拉斯图像与原始图像叠加而产生锐化图像。拉普拉斯锐化的基本方法表示为：

$$g(x,y) = \begin{cases} f(x,y) - \nabla^2 f(x,y), & \text{掩模中心系数为负} \\ f(x,y) + \nabla^2 f(x,y), & \text{掩模中心系数为正} \end{cases} \tag{7-25}$$

这种简单的锐化方法既可以产生拉普拉斯锐化处理的效果,同时又能保留背景信息,将原图像叠加到拉普拉斯变换的处理结果中去,可以使图像中的各灰度值得到保留,使灰度突变处的对比度得到增强,最终结果是在保留图像背景的前提下,突显出图像中小的细节信息。

7.5.3 边缘增强的实验结果

通过拉普拉斯算子运算的图像边缘增强可以提高原始图像中某一部分的清晰度,使整体画面更加清晰,轮廓更明显,图像特定区域色彩也更加鲜明。特别是模糊的边缘部分得到了增强,边界更加明显。从图7.21中可以看出,在人脸戴有口罩时,呼气往往会导致眼镜起雾,经边缘增强后的图像清晰地显示出图中眼睛的边界和细节,整体画面也更加明亮。但是也存在缺点,图像之前显示清楚的地方经过滤波也发生失真。

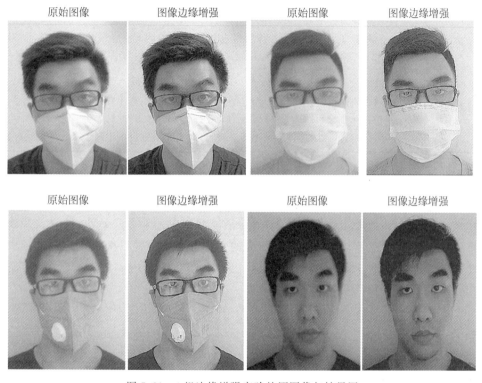

图7.21 4组边缘增强实验的原图像与结果图

7.6 小结

毫无疑问,在如今这个信息技术高速发展、生活日新月异的现代社会,各种信息技术已经渗透进了日常生活中,其中就包括图像处理技术。图像处理技术的重要性在前面第2章已经深入介绍了,而边缘检测作为这门技术的前提和重要一环,其作用是不言而喻的。

本章首先介绍了图像边缘,紧接着以边缘检测基本原理为依据对经典的一阶、二阶边缘检测算法进行了回顾,利用MATLAB对Roberts、Sobel、Prewitt、LoG、Canny这5种算子进行了仿真实验,最后结合拉普拉斯算子,在边缘提取的基础上进行边缘增强实验,取得了不错的效果。总结见表 7-1 所示。

表 7-1　仿真实验结果比较

算　　子	优　缺　点　比　较
Roberts	对具有陡峭的低噪声的图像处理效果较好,但利用 Roberts 算子提取边缘的结果是边缘比较粗,因此边缘定位不是很准确
Sobel	对灰度渐变和噪声较多的图像处理效果比较好,Sobel 算子对边缘定位比较准确
Prewitt	对灰度渐变和噪声较多的图像处理效果较好
LoG	LoG 算子经常出现双边缘像素边界,而且该检测方法对噪声比较敏感,所以很少用 LoG 算子检测边缘,而是用来判断边缘像素是位于图像的明区还是暗区
Canny	此方法不容易受噪声的干扰,能够检测到真正的弱边缘。在 edge 函数中,最有效的边缘检测方法是 Canny 算子。该方法的优点在于使用两种不同的阈值分别检测强边缘和弱边缘,并且仅当弱边缘与强边缘相连时,才将弱边缘包含在输出图像中。因此,这种方法不容易被噪声"填充",更容易检测出真正的弱边缘

　　尽管已经按计划完成了实验,但仍有许多地方有待改进。例如边缘增强部分,图像出来的效果并不是太理想,虽然边缘部分得到了增强,但图像原本清晰的部分会有失真。能否通过优化算法,来进一步改善边缘增强效果,是今后需要完善的地方。另外,目前大多数边缘提取算法只针对特定图像,当前边缘检测研究的主流方向依然是根据具体的应用要求找到一种普遍适应性的边缘检测方法,或者对现有的方法进行优化,进而得到满意的边缘检测效果。

参考文献

[1]　张凯丽,刘辉. 边缘检测技术的发展研究[J]. 昆明理工大学学报,2000,25(5):36-39.

[2]　田岩岩,齐国清. 基于小波变换模极大值的边缘检测方法[J]. 大连海事大学学报(自然科学版),2007(1):102-106.

[3]　CASTLEMAN K R. 数字图像处理[M]. 朱志刚,等译. 北京:电子工业出版社. 1998.

[4]　GONZALEZ R C,WOODS R E,EDDINS S L. 数字图像处理(MATLAB 版)[M]. 阮秋琦,等译. 北京:电子工业出版社,2005.

[5]　于昕梅,朱林. 图像视觉特征综述[J]. 计算机技术,2004(1):108-109.

[6]　熊秋菊,杨慕生. 图像处理中边缘检测算法的对比研究[J]. 机械工程与自动化,2009(2):21-23.

[7]　卢洋,张旭秀. 图像边缘检测算法的对比分析与研究[J]. 太原科技,2009(3):17-18.

[8]　赵志刚,管聪慧. 基于多尺度边缘检测的自适应阈值小波图像降噪[J]. 仪器仪表学报,2007(2):288-292.

[9]　李安安. 几种图像边缘检测算法的比较与展望[J]. 大众科技,2009(12):46-47.

[10]　XU X L，LIN Y S. Application of MATLAB in digital image processing［J］. Modern Computer，2005(5)：35-37.

[11]　任民宏.图像边缘检测算法的比较与展望［J］.中国科技信息，2007(4)：65-67.

[12]　王文峰，阮俊虎，等.MATLAB计算机视觉与机器认知［M］.北京：北京航空航天大学出版社，2017.

[13]　刘曙光，刘明远，等.基于Canny准则基数B样条小波边缘检测［J］.信号处理，2001，17(5)：418-423.

[14]　刘迪昱.超声图像的自适应边缘增强方法［D］.成都：四川大学，2006.

第8章

项目实战阶段一

8.1 最初的尝试

人类可以很轻松地识别、分辨出属于人脸的各种特征,这是属于生物的一项伟大能力,也是计算机上要实现的一个伟大目标,与机器视觉研究领域密切相关。因此,在机器视觉、人工智能等领域中关于人脸识别的研究一直都是重中之重。人脸作为一个人最重要的特点,具有直观性、不易复制性等性质,一直是身份鉴定的重要依据,可以用于网吧、宾馆等场所的身份确认、公共场所的监控等,提高人与计算机的交互性。不同于DNA、指纹、虹膜、声纹等检测方法,人脸识别具有速度快、直接、简便等优点,被广泛用于各种公共场所的身份认证系统中。但是由于近期疫情影响,在公共场所所有人都需要戴上口罩,遮挡了一半以上的面部,为传统的人脸识别造成了很大的影响,身份认证时需要取下口罩,存在很大的安全隐患。

现有的人脸识别系统主要是使用大数据和人工智能的方式来对采集到的人脸静态图像或者视频中的人脸和数据库中的人脸数据进行比对鉴别,这对采集到的人脸图像有很高的要求,不能存在过多的遮挡。疫情影响下,人人都戴上了口罩,传统的人脸识别系统的识别能力有限。

本章最主要的研究内容便是利用图像融合技术解决佩戴口罩后,人脸面部特征大部分缺失,能提供给计算机的数据所剩无几,机器视觉的执行效率较低的问题。利用图像融合技术可以将戴口罩的人脸和数据库中无遮挡的人脸进行融合,从而得到一个遮挡程度较低、较清晰的人脸图像,然后使用这个图像完成机器视觉的识别。本研究的基本假设是利用图像融合技术补充人脸识别技术的不足,为人类打赢疫情攻坚战贡献一份自己的力量。

8.2 从图像融合到人脸识别

8.2.1 问题背景与解决方案

人脸识别涉及了机器视觉、人工智能、图像分析处理等多个领域的知识,是计算机视觉中最典型的研究对象之一。被识别对象所处环境的光照、背景、遮挡物等因素都会对识别结果造成重大的影响,本章利用图像融合技术解决图像识别中遮挡物因素的影响。图像融合是众多图像处理技术中的一种,它能够用不同设备(或者同一个设备的不同模式)拍摄同一场景,或者从同一个设备拍摄的不同环境去获得同一场景。不同设备之间的工作模式、工作环境存在差异,所以获得的图像便可以去除冗余部分进行信息的互补。使用智能图像融合算法将这些图像合成到一起,便能得到结果更精确、包含细节更全面的图像。因为图像融合的这些优点,视频图像智能融合技术可以广泛地应用在各种需要图像处理的领域中。由于利用了不同设备数据的冗余互补特性,因此它能获得比单个传感器更好的跟踪性能。图像经过智能融合算法后,将会更加便于人或者机器来使用,能够更方便地研究图像信息。图像是人类对世界的一种采样方式,使用图像融合技术,能够综合利用现有的图像资源,使用智能算法,提取出这些图像中空间、时间最优的部分将其互补,可以获得对现实更加精确的描述。融合了多张图像后的图像互补了它们拥有的不同信息,这是原图像做不到的。

在对抗疫情的战役中,智能人脸识别技术起到了关键性作用。由于新冠肺炎在人群中传染性极高,公共场所是防控的重中之重,需要严格管控人口的出入。其中,智能人脸识别系统起到了不可缺少的关键作用,智能人脸识别技术在公共场合的疫情防控工作中地位可见一斑。图像融合技术便是解决人脸识别需要被识别对象不能有过多遮挡的关键技术。根据本章的假设使用了图像融合技术,可以在无须露出口鼻的情况下,对人脸进行精确的非接触式识别,有效地规避了公共场合中取下口罩进行人脸识别带来的风险。虽然 Adobe PS 之类的软件也能完成一定的图像处理,能够人工对图像进行拼接融合,但是这项工作极度耗时耗力而且人工的精度也不高,所以,必须采用一项效率高并且能保证精度的融合方法。MATLAB 软件包含了各种各样的函数以及强大的计算能力,可以实现各种智能图像融合算法,而且其编程简单快捷,能让用户减少在程序上付出的精力并专注于算法的研究,极大地提升研究效率。

8.2.2 解决方案的实现途径

目前,虽然距离人们第一次真正意义上使用图像融合已经过去了 40 年左右,但是总体来看人类在这一领域的研究还是处于刚刚起步的初级阶段,依然有很多的地方还需要进一步的研究分析。最紧要的问题仍然是在图像融合领域缺少一个全世界大一统的数学模型;另一个较明显的问题则是现在虽然已经有很多不同的融合算法,但是这些算法要么结果无法在大多情况下令人满意,要么处理速度达不到在现实中的实时应用。由此可以得出图像融合技术研究的两个大方向:寻找统一的数学模型和设计一种高效实时的处理算法。图像融合的主要目的有使图像变清晰、色彩校正、补充图像内缺失的特征等。使用的融合方法有明度、色彩、饱和度(HIS)变换、取大、取小、加权平均等,由于这几种方式未对原图像分解、变换,所以把它们归为早期图像融合。

早在 20 世纪 80 年代中期,人们就以图像金字塔为基础提出了几种图像融合算法,其中最经典的就是拉普拉斯金字塔图像融合,图像融合技术也开始在医学、测绘领域得到一定的使用。到了 20 世纪 90 年代,乘着小波变换技术的东风,图像融合技术也开始使用小波变换技术,图像融合研究技术飞速发展,在机器视觉、都市交通管制、雷达图像处理等之前无法想象的地方得到了广泛运用。

图像融合技术最早是在 1979 年,Daliy 等在解释地质学问题时巧妙地把雷达图像和 LandsatMSS 结合在一起分析,这种对两幅图像的结合在今天被认为是最早的图像融合运用。到了 1981 年,Tod 和 Lane 尝试了 MSS 图像数据和 Landsst-RBV 的融合实验。20 世纪 80 年代末,人类的目光逐渐汇聚到了图像融合这一新兴领域上,逐渐开始正视这项技术,并把它用在了遥感多光谱图像处理上。1990 年之后,人类向太空发射了大量卫星,乘着这股东风,图像融合在遥感图像的处理上大显身手,一度成为当时的热门项目。

20 世纪 80 年代末,图像融合技术正式走入了寻常的图像处理中。1990 年之后,人类在图像融合领域的研究热情逐步高涨,应用领域也不断变广,覆盖红外图像处理、普通照片处理、医学影像等。近几年,图像融合技术更是随着 AI 技术的发展在机器视觉领域大展拳脚。

总体来看,对图像融合领域的研究还处于刚起步的初级阶段,依然有很多地方需要进一步的研究分析。最紧要的问题是在图像融合领域缺少大一统的数学模型。另外,虽然现在已经有很多不同的融合算法,但是这些算法要么结果无法令人满意,要么处理速度达不到现实的实时应用要求,缺少创新性的技术突破。我国图像融合技术研究虽然起步较晚,但是经过国内研究机构和高校的长期研究和探讨,各项成果已经由最初的理论阶段,发展形成了一系列成熟的软硬件。

下面将借助 MATLAB,利用其 GUI 功能编写一个具有灰度加权平均融合、灰度取大融合、灰度取小融合、PCA 融合、小波变换融合和拉普拉斯金字塔融合等 6 种视频图像融合算法功能的图像融合系统,利用这个系统对几组戴口罩和不戴口罩的图像数据进行融合。最后使用自己收集的数据完成 6 种图像融合实验,对实验结果进行分析,论证图像融合技术在人脸识别中应用的可能性。

MATLAB 软件中内置了各种研究要用到的专业函数,并且可以把计算结果以图表等方式展示在用户面前,这些特性决定了 MATLAB 在数学建模、系统控制、数学计算等专业领域得到广泛使用,可以说是工科研究中不可或缺的工具。

M 语言是 MATLAB 编写程序的主要方式,它是属于 MATLAB 的一种高级编程语言。不同于 C、Python 等常用的语言,M 语言可以让用户使用类似写数学公式的方式完成程序的编写,其特点便是简单快捷、易于上手,能大大降低学习编程的难度,提高用户的研究效率。

为了保持思维连续性,先回顾一下 MATLAB GUI 的设计过程。考虑项目实战阶段的需要,将在第 1 章基础上对 GUI 编辑器的用法做更全面的解读。

GUI(Graphical User Interfaces)功能能够让用户自己创建一个操作界面。GUI是一个类似于 Windows 应用软件的图形交互界面,拥有按钮、文本框、对话框、菜单等交互式界面。GUI 最强大的地方在于它能让用户随心所欲地编写操作界面,而不是使用枯燥且不直观的命令行方式交互。MATLAB 软件拥有大部分能想到的窗口界面需要的组件,并且 MATLAB 还提供了更改外观、行为、属性等调试方式。

用 GUIDE 编辑器设计操作界面,比普通编程的方式更简单,不用增加额外的编程学习成本,可以增强操作性。在 GUIDE 编辑器中能够很方便地创建 GUI。输入 guide,然后按下 Enter 键,简单两步就能打开 GUIDE 编辑器。在 MATLAB R2019a 中,GUIDE 编辑界面为如图 8.1 所示的"GUIDE 快速入门"对话框,它有 4 种模板。

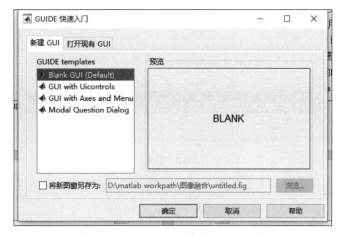

图 8.1 "GUIDE 快速入门"对话框

(1) Blank GUI:空模板,没有预设任何东西,所有功能都要自己添加。

(2) GUI with Uicontrols:包含一个已经设计好的对象,具有一定的计算功能。

(3) GUI with Axes and Menu:有一个具有输出和计算功能的对象。

(4) Modal Question Dialog:包含对话框的模板。

下面采用 Blank GUI 建立一个新的界面,选择 Blank GUI 后,单击"确定"按钮,即可得到如图 8.2 所示的界面。

打开 GUIDE 编辑器界面后就可以开始 GUI 的设计了,如图 8.2 所示,在 GUIDE 编辑器中,左侧有用户可选的 Uicontrol 对象。只需要单击任意一个对象后,在中间的窗口使用鼠标就可进行缩放、移动等操作,就可以轻松地完成建立对象。如图 8.3 所示,用鼠标选取"普通按钮"对象后,在 GUIDE 编辑器内使用鼠标在合适的位置放置即可。"可编辑文本""静态文本"等的建立方式与"普通按钮"的相同。用户建立完对象后,在已经建立的对象上单击可以选中该对象作为当前对象,然后就可对选中对象的大小位置进行修改,修改方式与 Office Word 中修改图像大小位置的方式相同。

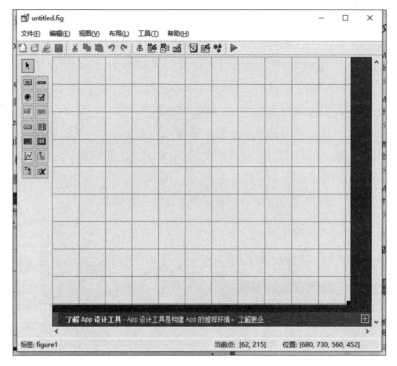

图 8.2　GUIDE 编辑界面

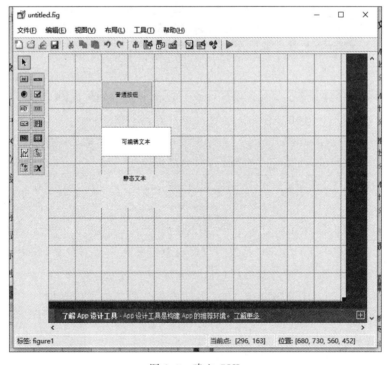

图 8.3　建立 GUI

对象建立完成后,双击任意一个对象可修改属性,如图8.4所示,对象的属性查看器中包含了这个对象可以进行设置的所有属性及属性名称。

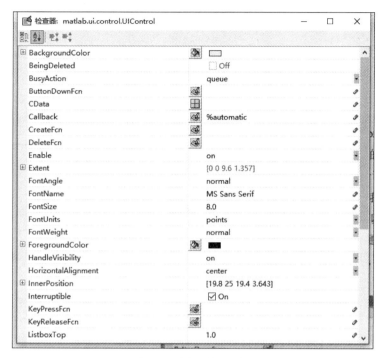

图 8.4　对象属性查看器

例如,要将图8.3所示界面内的"普通按钮"对象的字形改为粗体字,在该属性检查器中单击 Font Weight 的"下拉"按钮,选取其中的 bold 选项就可以将字体改为粗体字。若要修改按钮的名称,编辑 string 的内容,和修改 Font Weight 的做法一样,但由于 string 中的内容是对象的名称,因此将原本的属性值"普通按钮"删除后再键入用户想要的按钮名称就行。

在 GUIDE 中设置对象属性是很方便的,设计者仅需了解该属性的用途以及各交互对象间之间的关系,不需要去记下完整属性,并且拥有可以直接交互的界面对各对象属性进行修改,这样可以节省很多属性设计的时间,能够快速地建立一个合适的图形界面。

8.3　人脸图像融合原理

8.3.1　融合技术的三个层次

图像融合算法可以大致分为像素、特征、决策三级。

1. 像素级融合

像素级属于图像融合的底层,基于像素的融合是在逐个像素的基础上直接执行融合。

生成的融合图像具有源图像中的每个像素准确的相关信息,像素级融合算法是保留原图信息最多的算法,所以可以改善图像处理任务的性能。其优点是图像信息几乎完整,像素信息丢失较少。缺点是像素级融合算法要处理的信息较多,严重影响计算速度;而且若图像中存在噪声,融合后有可能将噪声当作图像的信息保留下来,在视频图像融合跟踪数帧之后,这种误差逐渐叠加,会导致最终目标结果的漂移。现在大部分的图像融合算法都处于像素级融合上,可以实现被融合的对象在空间上的精确匹配。

2. 特征级融合

特征级融合在图像融合算法属于中层。它基于原始图像的边缘、形状和轮廓等信息实现图像融合。首先,计算图像的像素信息统计量,从多源传感器图像提取特征信息,如形状、边缘位置、纹理等,再进行综合图像处理,提取出图像的各项特征信息,得出需要的特征向量;然后,再将这些特征向量使用一定的算法融合,为之后要做的决策级融合做准备;最后,利用融合特征信息进行相应的操作。基于特征的融合是在提取图像特征中进行融合,具有实时操作性且信息压缩后重要信息丢失较少,但也避免不了环境噪声对融合结果的影响。在对原图像的空间对准度要求上,特征级融合不如像素级融合严格,图像采集设备也允许分布在不同地方。

3. 决策级融合

决策级融合在图像融合算法属于最高层次。对每个视频图像进行特征提取是决策级融合算法的先决条件,这些特征可以是颜色、灰度、纹理、角点、运动等基本特征,也可以是通过生成式和判别式对图像进行建模,将其做分类、识别等处理,之后将生成的相应结果用融合对应规则去进行融合,全局最优决策就是采用融合的最后结果。决策级融合处理的目标是图像提取后的特征数据,因此它拥有抗干扰程度强、需要计算数据少、实时性最好的优势,缺点是损失的像素信息最多。

8.3.2　算法思想与建模过程

目前,图像融合的主要层级还是像素级和特征级。下面介绍常见的几种融合方式:灰度加权平均融合、灰度取大融合、灰度取小融合、拉普拉斯金字塔融合、小波变换融合以及主成分变换(PCA)融合。

1. 灰度加权平均、取大、取小融合

灰度加权平均、取大、取小融合是最基础的图像融合算法,它实现简单、运算速度快,可以提升图像的信息噪声比例。但是这种方案可能会丢失一些图像细节,改变图像的对比度,还可能会让图像的边缘变得模糊,无法在大多数情况都让人满意。

灰度化处理就是将一幅色彩图像转化为灰度图像的过程。彩色图像分为 R、G、B 三个分量,分别显示出红绿蓝等各种颜色,灰度化就是使彩色的 R、G、B 分量相等的过程。灰度值大的像素点比较亮(像素值最大为 255,即白色),反之比较暗(像素值最小为 0,即黑色)。

（1）加权平均值法。按照一定的权值，对 R、G、B 的值加权平均，即：

$$R = G = B = \frac{\omega_R R + \omega_G G + \omega_B B}{3}$$

其中，ω_R，ω_G，ω_B 分别为 R，G，B 的权值，取不同的值形成不同的灰度图像。由于人眼对绿色最为敏感，红色次之，对蓝色的敏感性最低，因此使 $\omega_G > \omega_R > \omega_B$ 将得到较易识别的灰度图像。一般 $\omega_R = 0.299$，$\omega_B = 0.587$，$\omega_G = 0.114$ 得到的灰度图像效果最好。

（2）加权平均融合。对原图像的像素值直接取相同的权值，然后进行加权平均得到融合图像的像素值，例如要融合两幅图像 A、B，那它们的融合后图像的像素值 $A \times 50\% + B \times 50\%$。

（3）最大值法。使转化后的 R、G、B 的值等于转化前 3 个值中最大的一个，即：

$$R = G = B = \max(R, G, B)$$

（4）灰度取大（取小）融合。融合的两幅原图像分别为 A、B，图像大小分别为 $M \times N$，融合图像为 F，则针对原图像 A、B 的像素灰度值选大（或小）图像融合方法可表示为：

$$F(m, n) = \max(\text{or min})\{A(m, n), B(m, n)\}$$

其中，m，n 分别为图像中像素的行号和列号。在融合处理时，比较原图像 A、B 中对应位置 $(m、n)$ 处像素灰度值的大小，以其中灰度值大（或小）的像素作为融合图像 F 在位置 (m, n) 处的像素。这种融合方法只是简单地选择原图像中灰度值大（或小）的像素作为融合后的像素，对融合后的像素进行灰度增强（或减弱），因此该方法的实用场合非常有限。

2. 拉普拉斯金字塔融合

图像金字塔是将原始图像按一定规则分解成多张不同规格的子图像，由于分解后的子图像较大的在底层较小的在上层，所以被称作图像金字塔。拉普拉斯金字塔就是图像金字塔的一种。文中用到的方法是先构造两幅原图像的拉普拉斯图像金字塔，之后按照一定算法融合它们，最后使用逆算法重构还原出融合结果。

拉普拉斯金字塔实际上是高斯金字塔的一种补充。使用原图像作为高斯金字塔的第零层，对其卷积模糊，把得到的结果图像向下采样（本章采用方法为删去图像的偶数行和列），就能得到上一层的图像，把得到的图像再一次卷积模糊、向下采样，重复多次，就能得到高斯金字塔。

在生成高斯金字塔的过程中，不难看出在一次次模糊下采样中会不断地丢失细节，拉普拉斯金字塔就是为了改善这部分而诞生的。简单来说，就是对高斯金字塔下采样后的层再进行上采样，比较上采样结果和原图像的差值，就得到了每一层的图像。图像融合的步骤是先对两个拉普拉斯金字塔进行融合，再将其逆推成高斯金字塔，最后使用逆算法重构，就能取得融合结果。

在图像处理和机器视觉类工作中，常常需要用到原图像的各种大小的子图像，通过高斯金字塔就可以获取这些子图像。将一幅图像不断地逐级向下采样就能得到一个高斯金字塔，如图 8.5 所示。

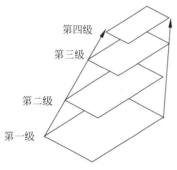

第一级
第二级
第三级
第四级

图 8.5　高斯金字塔示意图

原图像放在金字塔的最下层,越接近顶层的图像会变得越小,高斯金字塔便是由这些图像构成的。使用 P_0 代表原图,第 n 次下采样的结果用 P_n 表示,高斯金字塔的计算表达式为:

$$P_n = \text{Down}(P_{n-1}) \tag{8-1}$$

其中,Down 是指高斯金字塔下采样算法,下采样使用删去图像中的偶数行列的方式完成,这样处理后图像的边长为原来的二分之一,面积为缩小到四分之一。由此不难看出,下采样后,图像包含的细节越来越少,得到的子图像也变得越来越模糊。

拉普拉斯金字塔用于重建图像,也就是预测残差,对图像进行最大程度的还原。拉普拉斯金字塔中存储的东西就是高斯金字塔生成中丢失的细节。有高斯金字塔中的随意一层图像 P_n(P_0 为最清晰的原图像),对其进行下采样计算得到下采样结果 $\text{Down}(P_n)$,然后对这个下采样结果进行上采样得到 $\text{Up}(\text{Down}(P_n))$,$\text{Up}(\text{Down}(P_n))$ 与 P_n 是完全不一样的,因为下采样过程中删去的行列部分无法通过简单的逆变换就凭空恢复,需要记录下被删去的行和列才能完美恢复这一过程。

想要从下采样图像 $\text{Down}(P_n)$ 中完整地恢复出原图像 P_n,上采样图像 $\text{Up}(\text{Down}(P_n))$ 与原图像 P_n 之间的差值是必要条件,将这个差值记录下来,就是拉普拉斯金字塔算法的核心思想。

拉普拉斯金字塔就是用来存储高斯金字塔下采样图像简单的逆变换后与其原本的差值,利用这个差值就能完整地恢复出下采样之前的图像。拉普拉斯金字塔运算简单的表达式为:

$$L_n = P_n - \text{Up}[\text{Down}(P_n)] \tag{8-2}$$

式(8-2)表示拉普拉斯金字塔的一层图像是对应层的高斯金字塔图像的上采样图像与其上一层原图像进行差值运算的结果。

拉普拉斯金字塔实际上是由上面的残差图像组成的金字塔,它为还原图像做准备。求得每个图像的拉普拉斯金字塔后需要对相应层次的图像进行融合,最终还原图像。拉普拉斯金字塔如图 8.6 所示。

3. 小波变换融合

小波变换能够在分解图像中保留所有信息,并把原图像按照一定的规则分解成许多小图像。之后把每个小图像按照对应的位置进行融合,待所有的内容完成融合后,最后做一次逆小波变换,就能得到融合的结果。小波是定义在有限间隔且平均值为 0 的函数。

小波变换是把一个信号分解成由原始小波经过位移和缩放后的一系列小波,因此小波是小波变换的基函数。小波变换的数学公式为:

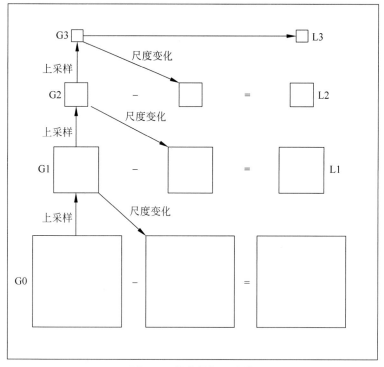

图 8.6 拉普拉斯金字塔

$$F(w) = \int_{-\infty}^{\infty} f(t) \mathrm{e}^{-\mathrm{i}wt} \, \mathrm{d}t \tag{8-3}$$

$$WT(a, \tau) = \frac{1}{\sqrt{a}} \int_{-\infty}^{\infty} f(t) \psi\left(\frac{t - \tau}{a}\right) \mathrm{d}t \tag{8-4}$$

其中, a 为尺度; τ 为平移量。尺度 a 和平移量 τ 分别决定的是函数的伸缩与平移,分别对应于频率(反比)和时间。小波变换融合过程如图 8.7 所示,也可以利用小波变换分解处理再重构的思想,简化为图 8.8 的形式。

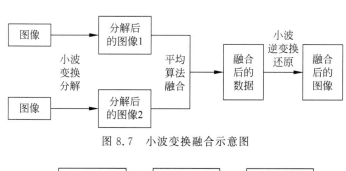

图 8.7 小波变换融合示意图

图 8.8 小波分解融合再重构

4. PCA 融合

PCA 变换有很多名字,它也被叫作 K-L 变换、霍特灵变换等,它的中心思想是使用"线性投影"的方式,把原数据投影到新的坐标中。这么做可以使投影后的各个主成分分量之间各不相关,而且新的成分会按照信息的多少进行排列,编号为 1 的主成分拥有最多的信息,后面编号越高的主成分,信息包含越少。融合的根本思路是先对图像进行变换,之后使用经过拉伸的拥有高分辨率的图像去代替之前的第一主成分进行逆变换。经过融合后的图像分辨率更高,包含的细节也会更多。总之,PCA 就是在尽量减少数据丢失的情况下,用线性变换把数据投影到低维子空间,图 8.9 为 PCA 融合的简单示意图。

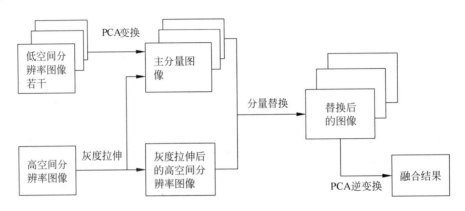

图 8.9　PCA 图像融合示意图

PCA 变换的推导过程如下:

$$样本\ \boldsymbol{x}_i = \left[x_{i1}, x_{i2}, x_{i3}, \cdots, x_{iM}\right]_{1,M}$$

$$数据集\ \boldsymbol{X} = \left[x_1, x_2, x_3, \cdots, x_N\right]_{N,M}$$

$$样本\ \boldsymbol{v}_i^{\mathrm{T}} = \left[v_{i1}, v_{i2}, v_{i3}, \cdots, v_{iM}\right]_{1,M}$$

$$矩阵\ \boldsymbol{V}^{\mathrm{T}} = \left[v_1, v_2, v_3, \cdots, v_J\right]_{M,J}$$

首先构建条件,假设数据集 $\boldsymbol{X}$ 已经去中心化,使用 $\boldsymbol{X}$ 与 $\boldsymbol{V}$ 进行点积运算表示线性变换,再计算此时的方差:

$$S = (\boldsymbol{V}^{\mathrm{T}}\boldsymbol{X})(\boldsymbol{V}^{\mathrm{T}}\boldsymbol{X}) = \boldsymbol{V}^{\mathrm{T}}\boldsymbol{X}\boldsymbol{X}^{\mathrm{T}}\boldsymbol{V} \tag{8-5}$$

在得到最大的方差同时满足 $\boldsymbol{V}$ 是由单位向量构成的,可列出:

$$\max \boldsymbol{V}^{\mathrm{T}}\boldsymbol{X}\boldsymbol{X}^{\mathrm{T}}\boldsymbol{V} \tag{8-6}$$

$$\mathrm{s.t.}\ \boldsymbol{V}^{\mathrm{T}}\boldsymbol{V} = 1 \tag{8-7}$$

用拉格朗日乘子法,可得:

$$L(\boldsymbol{V}, \lambda) = \boldsymbol{V}^{\mathrm{T}}\boldsymbol{X}\boldsymbol{X}^{\mathrm{T}}\boldsymbol{V} - \lambda(\boldsymbol{V}^{\mathrm{T}}\boldsymbol{V} - 1) \tag{8-8}$$

求导,得:

$$\begin{cases} \dfrac{\partial \boldsymbol{L}}{\partial \boldsymbol{V}} = 2\boldsymbol{X}\boldsymbol{X}^{\mathrm{T}}\boldsymbol{V} - 2\lambda\boldsymbol{V} = 0 \\[2mm] \dfrac{\partial \boldsymbol{L}}{\partial \lambda} = -\boldsymbol{V}\boldsymbol{V}^{\mathrm{T}} + 1 = 0 \end{cases} \qquad (8\text{-}9)$$

解得:

$$\boldsymbol{X}\boldsymbol{X}^{\mathrm{T}} \cdot \boldsymbol{V} = \lambda \boldsymbol{V} \qquad (8\text{-}10)$$

此时可以发现,式(8-10)是求特征值和特征矩阵的公式,其中 λ 为特征值,$\boldsymbol{V}$ 为特征向量。等式两边同时乘 $\boldsymbol{V}^{\mathrm{T}}$,可得:

$$\boldsymbol{V}^{\mathrm{T}}\boldsymbol{X}\boldsymbol{X}^{\mathrm{T}} \cdot \boldsymbol{V} = \lambda \boldsymbol{V}^{\mathrm{T}}\boldsymbol{V} = \lambda \qquad (8\text{-}11)$$

由此,可得出以下结论。

(1) 特征值 λ 可以表示方差 $\boldsymbol{S}$。

(2) $\boldsymbol{X}\boldsymbol{X}^{\mathrm{T}}$ 的特征向量是 $\boldsymbol{V}$。

(3) 目标是线性变换规则 $\boldsymbol{V}$。

PCA算法的优点主要包括以下几点。

(1) 信息量只使用方差来比较,这样就不会受到外界干扰。

(2) 主成分之间为正交的关系,能抵消原始数据间的相互干扰。

(3) 运算简单易懂,步骤也很简洁。

PCA算法的主要缺点有以下两点。

(1) 主成分的特征维度在一定程度上是模糊的,解释性比不上原始数据。

(2) 方差小的非主成分也可能含有对样本差异的重要信息,因降维丢弃可能对后续数据处理有影响。

8.3.3 技术实现的主要步骤

结合国内外的各种研究报告,可以发现,不论使用哪种融合方法,待融合的两幅图像间的对应像素必须要对齐,所以融合步骤如图8.10所示。

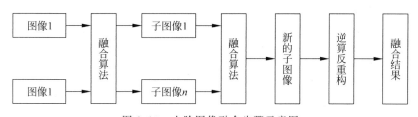

图 8.10 人脸图像融合步骤示意图

(1) 把采集到的数据进行预处理,包括统一格式、分辨率等工作。

(2) 将图像按照实验计划输入图像融合系统中。

（3）使用 6 种算法进行融合，并记录好结果。

（4）将结果整理，对比各种算法的融合效果并分析总结。

8.4　技术开发系统及代码

8.4.1　图形用户界面设计

在 MATLAB 的 GUIDE 编辑器中，按照设计绘制出文本框、按钮、坐标轴等必要组件，调整大小、位置、颜色和布局，并且完成各组件属性的修改。最后的结果如图 8.11 所示。最后在 M 文件中编写各个组件的 callback 调用函数，这样就完成了图像融合系统的设计。

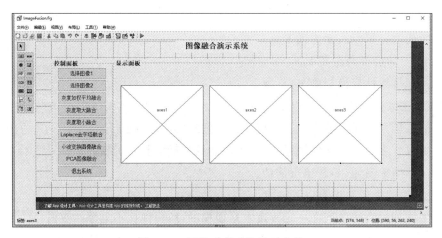

图 8.11　图像融合系统界面布局

8.4.2　图形用户界面调试

系统运行后如图 8.12 所示。

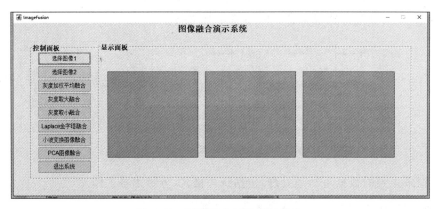

图 8.12　图像融合系统运行示意

单击"选择图像 1"和"选择图像 2"按钮便能够自由地选择本地图像输入,如图 8.13 所示。

图 8.13 图像选择示意

完成图像选择后,系统界面如图 8.14 所示。

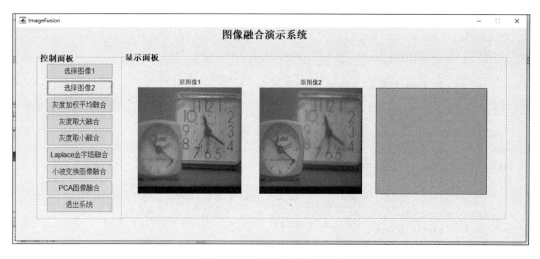

图 8.14 选择完图像后示意

此时单击菜单中任意一个图像融合算法就能完成图像融合,如图 8.15 所示。

图 8.15　PCA 融合演示

8.4.3　技术核心代码展示

```
function varargout = ImageFusion(varargin)
gui_Singleton = 1;
gui_State = struct('gui_Name', mfilename, ...
    'gui_Singleton', gui_Singleton, ...
    'gui_OpeningFcn', @ImageFusion_OpeningFcn, ...
    'gui_OutputFcn', @ImageFusion_OutputFcn, ...
    'gui_LayoutFcn', [] , ...
    'gui_Callback', []);
if nargin && ischar(varargin{1})
    gui_State.gui_Callback = str2func(varargin{1});
end
if nargout
[varargout{1:nargout}] = gui_mainfcn(gui_State, varargin{:});
else
    gui_mainfcn(gui_State, varargin{:});
end

function InitAxes(handles)
clc;
axes(handles.axes1); cla reset;
set(handles.axes1, 'XTick', [], 'YTick', [], ...
    'XTickLabel', '', 'YTickLabel', '', 'Color', [0.7020 0.7804 1.0000], 'Box', 'On');
axes(handles.axes2); cla reset;
set(handles.axes2, 'XTick', [], 'YTick', [], ...
    'XTickLabel', '', 'YTickLabel', '', 'Color', [0.7020 0.7804 1.0000], 'Box', 'On');
axes(handles.axes3); cla reset;
set(handles.axes3, 'XTick', [], 'YTick', [], ...
    'XTickLabel', '', 'YTickLabel', '', 'Color', [0.7020 0.7804 1.0000], 'Box', 'On');

function pushbutton1_Callback(hObject, eventdata, handles)
```

```
function pushbutton2_Callback(hObject, eventdata, handles)
function pushbutton3_Callback(hObject, eventdata, handles)
function pushbutton4_Callback(hObject, eventdata, handles)
function pushbutton5_Callback(hObject, eventdata, handles)
function pushbutton6_Callback(hObject, eventdata, handles)
function pushbutton7_Callback(hObject, eventdata, handles)
function pushbutton8_Callback(hObject, eventdata, handles)
function pushbutton9_Callback(hObject, eventdata, handles)
choice = questdlg('确定要退出系统?', ...
    '退出', ...
    '确定','取消','取消');
switch choice
    case '确定'
        close;
    case '取消'
        return;
end
```

8.5　技术模块化实现过程

8.5.1　模块化思路分析

图像融合的方法大致可以分为两类,即灰度图像和 RGB 彩色图像之间融合,以及图像灰度之间融合。而灰度图像间融合可以采用简单方法,对两张图像的灰度做取大、取小、加权平均操作;或者利用图像金字塔分解、融合、重构的方法,其效果远优于简单融合方法,但是也会存在一些不令人满意的地方;最后一种方法则是近几年研究的热点,基于小波变换的图像融合,在各个层级上针对特征域融合,其效果比图像金字塔更好。

根据本章的基本假设,图像融合系统模块化的思路是分别将各种图像融合算法封装到8.4 节设计的技术开发系统中。此系统可用于实现监控系统有遮挡人脸图像和数据库无遮挡人脸图像的融合,降低实时获取的人脸遮挡率,满足人脸识别系统的要求。

8.5.2　基础融合技术模块

灰度加权平均、取大、取小融合是最简单直接的图像融合算法。它的算法简单,运行效率高,速度快,能够一定程度地提高图像的信噪比。但是由于这种方法过于简单,存在丢失图像细节、改变图像对比度、让图像的边缘变模糊等问题,无法在大多情况下都取得让人满意的结果。

1. 灰度加权平均融合程序

```
if isequal(handles.I_origin1, 0) || isequal(handles.I_origin2, 0)
```

```
    return;
end
I1 = handles.I_origin1;
I2 = handles.I_origin2;
if ~isequal(size(I1), size(I2))
    msgbox('图像尺寸不同无法融合', '提示信息');
    return;
end
I3 = mat2gray(double(handles.I_origin_rgb1) + double(handles.I_origin_rgb2)/2);
axes(handles.axes3);
imshow(I3, []);
title('灰度加权平均融合');
```

2. 灰度取大融合程序

```
if isequal(handles.I_origin1, 0) || isequal(handles.I_origin2, 0
    return;
end
I1 = handles.I_origin1;
I2 = handles.I_origin2;
if ~isequal(size(I1), size(I2))
    msgbox('图像尺寸不同无法融合', '提示信息');
    return;
end
I3 = mat2gray(max(handles.I_origin_rgb1, handles.I_origin_rgb2));
axes(handles.axes3);
imshow(I3, []);
title('灰度取大融合');
```

3. 灰度取小融合程序

```
if isequal(handles.I_origin1, 0) || isequal(handles.I_origin2, 0)
    return;
end
I1 = handles.I_origin1;
I2 = handles.I_origin2;
if ~isequal(size(I1), size(I2))
    msgbox('图像尺寸不同无法融合', '提示信息');
    return;
end
I3 = mat2gray(min(handles.I_origin_rgb1, handles.I_origin_rgb2));
axes(handles.axes3);
imshow(I3, []);
title('灰度取小融合');
```

8.5.3 高级融合技术模块

1. 拉普拉斯金字塔融合

图像金字塔就是把一个图像向下采样,然后在可视化的时候进行排列,高分辨率的排在下面,低分辨率的排在上面。基于图像金字塔的融合便是用两个待融图像的图像金字塔,每一层按照一定规则进行融合,得到的融合图像金字塔再按照金字塔的逆生成过程进行变化重构,最后得到融合图像。

拉普拉斯金字塔是对高斯金字塔的一个补充、完善。高斯金字塔是最基本的图像金字塔,把待分解的图像作为金字塔的底层,然后先使用"高斯核"对图像进行卷积模糊,再按照删去偶数行列的规则向下采样,就得到了第二层的图像。重复这一步骤多次,就得到了高斯金字塔。

在构建高斯金字塔的过程中,随着向下采样的进行,图像会越来越模糊,同时由于向下采样的过程中删去了一部分信息,下采样的过程删去的行列部分无法通过简单的逆变换恢复,这是一个不可逆的过程。想要从下采样图像中还原出原图,下采样图像的上采样图与原图的差值是必不可少的条件,这个思想就是拉普拉斯金字塔的算法核心。将需要的差值一层层按顺序记录下来,就得到了拉普拉斯金字塔的各层图像。

先用 mat2gray 函数对两张图像归一化处理得到处理后的 I1、I2,用 if (floor(z/2) $\sim$ = z/2)得到图像的行列的奇偶,若 z、s 为奇数,ew(1)、ew(2)=1;若 z、s 为偶数,ew(1)、ew(2)=0。如果行列中有奇数,则用语句"M1=adb(M1,ew);"复制奇数的行或者列的最后一行或一列,使之变为偶数。使用语句"conv2(conv2(es2(M1,2), w, 'valid'),w, 'valid');"对图像进行卷积滤波,再用语句"conv2(conv2(es2(undec2(dec2(G1)), 2), 2 * w, 'valid'), 2 * w', 'valid');"对图像插值,最后存储、整合、选取有效区域后输出图像。

2. 小波变换融合

基于小波变换的图像融合是图像融合研究的一个热点,它利用人眼对局部的对比度变化比较敏感的特点,在待融合的两幅图像中选出最显著的一些特征,然后将这些特征保留在最终的结果中,提高了高频部分的频率分辨率。

先将两张图像使用语句"M1=mat2gray(handles. I_origin_rgb1(:,:,i));"进行归一化处理后进行小波变换,分解输入参数 zt = 2;wtype = 'haar';使用 wavedec2 函数进行小波变换分解(函数功能是实现图像的多尺度分解,格式为[c,s]=wavedec2(X,N,'wname');函数输出为 c、s,c 为各层分解系数,s 为各层分解系数长度,也就是大小)。后使用语句"Coef_Fusion(1:s1(1,1) * s1(1,2)) = (c0(1:s1(1,1) * s1(1,2))+c1(1:s1(1,1) * s1(1,2)))/2;"对小波分解后的两张图像求加权平均,将数据整合后,取大进行融合,最后使用语句"waverec2(Coef_Fusion,s, wtype);"进行重构,输出图像。

3. PCA 融合

PCA 图像融合是指对若干个低分辨率图像进行 PCA 变换,对一个高分辨率图像进行灰度拉伸,使这两种变换后的图像的灰度均匀值一样。然后用拉伸后的图像替换 PCA 变换后的第一分量图像。最后再进行一次 PCA 逆变换就能得到融合后的图像。

PCA 融合主要代码如下所示。

```
%先定义 RGB 和熵的清晰度描述并初始化,整合之后将数据类型改为双精度数据使用.
for i = 1 : rs
for j = 1 : cs
%生成由 R、G、B 组成的三维列向量.
up_S = [up_R(i,j),up_G(i,j),up_B(i,j)]';
up_Mx = up_Mx + up_S;
low_S = [low_R(i,j),low_G(i,j),low_B(i,j)]';
low_Mx = low_Mx + low_S;
end
end
%生成由 RGB 组成的三维列向量之后叠加计算 RGB 各列向量的总和.再用
up_Mx = up_Mx / (rs * cs);
low_Mx = low_Mx / (rs * cs);
        %求三维列向量的平均值,转置矩阵后再计算三维列向量的平均值.之后使用
up_Cx = up_Cx / (rs * cs) - up_Mx * up_Mx';
low_Cx = low_Cx / (rs * cs) - low_Mx * low_Mx';
```

计算协方差,协方差矩阵的特征向量组成的矩阵,即 PCA 变换的系数矩阵,特征值,之后生成由 R、G、B 组成的三维列向量,再对每个像素点按照特征值从大到小的顺序,进行 PCA 变换正变换,最后再次用:

```
up_Y = [up_R(i,j),up_G(i,j),up_B(i,j)]';
```

生成由 R、G、B 组成的三维列向量后,对每个像素点进行 PCA 逆变换,整合归一化后便可输出 PCA 融合图像。

8.6　人脸融合实验结果

使用同一个人脸不同的遮挡情况进行融合是模拟人脸识别系统将采集到的有遮挡的人脸和数据库中对应清晰无遮挡人脸进行融合匹配的情况。用部分被遮挡的人脸和清晰的人脸进行融合得到一个能被人脸识别系统成功识别的较清晰人脸图像,如图 8.16 和图 8.17 所示。

使用不同的人脸图像进行融合模拟人脸识别系统匹配到的融合数据不为同一人的情况,实验结果和同一人之间融合的结果差别很大,甚至可能得到比遮挡人脸更模糊的图像。

从结果不难看出,只有当被融合的两张人脸为同一个人时,得到的融合结果才能被人脸

原图像1 原图像2

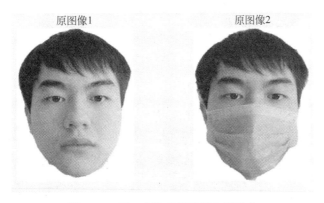

图 8.16 同一人物有无遮挡之间融合

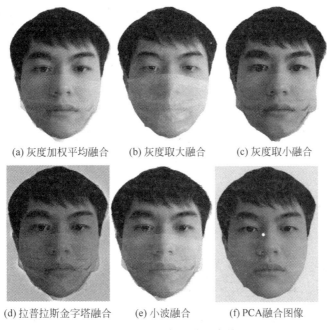

(a) 灰度加权平均融合 (b) 灰度取大融合 (c) 灰度取小融合

(d) 拉普拉斯金字塔融合 (e) 小波融合 (f) PCA融合图像

图 8.17 同一人物人脸融合结果

识别系统识别,这在一定程度上避免了在戴口罩情况下被识别成其他人的可能性,侧面证明了图像融合技术在人脸识别中的可靠性。

把以上的人脸融合结果使用简单的 MATLAB 人脸融合识别代码进行人脸识别,便可以得出融合后的人脸在机器视觉中的识别效果。

有遮挡的图像进行人脸识别,图像处理如图 8.18 所示。

对于相同人物的人脸选取效果较好的拉普拉斯金字塔图像融合(见图 8.19)结果进行测试。

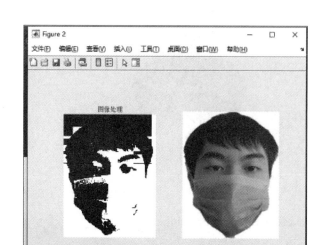

图 8.18　有遮挡的人脸识别

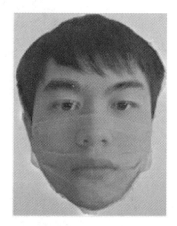

图 8.19　相同人物的拉普拉斯
金字塔图像融合

测试结果如图 8.20 所示。

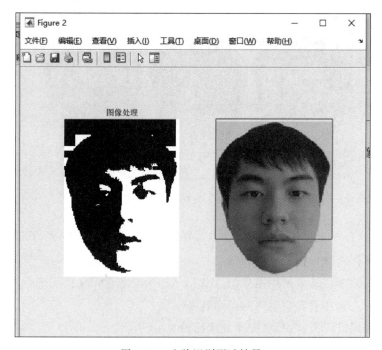

图 8.20　人脸识别测试结果

可见经过融合处理的被遮挡图像已经能被人脸识别算法成功识别,如图8.20右侧方框部分所示。再使用不同人脸融合结果进行人脸识别算法测试,选用的图像为较清晰的小波变换融合结果,如图8.21所示。人脸识别结果如图8.22所示。

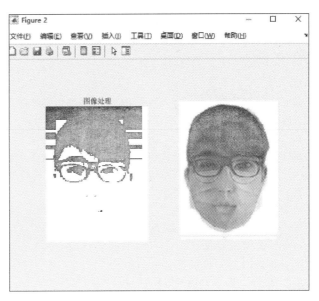

图 8.21　不同人脸小波变换融合　　　　图 8.22　不同人脸融合结果的人脸识别

不难看出,图像融合技术在人脸识别中有一定效果,可以达到辅助人脸识别的要求。

8.7　小结

图像融合是图像处理技术中的一项关键技术,被广泛地用于医学影像、制造业、图像拼接、机器视觉等领域。如今随着人工智能技术的发展,在很多场合都运用了人脸识别技术。由于新冠肺炎疫情的影响,在网吧、机关、学校、办公楼等需要验证入场者身份的地方,人们需要能在面部部分被遮挡的同时也能快速准确地进行人脸识别的方法。常用人脸识别算法,最主要的识别依据为人脸的关键信息(面部轮廓、口、鼻等),提供的关键数据越多,识别的结果也就越准确。但人们戴上口罩后,可供识别的部位只剩眼睛和一半的面部轮廓。眼睛以下的部位完全被遮盖,面部特征所剩无几,智能识别系统自然无法保证识别准确度。使用图像融合技术,将采集到的有遮挡的人脸与数据库中的人脸进行匹配并融合,通过图像融合技术补充缺失的关键信息,使得人脸识别能顺利进行。

图像融合技术可以在MATLAB平台上实现,其优点是可以利用MATLAB强大的计算性能以及内置的多种函数工具,包括了图像融合中要用到的大多数算法,而且MATLAB编程不同于C和Python等编程语言,它的编程更方便快捷也更专业,可以让使用者把精力更多地集中在研究算法技术上,极大地提升研究效率。

本章利用 MATLAB 中的 GUI 设计功能制作了一个图像融合系统平台。此平台涉及了 6 种图像融合算法,都给出了算法的数学原理、融合步骤以及主要程序,并且在最后结合实验,论证了图像融合技术在人脸识别中应用的可能性。

参考文献

[1] 胡元奎. 可变光照和可变姿态条件下的人脸图像识别研究[D]. 合肥:中国科学技术大学,2006.

[2] 人脸识别技术在疫情防控当中有什么作用[EB/OL]. (2020-02-24)[2021-07-05]. http://www.elecfans.com/consume/1167543.html.

[3] 黄红林. 基于平均梯度和小波多分辨率分析的图像融合算法研究[D]. 武汉:武汉科技大学,2006.

[4] GONZALEZ R C,WOODS R E,EDDINS S L. 数字图像处理:MATLAB 版[M]. 阮秋琦,等译. 北京:电子工业出版社. 2005.

[5] 基于 MATLAB 的图像融合平台系统设计[EB/OL]. (2019-11-06)[2021-07-05]. https://www.jinchutou.com/p-112702424.html.

[6] POHL C. Multisensor image fusion in remote sensing:concepts,methods and applications[J]. International Journal of Remote Sensing,1998,19(5):823-854.

[7] 王文峰,阮俊虎,等. MATLAB 计算机视觉与机器认知[M]. 北京:北京航空航天大学出版社,2017.

[8] 任金顺. 基于多小波变换的图像融合研究与实现[D]. 西安:西安电子科技大学,2009.

[9] 黄小丹. 基于拉普拉斯金字塔变换的小波域图像融合[J]. 电子科技,2014(06):170-173.

[10] 图像金字塔多尺度特征提取[EB/OL]. (2020-04-06)[2021-07-05]. https://blog.csdn.net/qq_42662568/article/details/.

[11] 小波变换的引入,通俗易懂[EB/OL]. (2018-07-25)[2021-07-05]. https://www.cnblogs.com/zhibei/p/9368145.html.

[12] 伊力哈木·亚尔买买提,谢丽蓉,孔军. 基于 PCA 变换与小波变换的遥感图像融合方法[J]. 红外与激光工程,2014(07):2335-2340.

[13] PCA,SVD,TD 张量分解的原理区别联系[EB/OL]. (2019-08-28)[2021-07-05]. https://blog.csdn.net/qq_39426225/article/details/100114278.

第9章

项目实战阶段二

9.1 借助深度学习

经过前面的探索与尝试,读者已经拥有部分人工智能专业知识和一定的编程基础,此时就可以进入项目实战的第二阶段了。这一阶段将借鉴已有的针对遮挡人脸识别问题的开源代码及其算法思想,对这些代码进行修改和调试。

自从计算机出现后,信息技术开始快速发展,人工智能在时代的机遇下从无到有,逐渐强大,使我们的生活产生了巨大的改变。人工智能实质上是让计算机模仿人脑,使机器可以像人类一样学习、推理、思考,最理想的状态就是让机器具有和人一样的能力和意识。许多年前,很多人会认为这是一个谬论,因为没有人相信一台机器会完成和人类一样的任务。2006 年,随着"深度学习"概念的提出,人工智能的发展取得了巨大的突破,引起了科学家们的广泛关注。

深度学习是基于人工神经网络提出的。早在 20 世纪 50 年代,已经有人建立了单个神经元的 MP 模型,虽然该模型不能进行学习,但是具备执行逻辑运算的能力,可以说,它为人工神经网络的研究奠定了基础。到 20 世纪八九十年代,玻尔兹曼机、多层感知器等模型的产生激发了对神经网络研究的热潮。但是由于人们对这个新领域的理论知识分析存在困难以及缺少训练方法,所以减缓了神经网络的发展速度。

2006 年,Hinton 在 *Neural Computation* 和 *Science* 上发表的两篇论文,提出了大量的深度学习模型,使得之前在研究遇到的许多问题都找到了解决的办法,于是,科学界再次掀起机器学习的浪潮。随后,一些拥有大数据的互联网公司也开始在深度学习的开发项目中投入大量的财力和人力资源,鼓励员工进行研发。2012 年 6 月,世界顶尖计算机专家 Jeff Dean 和斯坦福大学教授 Andrew Ng 利用深度神经网络使系统自我训练发现或领悟了"猫"的概念。俄罗斯 ABBYY 公司开发出了具有 99.8% 识别准确率的光学字符识别技术,该技术居世界领先地位,它能够快速识别文本,然后转换为可打印的文档类型。2014 年 Facebook 使用了 9 层神经网络,开发出了识别率高达 97.25% 的人脸识别技术,几乎可以和人肉眼识别的效果相媲美了。2016 年 Google 旗下团队开发了第一个战胜世界围棋冠军的机器人 AlphaGo。由此可见,深度学习技术不仅是目前人工智能和大数据的研究热点,更是未来科技的发展方向。

深度学习已成为大数据时代的热门技术,近几年基于深度学习的人脸识别技术通过不断改进,已经遍及我们生活的方方面面。随着该技术应用场景的拓展以及深度卷积神经网络的迅速发展,人们提出了许多深度人脸识别的方法,并且取得了显著的成果。但是,这些方法在数据集、网络结构、损失函数和参数学习策略之间表现出很大的差异。所以,对于想要应用这些技术建立深度人脸识别系统的开发人员来说,如何选择一个更合适更有效的方法成为了难题。虽然深度学习技术已日趋成熟,并且在大规模数据集的应用方面也取得突破性的进展,但不得不说,它仍然存在一些不足之处需要进一步研究和改善。

9.2 深度学习基本原理

9.2.1 理解"深度"的含义

神经网络是在感知机的基础上建立起来的模型,所以神经网络也可以被称为多层感知机。神经网络的结构指的是两个层之间神经元的连接方式,它可以是任意深度,所以"深度神经网络"中的"深度"二字实际上指的是隐藏层的数量。一般来说,多于 5 层隐藏层的神经网络都会被加上"深度"二字。主流的深度学习模型主要分为两类:监督学习指的是训练样本中包含有标签和特征的数据,通俗地说,就是已经对训练样本进行了分类;无监督学习的训练样本中包含的是无标签的数据,只是有一些特征信息,因此在学习过程中无法判断分类结果是否正确。本章的主要任务是研究深度学习技术的数学原理和数学模型推导过程,在此基础上,理解和解释深度学习代码,设计界面,实现应用创新。然后从数据论证、网络架构、损失函数、网络训练和模型压缩五方面,比较它们对深度人脸识别方法的影响。

深度学习属于机器学习的一个重要组成部分,其模拟人类大脑的机制,通过一些比较复杂的网络结构可以自动提取图像、声音、视频、文本等数据信息的特征,完成图像分类、人脸识别、物体检测、语音识别等任务。与传统的机器学习算法相比,深度学习不仅可以根据数据信息的增多而不断地提高自己的性能,而且该算法可以省去设计特征提取器的步骤。因此,深度学习的出现,解决了之前人工智能中存在的很多问题。

本阶段实战首先通过互联网、书籍等渠道查阅资料,实现对卷积神经网络原理公式的理解和推导。然后通过注释人脸识别的代码进一步了解人脸识别的整个过程,并且用自己的图库训练人脸识别模型。最后从数据集、网络结构、损失函数、模型训练等方面进一步理解深度代码的结构,并进行实验和总结。

9.2.2 主流深度学习模型

循环神经网络和递归神经网络是当前应用较为广泛的两种深度学习模型。这两个神经网络都具有记忆功能,它们适用于处理语言信息。两者最大的区别是前者是在时间维度展开的,用于处理序列结构信息;而后者是在空间维度展开的,用于处理树结构或图结构等复杂结构信息。比循环神经网络和递归神经网络应用更广泛的深度学习模型是卷积神经网络(CNN)。CNN 通常是处理一些图像或者可以通过某些方式转换成类似于图像结构的数据,也可以对输入图像的二维局部信息进行处理,然后提取特征并进行分类。卷积神经网络也可以用于物体识别、行为认知、姿态估计等多个领域。此外,因为监督学习中标记数据很困难,基于生成模型的无监督神经网络正在得到越来越广泛的关注和应用。生成模型主要用于学习一个概率分布 Pmodel(X)和生成数据。其中一个代表性的主流模型是自编码器。自编码器最先用于数据的压缩,现在主要用于数据去噪和可视化降维两方面,其工作原理如图 9.1 所示。

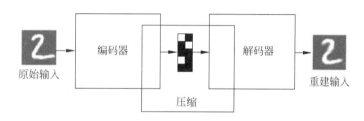

图 9.1 自编码器的工作原理

CNN 是一种特殊的多层感知器或前馈神经网络。如图 9.2 所示,标准 CNN 一般包括 5 个基本组成部分:输入层、交替的卷积层和下采样层(池化层)、全连接层和输出层。

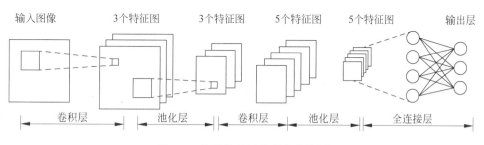

图 9.2 卷积神经网络基本结构图

正向传播的映射为:

$$x_{ij}^{(l)} = f(u_{ij}) = f\left(\sum_{p=1}^{s}\sum_{q=1}^{s} x_{i+p-1,j+q-1}^{(l-1)} \times k_{pq}^{(l-1)} + b^{(l)}\right) \tag{9-1}$$

对应的卷积操作为：

$$
\begin{pmatrix}
x_{11} & x_{12} & x_{13} & x_{14} \\
x_{21} & x_{22} & x_{23} & x_{24} \\
x_{31} & x_{32} & x_{33} & x_{34} \\
x_{41} & x_{42} & x_{43} & x_{43}
\end{pmatrix}
\times
\begin{pmatrix}
k_{11} & k_{12} & k_{13} \\
k_{21} & k_{22} & k_{23} \\
k_{31} & k_{32} & k_{33}
\end{pmatrix}
+
\begin{pmatrix}
b & b \\
b & b
\end{pmatrix}
=
\begin{pmatrix}
u_{11} & u_{12} \\
u_{21} & u_{22}
\end{pmatrix}
\tag{9-2}
$$

损失函数可以理解为第 1 层卷积核的偏导数：

$$
\frac{\partial L}{\partial k_{pq}^{(l)}} = \sum_i \sum_j \left(\frac{\partial L}{\partial x_{ij}^{(l)}} \frac{\partial x_{ij}^{(l)}}{\partial k_{pq}^{(l)}} \right) = \sum_i \sum_j \left(\frac{\partial L}{\partial x_{ij}^{(l)}} \frac{\partial x^{(l)}}{\partial u_{ij}^{(l)}} \frac{\partial u_{ij}^{(l)}}{\partial k_{pq}^{(l)}} \right)
\tag{9-3}
$$

如果把卷积输出图像看作一个矩阵，i 和 j 分别是卷积输出图像的行和列下标：

$$
\frac{\partial x_{ij}^{(l)}}{\partial u_{ij}^{(l)}} = f'(u_{ij}^{(l)})
\tag{9-4}
$$

$$
\frac{\partial u_{ij}^{(l)}}{\partial k_{pq}^{(l)}} = \frac{\partial \left(\sum_{p=1}^{s} \sum_{q=1}^{s} x_{i+p-1,j+q-1}^{(l-1)} \times k_{pq}^{(l)} + b^{(l)} \right)}{\partial k_{pq}^{(l)}} = x_{i+p-1,j+q-1}^{(l-1)}
\tag{9-5}
$$

$$
\frac{\partial L}{\partial k_{pq}^{(l)}} = \sum_i \sum_j \left(\frac{\partial L}{\partial x_{ij}^{(l)}} f'(u_{ij}^{(l)}) x_{i+p-1,j+q-1}^{(l-1)} \right)
\tag{9-6}
$$

定义子采样函数 down()，得到卷积层的特征映射 $X^{(l)}$，将 $X^{(l)}$ 划分为很多区域 R_k，$k=1,2,\cdots,K$，这些区域可重叠，也可以不重叠：

$$
X_k^{(l+1)} = f(Z_k^{(l+1)}) = f(w^{(l+1)} \cdot \text{down}(R_k) + b^{(l+1)})
\tag{9-7}
$$

其中，$W^{(l+1)}$ 和 $b^{(l+1)}$ 分别是可训练的权重和偏置参数。

$$
X^{(l+1)} = f(z^{l+1}) = f(w^{(l+1)} \cdot \text{down}(x^l) + b^{(l+1)})
\tag{9-8}
$$

$\text{down}(x^l)$ 是指子采样后的特征映射。CNN 的算法思想主要体现在局部区域、权值共享和池化等方面，例如，可以用池化函数决定采样方式：

$$
\text{最大值采样（Maximum Pooling）：} \quad \text{pool}_{\max}(R_k) = \max_{i \in R_k} a_i
\tag{9-9}
$$

$$
\text{最小值采样（Minimum Pooling）：} \quad \text{pool}_{\min}(R_k) = \min_{i \in R_k} a_i
\tag{9-10}
$$

$$
\text{平均值（Average Pooling）：} \quad \text{pool}_{\text{ave}}(R_k) = \frac{1}{|R_k|} \sum_{i \in R_k}^{|R_k|} a_i
\tag{9-11}
$$

在 CNN 中，可以把局部区域理解为一个窗口（专业术语称为卷积核），输入层中一个局部区域的神经元对应隐藏层的一个神经元。如图 9.3 所示，第 m 层的隐含层单元只与第 $m-1$ 层节点的局部区域有连接，因为这些节点包含了具有空间连续视觉感受野的节点，所以图像中兴趣目标的空间局部特性通过相邻两层之间节点的局部连接模式（local connectivity pattern）挖掘。

各层神经元(节点)的个数决定接受域的宽度,并将其限制为局部空间模式。多层堆积最终形成了具有全局性的结构。虽然是从输入层的不同位置获得,但是由于隐藏层中神经元的权值和偏移值都是相同的,所以实质上都是属于同一特征。局部区域越多,学习到的特征就更多。神经元之间的信息传递可以理解为滤波器,而滤波器在整个感受野中重复叠加,通过权值共享覆盖整个可视域,形成图9.4所示的全局特征图(feature map)。

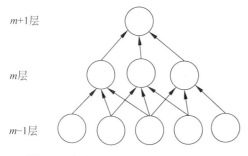

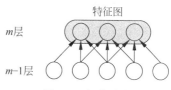

图9.3　相邻两层节点的局部连接模式　　　　　图9.4　权值共享

一般使用梯度下降算法训练权值等共享参数。通过对参数梯度进行简单的求和可以得到共享权值的梯度。无论重复单元在感受野的什么位置,都可以检测到其特征。此外,权值共享大大减少了需要训练的参数项目,并能通过控制模型容量提升泛化能力。

一般情况下,池化层位于两个卷积层的中间。与卷积层的局部区域相比,池化层在卷积层上建立的局部区域是不需要权值和偏移值的,对卷积层局部区域内的神经元进行求最大值或求和等操作可以得到池化层神经元的输入。简单地说,池化的主要作用就是在保证特征不变性的前提下,通过求最大值或求和等计算,减少特征信息的数量,去除冗余的特征信息,从而实现压缩图像。通过softmax回归及其输出的概率分布,输出单元由一个变成多个,从而更适合图像类别的离散预测与训练。假设损失函数为

$$h_\theta(x) = \frac{1}{1 + \exp(-\theta^T x)} \tag{9-12}$$

softmax loss公式如下:

$$L = -\sum_{j=1}^{T} y_j \log s_j \tag{9-13}$$

其中,L是损失,s_j是softmax的输出向量 $\boldsymbol{S}$ 的第j个值,表示这个样本属于第j个类别的概率,y_j前面有个求和符号,j的范围是$[1,T]$。

$\boldsymbol{y}$ 是一个$1 \times T$的向量,里面的T个值,而且只有1个值是1,其余$T-1$个值都是0,即真实标签对应位置的值是1,其他位置是0,则式(9-13)可以简化为:

$$L = -\log s_j \tag{9-14}$$

反向传播法可以用数学里的链式求导法则解释。每个神经元的基的灵敏度可以通过反

向传播回来的误差进行计算。假设 l 层是一个卷积层,并且 $l+1$ 层是下采样层。对于反向传播算法,可以通过计算 l 层每个神经节点的灵敏度得出该层每个神经元对应权值的权值更新,而 l 层每个神经元节点的灵敏度是由下一层节点的灵敏度乘以这些连接对应的权值 w,最后乘以对 l 层神经元节点的激活函数的导数值得到的。因为下采样层的一个神经元节点对应的灵敏度对应于卷积层输出图像的一个局部区域的大小。对于一个给定的权值,需要对所有权值共享的连接对该点求梯度,然后再对所有权值的梯度进行求和。

如果灵敏度 feature map 的大小等于卷积层的 feature map 的大小,就可以使用 Kronecker 乘积对 $l+1$ 层对应的灵敏度 feature map 进行上采样,这一步也可以理解为放大图像,可以通过每个像素在水平和垂直两个方向上的复制得到。对 $l+1$ 层上采样得到的灵敏度特征图和 l 层特征图通过激活函数得到激活值的偏导数进行叉乘运算,最后在下采样层图像的权值都取相同的常数值 β,然后上一步得到的结果乘以 β 就可以得到 l。当我们得到一个特定图像的灵敏度图时,bias 基的梯度就可以由 l 层中灵敏度图的所有节点进行求和得到。最后,可以用反向传播算法计算卷积核的权值梯度。链式求导公式为

$$\frac{\partial E_{\text{total}}}{\partial w_1} = \left(\sum_o \frac{\partial E_{\text{total}}}{\partial \text{out}_o} * \frac{\partial \text{out}_o}{\partial \text{net}_o} * \frac{\partial \text{net}_o}{\partial \text{out}_{h1}} \right) * \frac{\partial \text{out}_{h1}}{\partial \text{net}_{h1}} * \frac{\partial \text{net}_{h1}}{\partial w_1}$$

$$\frac{\partial E_{\text{total}}}{\partial w_1} = \left(\sum_o \delta_o * w_{ho} \right) * \text{out}_{h1}(1 - \text{out}_{h1}) * i_1$$

$$\frac{\partial E_{\text{total}}}{\partial w_1} = \delta_{h1} i_1 \tag{9-15}$$

9.2.3　MATLAB 代码实现

1. 反向传播算法代码实现

```
clear all;
clc;
close all;
i1 = 0.05; i2 = 0.10;                              % 设定各个变量的初始值
o1 = 0.01; o2 = 0.99;
w1 = 0.15; w2 = 0.20;w3 = 0.25; w4 = 0.30; b1 = 0.35;
w5 = 0.40; w6 = 0.45;w7 = 0.50; w8 = 0.55; b2 = 0.6;
% alpha = 38.9
% epoch = 6000;
alpha = 0.5
epoch = 10000;
for k = 1:epoch
% forward:hidden layers
net_h1 = w1 * i1 + w2 * i2 + b1 * 1;                % 隐含层 h1 的输入加权和
out_h1 = 1/(1 + exp( - net_h1));                   % 隐含层 h1 输出的加权和即 s 函数
```

```
net_h2 = w3 * i1 + w4 * i2 + b1 * 1;                    % 隐含层 h2 的输入加权和
out_h2 = 1/(1 + exp( - net_h2));                        % 隐含层 h2 输出的加权和即 s 函数

% forward: outputlayer
net_o1 = w5 * out_h1 + w6 * out_h2 + b2 * 1;            % 输出层 out1 的输入加权和
net_o2 = w7 * out_h1 + w8 * out_h2 + b2 * 1;            % 输出层 out1 的输入加权和
out_o1 = 1/(1 + exp( - net_o1));                        % 输出层 out1 输出的加权和即 s 函数
out_o2 = 1/(1 + exp( - net_o2));                        % 输出层 out2 输出的加权和即 s 函数

% cost function
E_total(k) = ((out_o1 - o1)^2 + (out_o2 - o2)^2)/2;     % 总误差

% backward: output layer
dE_dw5 = - (o1 - out_o1) * out_o1 * (1 - out_o1) * out_h1;    % 输出层权值更新
dE_dw6 = - (o1 - out_o1) * out_o1 * (1 - out_o1) * out_h2;
dE_dw7 = - (o2 - out_o2) * out_o2 * (1 - out_o2) * out_h1;
dE_dw8 = - (o2 - out_o2) * out_o2 * (1 - out_o2) * out_h2;

% backward: hidden layer
dE_douto1 = - (o1 - out_o1);                            % 隐含层权值更新
douto1_dneto1 = out_o1 * (1 - out_o1);
% dEo1_douth1 = - (o1 - out_o1) * out_o1 * (1 - out_o1)
dEo1_dneto1 = dE_douto1 * douto1_dneto1;

dEo1_douth1 = dEo1_dneto1 * w5;
dEo1_douth2 = dEo1_dneto1 * w6;

dE_douto2 = - (o2 - out_o2);
douto2_dneto2 = out_o2 * (1 - out_o2);
% dEo1_douth1 = - (o1 - out_o1) * out_o1 * (1 - out_o1)
dEo2_dneto2 = dE_douto2 * douto2_dneto2;
dEo2_douth1 = dEo2_dneto2 * w7;
dEo2_douth2 = dEo2_dneto2 * w8;

dE_dw1 = (dEo1_douth1 + dEo2_douth1) * out_h1 * (1 - out_h1) * i1;
dE_dw2 = (dEo1_douth1 + dEo2_douth1) * out_h1 * (1 - out_h1) * i2;
dE_dw3 = (dEo1_douth2 + dEo2_douth2) * out_h2 * (1 - out_h2) * i1;
dE_dw4 = (dEo1_douth2 + dEo2_douth2) * out_h2 * (1 - out_h2) * i2;

w1 = w1 - alpha * dE_dw1;                               % 更新后的权值
w2 = w2 - alpha * dE_dw2;
w3 = w3 - alpha * dE_dw3;
w4 = w4 - alpha * dE_dw4;
w5 = w5 - alpha * dE_dw5;
w6 = w6 - alpha * dE_dw6;
w7 = w7 - alpha * dE_dw7;
w8 = w8 - alpha * dE_dw8;
```

```
end
v_E_total_k = E_total(k)
plot(E_total)
```

反向传播算法是适合多层神经元网络的一种学习算法,它建立在梯度下降法的基础上。BP 网络的输入输出关系实质上是一种映射关系:一个 n 输入 m 输出的 BP 神经网络所完成的功能是从 n 维欧氏空间向 m 维欧氏空间中有限域的连续映射,这一映射具有高度非线性。它的信息处理能力来源于简单非线性函数的多次复合,因此具有很强的函数复现能力。

一个人工神经网络包含多层的节点:输入层、隐含层和输出层。相邻层节点的连接都有权重。学习的目的是为这些边缘分配正确的权重。通过输入向量,这些权重可以决定输出向量。在监督学习中,训练集是已标注的,这意味着对于一些给定的输入,是知道期望的输出的。

通过理解前向传播和反向传播的算法思想,采用梯度下降法不断对权值进行迭代计算,使总误差不断降低,输出值不断接近输入值。对于子采样层来说,只是在该层去除一些冗余的特征信息,所以它的输入和输出具有相同数量的特征图,但是输出图像的像素都变小了。子采样层的输入图像是对上一层的特征图像进行下采样所得的值乘以乘性偏置 β,并且加一个加性偏置 b,最后进行激活得到的。如果子采样层和下一个卷积层是全连接的,可以通过反向传播算法计算子采样层的灵敏度图像,轻松得到需要更新的偏置参数 β 和 b。这时找到当前子采样层的灵敏度图像中与下一个卷积层的灵敏度图像的给定像素对应的 patch,以求得卷积核的权值。

2. AlexNet 模型代码实现

2012 年提出的 AlexNet 模型使用 GPU 和校正线性单元 ReLU,大大加快了 CNN 的学习训练速度,推动了深度学习的快速发展。该模型由输入层、5 个卷积层和 3 个池化层组成,第 1～7 层都需要用 ReLU 激活函数对卷积后得到的结果进行激活,对于前两个卷积层,还需要依次对激活后的结果进行重叠最大池化和局部响应归一化处理,得到两组归一化结果。第 5 层卷积层只对激活后的结果进行重叠最大池化,第 6 层和第 7 层池化层会对激活后的结果进行 dropout 操作。最后一层是 softmax 输出层,会产生含有 1000 种类别的标签分布。使用 ReLU 激活函数、重叠池化操作、局部归一化响应以及 dropout 的目的是提高训练速度和精度,减少过拟合。以 AlexNet 为例,深度学习的人脸识别界面设计代码如下。

```
% --- 开始执行人脸库建立按钮的程序
function pushbuttonrlkjl_Callback(hObject, eventdata, handles)
% 创建人脸库建立按钮的回调函数,并添加有关人脸库建立的程序代码,当按下人脸库建立的按钮,
开始执行以下程序
close(gcf);                          % 关闭当前图形窗口的属性
pause(1);                            % 等待 1s 后继续执行
pushbuttonrlkjl;
% --- 开始执行图像捕获按钮的程序
```

```
function pushbuttontxbh_Callback(hObject, eventdata, handles)
% 创建图像捕获按钮的回调函数,添加有关图像捕获的程序代码.按下图像捕获按钮,执行以下程序
dirName = OpenImageFile();          % 打开图像文件,并赋值给 dirName
if isequal(dirName, 0);
return;                             % 如果选择无效,则返回重新选择图像
end
img = imread(dirName);              % 如果选择有效,则读取图像,并赋值给 img
axes(handles.axesimgshow);          % 获取坐标轴 axesimgshow 的属性
imshow(img, []);                    % 在人脸识别界面的图像捕获栏中显示已捕获的图像
handles.img = img;
guidata(hObject, handles);
% --- 开始执行系统初始化按钮的程序
function pushbuttonxtcsh_Callback(hObject, eventdata, handles)
% 创建系统初始化按钮回调函数,添加相关程序代码.按下系统初始化按钮,执行以下程序
axes(handles.axesimgshow);
% 无条件清除当前坐标轴中所有图形对象并重新设置显示图像、目标对象、脸部的坐标轴为 x 和 y
% 颜色[红,绿,蓝]的参数设置为[0.749,0.749,0.961]
cla reset set(handles.axesimgshow,'xtick',[],'ytick',[]);
set(handles.axesimgshow,'Color','[0.749,0.749,0.961]');
axes(handles.axesTarget);
cla reset set(handles.axesTarget,'xtick',[],'ytick',[]);
set(handles.axesTarget,'Color','[0.749,0.749,0.961]');
axes(handles.axesFace);
cla reset set(handles.axesFace,'xtick',[],'ytick',[]);
set(handles.axesFace,'Color','[0.749,0.749,0.961]');
% 设置姓名、编号、性别和年龄句柄的字符串
set(handles.editxm, 'String', '');
set(handles.editbh, 'String', '');
set(handles.editxb, 'String', '');
set(handles.editnl, 'String', '');
msgbox('系统初始化已完成');          % 出现一个提示框:'系统初始化已完成'

% --- 开始执行人脸检测按钮的程序.
function pushbuttonrljc_Callback(hObject, eventdata, handles)
% 创建人脸检测按钮的回调函数,添加相关程序代码,当按下人脸检测按钮,执行以下程序
global img;
axes(handles.axesimgshow);
if handles.img == 0
% 如果没有捕获到图像,在执行人脸检测时出现提示信息'请载入图像文件!',然后重新选择图像
  msgbox('请载入图像文件!', '提示信息');
  return;
end
axes(handles.axesimgshow);          % 人脸识别界面的图像捕获栏中显示已捕获的图像
imshow(handles.img, []);
hold on;
rect = init_face(handles.img);  % 获取人脸区域
% 显示图像裁剪区域,裁剪框是一个宽为 4 的红色矩形
```

```
rectangle('Position', rect, 'LineWidth', 4, 'EdgeColor', 'r');
hold off;
handles.initstate = rect; guidata(hObject, handles);        % 存储
if isequal(handles.initstate, 0)
    return;                                                 % 如果没有设置
end
I_rect = imcrop(handles.img, handles.initstate);
axes(handles.axesTarget); imshow(I_rect, []);              % 裁剪好的图像显示在矩形框中
msgbox('成功!', '提示信息');                                 % 弹出一个提示信息: '成功!'


% --- 开始执行人脸识别按钮的程序
function pushbuttonrlsb_Callback(hObject, eventdata, handles)
% 创建人脸识别按钮的回调函数,并添加相关程序代码.按下人脸识别按钮时,执行以下程序
global predict;
global img;
if isequal(handles.initstate, 0)
    return;                                                 % 如果没有设置
end
[img,face] = cropface(handles.img);                        % 获取识别结果
% 当识别出人脸时,face 的值为 1,否则为 0
if face == 1
    img = imresize(img,[227 227]);                         % 将 img 调整为 227×227 像素
    predict = classify(handles.newnet,img);                % 用分类函数对图像进行预测
end
% 当预测的值为's01'时,在姓名框中显示'康家明',编号为'01160194',性别为'男',年龄为'21'
if predict == 's01'
set(handles.editxm, 'String', '康家明'); set(handles.editbh, 'String', '01160194'); set
(handles.editxb, 'String', '男'); set(handles.editnl, 'String', '21'); predict = '康家明';
% 当预测的值为's02'时,在姓名框中显示'武林',编号为'01160195',性别为'男',年龄为'22'
elseif predict == 's02' set(handles.editxm, 'String', '武 林');
set(handles.editbh, 'String', '01160195'); set(handles.editxb, 'String', '男'); set(handles.
editnl, 'String', '22'); predict = '武 林';
% 当预测的值为's03'时,在姓名框中显示'卢水生',编号为'01160189',性别为'男',年龄为'21'
elseif predict == 's03' set(handles.editxm, 'String','卢水生');
set(handles.editbh, 'String', '01160189'); set(handles.editxb, 'String', '男'); set(handles.
editnl, 'String', '21'); predict = '卢水生';
% 当预测的值为's04'时,在姓名框中显示'邹楚钰',编号为'10160149',性别为'女',年龄为'21'
elseif predict == 's04' set(handles.editxm, 'String','邹楚钰');
set(handles.editbh, 'String', '10160149'); set(handles.editxb, 'String', '女'); set(handles.
editnl, 'String', '21'); predict = '邹楚钰';
% 当预测的值为's05'时,在姓名框中显示'邱倩茹',编号为'01160210',性别为'女',年龄为'21'
elseif predict == 's05' set(handles.editxm, 'String','邱倩茹');
set(handles.editbh, 'String', '01160210'); set(handles.editxb, 'String', '女'); set(handles.
editnl, 'String', '21'); predict = '邱倩茹';
% 当预测的值为's06'时,在姓名框中显示'韩子君',编号为'01160212',性别为'女',年龄为'21'
elseif predict == 's06'
```

```
set(handles.editxm, 'String','韩 子 君'); set(handles.editbh, 'String', '01160212'); set(handles.
editxb, 'String', ' 女 '); set(handles.editnl, 'String', '21'); predict = '韩子君';
% 当预测的值为's07'时,在姓名框中显示'康家明',编号为'01160194',性别为'男',年龄为'21'
elseif predict == 's07' set(handles.editxm, 'String', '康家明');
set(handles.editbh, 'String', '01160194'); set(handles.editxb, 'String', ' 男'); set(handles.
editnl, 'String', '21'); predict = '康家明';
end
% 当性别为'女'时,姓名、编号、性别、年龄的文本颜色是红色;否则文本颜色是蓝色
if handles.editxb.String == ' 女 ' set(handles.editxm, 'ForegroundColor', 'r'); set(handles.
editbh, 'ForegroundColor', 'r'); set(handles.editxb, 'ForegroundColor', 'r'); set(handles.
editnl, 'ForegroundColor', 'r');
elseif handles.editxb.String == '男'
set(handles.editxm, 'ForegroundColor', 'b') set(handles.editbh, 'ForegroundColor', 'b') set
(handles.editxb, 'ForegroundColor', 'b'); set(handles.editnl, 'ForegroundColor', 'b');
end
% 读取名为'standard_faces'的图像库,读取的图像显示在人脸识别的矩形框中
I_res = imread(fullfile(pwd, 'standard_faces', [predict '.jpg'])); axes(handles.axesFace);
imshow(I_res, []);
% --- 开始执行 CNN 特征建模按钮的程序
function pushbuttontzjm_Callback(hObject, eventdata, handles)
% 创建 CNN 特征建模按钮的回调函数,添加相关程序代码.按下 CNN 特征建模按钮时,执行以下程序
global predict;
msgbox('正在准备特征建模请等待','CNN 特征建模'); % 出现提示信息'正在准备特征建模请等待'
clc;
n = 7;                                          % n 是人脸类别的数量,一共有 7 种类别
% 当准确率达到预期水平时,可以在训练图上通过手动点击迭代次数旁边的暂停键停止
% looping through all subjects and cropping faces if found
% 提取人脸图像,裁剪并将其保存到相应的文件夹
for i = 1:n
str = ['s0',int2str(i)]; ds1 =
imageDatastore(['photos\',str],'IncludeSubfolders',true,'LabelSource','f oldernames');
cropandsave(ds1,str);
end im =
imageDatastore('croppedfaces','IncludeSubfolders',true,'LabelSource','fo ldernames');
```

Datastore 可以引用数据源。在创建 Datastore 时,MATLAB 会自动浏览所有相关文件及存储文件的名称和格式等基本信息,但不导入数据。在需要时,可以用 Datastore 导入数据(数据可以是单个文件也可以是整个数据集)。在 MATLAB 中,CNN 能够与图像数据存储无缝协作,通过使用 Datastore,让 AlexNet 模型基于整个图像集合进行预测,MATLAB 会在需要时读取图像,无须在 MATLAB 工作区中导入上千个图像。在语句'IncludeSubfolders'后面接 true,说明可以访问每个文件夹中的所有文件和子文件夹。'LabelSource'表示标签数据的来源,'foldernames'表示可以在 Labels 属性中存储和根据文件夹名称分配标签,通过直接访问 Labels 属性对标签进行修改。

```
% 设置输出函数(图像可能有大小变化,调整大小与训练网一致)
im.ReadFcn = @(loc)imresize(imread(loc),[227,227]);
```

在训练期间,会调整网络权重,以便网络学习将给定输入与给定输出相关联,如果网络能够对所有训练数据正确分类,也不能确定它真的学会分类了。因此需要使用新图像对它进行检验。比较好的做法是留出一些训练数据用于测试,这个预留的测试集不会用于训练网络,只用于评估网络的性能。可以将数据存储 im 拆分为两个数据存储 Train 和 Test,使每个类别中随机选择 80% 的文件在 Train 中,代码如下:

```
[Train,Test] = splitEachLabel(im,0.8,'randomized');
fc = fullyConnectedLayer(n);      % 创建新的全连接网络层
net = alexnet;                    % 通过修改 AlexNet 创建网络
```

AlexNet 预训练网络会大量的卷积层、池化层和修正线性单元层中完成对原始图像的输入以及提取该图像的特征,然后得到经过去除冗余信息之后用于分类的特征图。AlexNet 网络的第 23 层是一个全连接层,由前面的层中提取出来的特征图在经过该层的 1000 个神经元的映射后,会得到 1000 个输出类,然后在 softmax 层上会获得由这 1000 个类的初始值转换而成的归一化分数,实质上该分数值就是由该训练网络预测获得的某图像属于该类的可能性,也可以称为概率值。最后一层图像会根据获取的概率值去到可能的类作为网络的输出。在执行迁移学习时,为了适用于特定的问题,一般只需要修正最后这几个层,代码如下:

```
% 将 net 的 Layers 属性提取到名为 ly 的变量中,变量 ly 是由网络层构成的数组
ly = net.Layers;           % 通过使用常规的 MATLAB 数组索引对 ly 进行索引,查看单个层
ly(23) = fc;               % 将 Alexnet 的第 23 层修改为上述新建的全连接层
cl = classificationLayer;  % 为分类网络创建输出层
```

因为输出层依然使用 AlexNet 网络的 1000 个标签,信息无法直接从新建的全连接层传递到该层,所以必须再新建一个空白的输出层来替换输出层。在训练期间网络会根据训练数据标签确定这些类,代码如下:

```
ly(25) = cl;
learning_rate = 0.00001;        % 学习的速率设置为 0.00001
% 使用 rmsprop 优化算法进行训练,并设置训练算法选项
opts = trainingOptions('rmsprop','InitialLearnRate',learning_rate,'MaxEpochs',5,
'MiniBatchSize',64,'Plots','training-progress');
% 执行训练
% newnet 是训练后的网络(具有新的参数),info 是训练信息(包含训练损失、准确率等信息)
[newnet,info] = trainNetwork(Train, ly, opts);
% 将网络 newnet 和测试图像 Test 传入分类函数,将得到测试图像可能的类别以及它在该类中的预
测分数 score
[predict,scores] = classify(newnet,Test);
```

names = Test.Labels;　　　% 提取 Test 数据的 Labels 属性,将测试图像的已知分类存储在变量 names 中

pred = (predict == names);　% 用相等运算符 == 统计有多少预测分类 predict 与正确分类 names 匹配

s = size(pred);　　　　% 将结果存储在名为 pred 的变量中

acc = sum(pred)/s(1); handles.newnet = newnet; guidata(hObject, handles);

% 输出测试集的精确度,CNN 特征建模完毕

fprintf('The accuracy of the test set is % f % %\n',acc * 100);

% 出现名为'CNN 特征建模'的消息对话框,显示'CNN 特征建模已完毕'

msgbox('CNN 特征建模已完毕','CNN 特征建模');

% 上述界面设计由中国矿业大学康家明撰写,感谢他的时间和智慧!

3.代码运行

代码运行结果如图 9.5 所示。

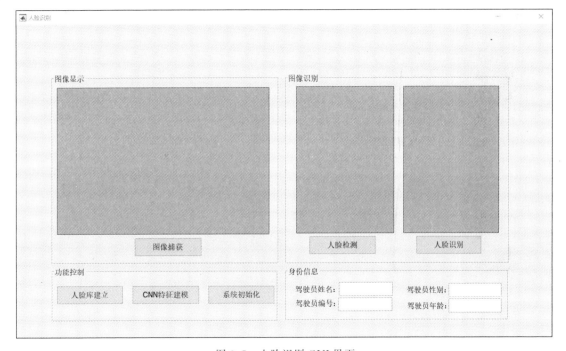

图 9.5　人脸识别 GUI 界面

单击"系统初始化"按钮,当初始化完成后,会弹出"系统初始化已完成"的窗口。单击"确定"按钮,完成系统初始化,如图 9.6 所示。

单击"人脸库建立"按钮,会弹出"人脸库建立方式"对话框,选择"外接加载",等到加载完毕后,单击"返回"按钮,如图 9.7 所示。

单击"CNN 特征建模"按钮,弹出等待窗口。等待程序加载完毕后,会自动弹出如图 9.8 所示的 CNN 特征建模训练进度。同时会给出如图 9.9 所示单精度曲线图,当训练进度达到百分之百且精度接近零时,会弹出"CNN 建模已完毕"窗口,即为运行完成。

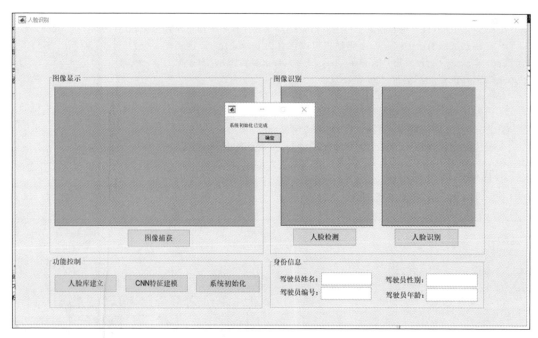

图 9.6　完成系统初始化

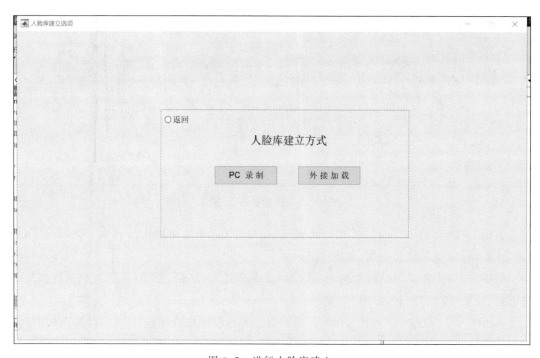

图 9.7　进行人脸库建立

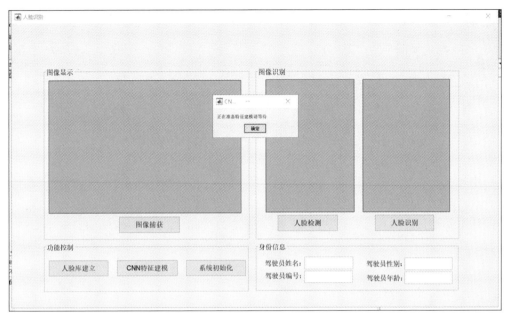

图 9.8 进行 CNN 特征建模

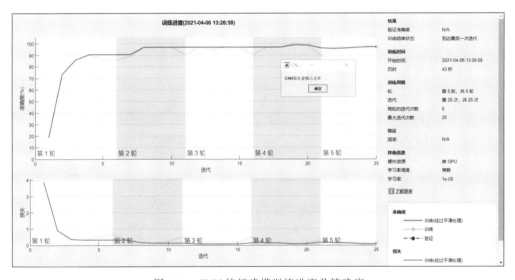

图 9.9 CNN 特征建模训练进度及精确度

经过 CNN 特征建模之后,得到测试集的精确度。单击"图像捕获"按钮,就可以在图像库中选择一张照片,如图 9.10 所示。

单击"人脸检测"按钮,会弹出窗口显示成功,单击"确定"按钮就可以完成检测,如图 9.11 所示。

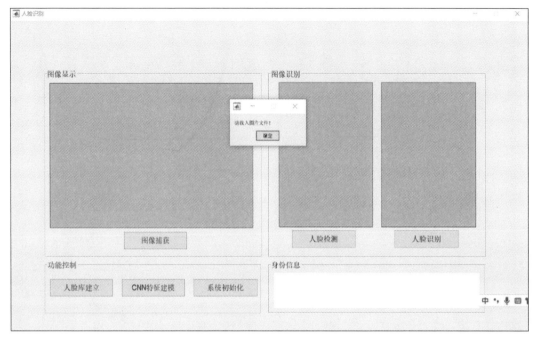

图 9.10　进行图像捕获

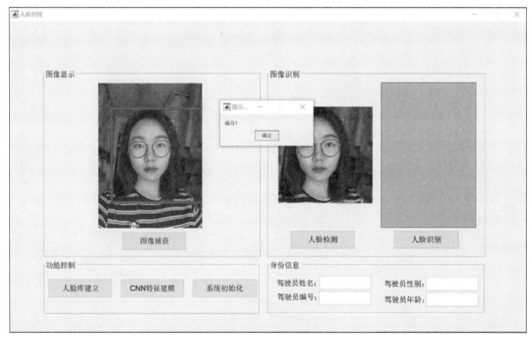

图 9.11　进行人脸检测

单击"人脸识别"按钮,此时该图像所对应的驾驶员姓名、性别、编号和年龄都会显示出来。并且,会根据人脸检测出的图像,与他的另外一张照片对应,显示在人脸识别窗口中,如图 9.12 所示。

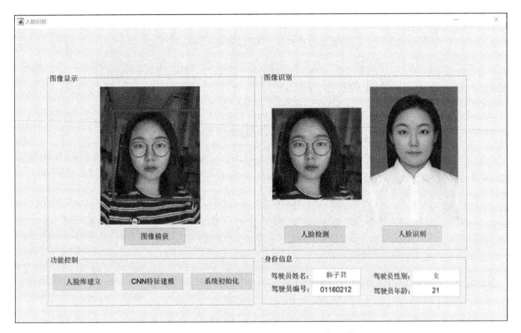

图 9.12　遮挡人脸识别结果(眼镜遮挡)

9.3　从 MATLAB 到 Python

9.3.1　一个实用的开发框架

TensorFlow 支持多种语言来创建深度学习模型。比如 Python、C++和 R 语言,同时,TensorFlow 提供了很多的组件,其中比较突出的有以下两种。

(1) TensorBoard:使用数据流图帮助实现有效的数据可视化。

(2) TensorFlow:用于快速部署新算法/实验。

TensorFlow 的灵活架构能够在一个或者多个 CPU(以及 GPU)上部署深度学习模型。以下是 TensorFlow 的几个常见用例。

(1) 基于文本的应用程序:语言检测、文本摘要。

(2) 图像识别:图像字幕、人脸识别、物体检测。

(3) 声音识别。

(4) 时间序列分析。

(5) 视频分析。

9.3.2　TensorFlow 基本概念

(1) 使用图(graphs)来表示计算任务,用于搭建神经网络的计算过程,但其只搭建网络,不计算。在被称之为会话(session)的上下文(context)中执行图。

(2) 使用张量(tensor)表示数据,用"阶"表示张量的维度,0 阶张量称为标量,表示单独的一个数;1 阶张量称为向量,表示一个一维数组;2 阶张量称为矩阵,表示一个二维数组。张量的阶可以通过张量右边的方括号数来判断。例如 t=[[[　]]],显然这个为 3 阶。

(3) 通过变量(variable)维护状态。

(4) 使用 feed 和 fetch 可以为任意的操作赋值或者从其中获取数据。

简单来说,TensorFlow 是一个框架,和其他框架一样是一个针对各种深度学习算法实现的封装库,是 Google 开源的基于数据流图的机器学习框架,支持 Python 和 C++ 程序开发语言。轰动一时的 AlphaGo 就是使用 TensorFlow 进行训练的,其命名基于工作原理,tensor 意为张量(即多维数组),flow 意为流动,即多维数组从数据流图一端流动到另一端。目前该框架支持 Windows、Linux、Mac 以及移动手机端等多种平台。

9.3.3　TensorFlow 安装过程

(1) 搭建神经网络开发环境:TensorFlow 2 框架、Windows 系统＋Anaconda＋PyCharm＋Python。

(2) 安装 Anaconda,到官网下载 Anaconda 的 Python 3.7 版本:https://www.anaconda.com/products/individual,如图 9.13 和图 9.14 所示。

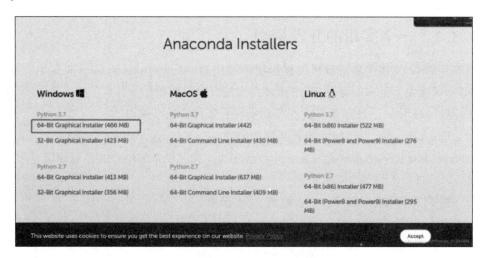

图 9.13　Anaconda 下载

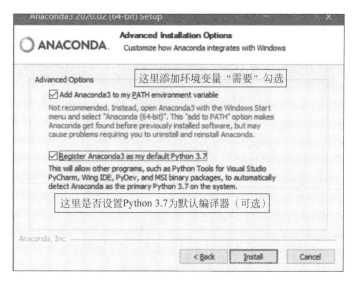

图 9.14 Anaconda 下载勾选

（3）在 Anaconda 中安装 TensorFlow 2.x，首先打开 Anaconda Prompt(anaconda3)，如图 9.15 所示。

图 9.15 使用 Anaconda 安装 TensorFlow 2.x

（4）新建一个名为 TF2.1 的环境，使用 Python 3.7，安装过程选择 y：conda create-n Tensorflow_surrounding2.1 python＝3.7，如图 9.16 和图 9.17 所示。

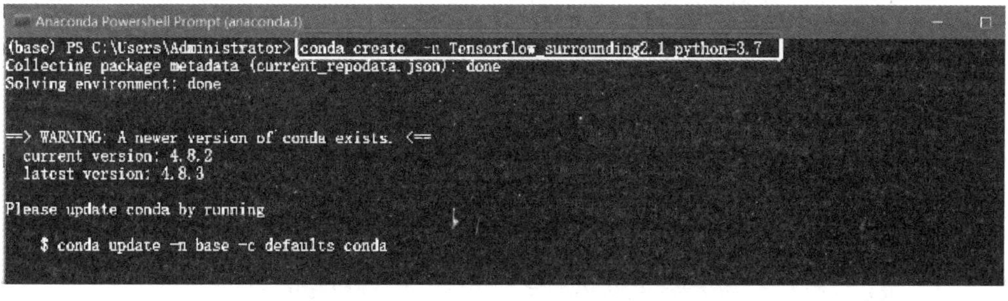

```
Anaconda Powershell Prompt (anaconda3)

(base) PS C:\Users\Administrator> conda create -n Tensorflow_surrounding2.1 python=3.7
Collecting package metadata (current_repodata.json): done
Solving environment: done

==> WARNING: A newer version of conda exists. <==
  current version: 4.8.2
  latest version: 4.8.3

Please update conda by running

    $ conda update -n base -c defaults conda
```

图 9.16 新建一个名为 TensorFlow 2.1 的环境

图 9.17　安装过程选择 y

（5）安装 TensorFlow 2.1,pip install tensorflow==2.1。

（6）验证是否环境安装成功,进入 Python 环境,输入命令导入 TensorFlow 库：import tensorflow as tf；查看其版本：tf.__version__。

（7）安装 PyCharm：到官方下载社区版的 PyCharm,无须在网上找破解版的,如图 9.18 所示。

图 9.18　下载 PyCharm

（8）配置 PyCharm 开发环境,打开 PyCharm,新建工程；然后选择工程所放目录路径,如图 9.19 所示；设置环境变量,使用之前在 Anaconda 创建好的环境：Tensorflow_surrounding2.1,如图 9.20 所示；新建一个 Python 文件,编写测试程序：

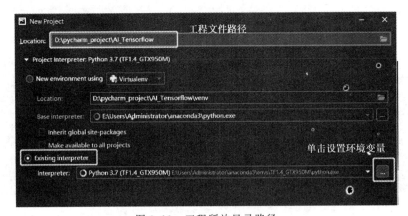

图 9.19　工程所放目录路径

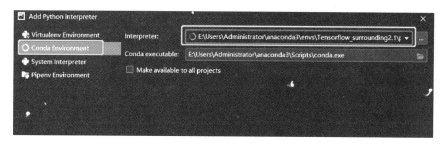

图 9.20 设置环境变量

```
import tensorflow as tf
tensorflow_version = tf.__version__
#以下一行代码适合没有"布置 GPU 环境的",纯 CPU 版本的
#print("tensorflow version:", tensorflow_version)
a = tf.constant([1.0, 2.0], name = "a")
b = tf.constant([1.0, 2.0], name = "b")
result = tf.add(a, b, name = "add")
print(result)
```

9.4 遮挡区域提取方案

9.4.1 基础模型结构

本模型输入大小为 260×260,主干网络只有 8 个卷积层,加上定位和分类层,一共只有 24 层(每层的通道数目基本都是 32、64、128),所以模型特别小,只有 101.5 万个参数。模型对于普通人脸基本都能检测出来,但是对于小人脸,检测效果肯定不如大模型。模型在 5 个卷积层连接分类层,其大小和 anchor 设置信息如表 9-1 所示。

```
# anchor configuration
feature_map_sizes = [[33, 33], [17, 17], [9, 9], [5, 5], [3, 3]]
anchor_sizes = [[0.04, 0.056], [0.08, 0.11], [0.16, 0.22], [0.32, 0.45], [0.64, 0.72]]
anchor_ratios = [[1, 0.62, 0.42]] * 5
# generate anchors
anchors = generate_anchors(feature_map_sizes, anchor_sizes, anchor_ratios)

# for inference , the batch size is 1, the model output shape is [1, N, 4],
# so we expand dim for anchors to [1, anchor_num, 4]
anchors_exp = np.expand_dims(anchors, axis = 0)
```

表 9-1 卷积层大小和 anchor 设置信息

卷积层	特征图大小	anchor 大小	anchor 宽高比(aspect ratio)
第一层	33×33	0.04,0.056	1,0.62,0.42

续表

卷积层	特征图大小	anchor 大小	anchor 宽高比（aspect ratio）
第二层	17×17	0.08,0.11	1,0.62,0.42
第三层	9×9	0.16,0.22	1,0.62,0.42
第四层	5×5	0.32,0.45	1,0.62,0.42
第五层	3×3	0.64,0.72	1,0.62,0.42

9.4.2 加载训练好的模型

（1）使用训练好的模型实现人脸口罩检测，如图 9.21 所示。

图 9.21 训练好的模型

（2）加载模型：sess, graph = load_tf_model('models/face_mask_detection.pb')。

9.4.3 核心代码

（1）使用 cv2.VideoCapture(0)创建视频捕获的对象 0 默认为电脑自带的摄像头，如果想用外接摄像头，可以改为 1，或者 cap = cv2.VideoCapture(video_path)，从 video_path 读取视频文件路径。

（2）编程实现：

```
def run_on_video(video_path, output_video_name, conf_thresh):
cap = cv2.VideoCapture(video_path)          ♯ 从文件读取视频
height = cap.get(cv2.CAP_PROP_FRAME_HEIGHT)
width = cap.get(cv2.CAP_PROP_FRAME_WIDTH)
fps = cap.get(cv2.CAP_PROP_FPS)
fourcc = cv2.VideoWriter_fourcc( * 'XVID')   ♯ 使用 xvid 的编码
total_frames = cap.get(cv2.CAP_PROP_FRAME_COUNT)
if not cap.isOpened():
    raise ValueError("Video open failed.")
    return
status = True
idx = 0
while status:
    start_stamp = time.time()
```

```
status, img_raw = cap.read()
img_raw = cv2.cvtColor(img_raw, cv2.COLOR_BGR2RGB)
                    % 视频读入是灰度图,人脸保存是彩色图/人脸保存是灰度图,视频读入是彩色图
read_frame_stamp = time.time()
if (status)
    inference(img_raw,
        conf_thresh,
        iou_thresh = 0.5,
        target_shape = (260, 260),
        draw_result = True,
        show_result = False)
    cv2.imshow('image', img_raw[ :, :, :: - 1])
    cv2.waitKey(1)
    inference_stamp = time.time()
    ♯ writer.write(img_raw)
    write_frame_stamp = time.time()
    idx += 1
    print("% d of % d" % (idx, total_frames))
    print("read_frame: % f, infer time: % f, write time: % f" % (read_frame_stamp - start_stamp,
inference_stamp - read_frame_stamp, write_frame_stamp - inference_stamp))
    writer.release()
```

9.5　遮挡区域提取实验

9.5.1　设置口罩保存路径

（1）主要分为 3 个文件夹,将戴口罩的帧保存在 mask 文件夹,将未戴口罩的帧保存在 nomask 的文件夹,同时保存人脸戴口罩下半部分,还原戴口罩区域,如图 9.22 所示。

图 9.22　图像保存文件夹

（2）编码实现。

```
mask_path = "G:/xunleidownload/FaceMaskDetection - master - - Tensorflow2.x/img/mask/"
nomask_path = "G:/xunleidownload/FaceMaskDetection - master - - Tensorflow2.x/img/nomask/"
cutmask_path = "G:/xunleidownload/FaceMaskDetection - master - - Tensorflow2.x/img/cutmask/"
```

9.5.2 人脸目标区域保存

（1）检测戴口罩人脸保存，使用 rectangle 绘制人脸矩形框区域，roiImg 为目标区域框，imwrite 对每一帧的目标区域框进行保存。具体编码如下所示：

```
cv2.rectangle(image, (xmin, ymin), (xmax, ymax), color, 2)
        roiImg = image[ymin:ymax, xmin:xmax]
        cv2.imwrite(mask_path + "/" + str(int(time.time())) + '.jpg', roiImg)
```

（2）检测未戴口罩人脸保存。具体编码如下所示：

```
cv2.rectangle(image, (xmin, ymin), (xmax, ymax), color, 2)
        roiImg = image[ymin:ymax, xmin:xmax]
        cv2.imwrite(nomask_path + "/" + str(int(time.time())) + '.jpg', roiImg)
```

（3）保存人脸口罩部分和戴口罩上一帧还原。具体编码如下所示：

```
cv2.rectangle(image, (xmin, ymin), (xmax, ymax), color, 2)
        roiImg = image[ymin + 120:ymax, xmin:xmax]
        cv2.imwrite(cutmask_path + "/" + str(int(time.time())) + '.jpg', roiImg)
```

（4）编码实现：

```
def inference(image,
        conf_thresh = 0.5,
        iou_thresh = 0.4,
        target_shape = (160, 160),
        draw_result = True,
        show_result = True):
    '''
    Main function of detection inference
    :param image: 3D numpy array of image
    :param conf_thresh: the min threshold of classification probabity.
    :param iou_thresh: the IOU threshold of NMS
    :param target_shape: the model input size.
    :param draw_result: whether to daw bounding box to the image.
    :param show_result: whether to display the image.
    :return:
    '''
    image = np.copy(image)
    output_info = []
    height, width, _ = image.shape
    image_resized = cv2.resize(image, target_shape)
    image_np = image_resized / 255.0        % 归一化到 0～1
    image_exp = np.expand_dims(image_np, axis = 0)
    y_bboxes_output, y_cls_output = tf_inference(sess, graph, image_exp)
```

```
# remove the batch dimension, for batch is always 1 for inference.
y_bboxes = decode_bbox(anchors_exp, y_bboxes_output)[0]
y_cls = y_cls_output[0]
# To speed up, do single class NMS, not multiple classes NMS.
bbox_max_scores = np.max(y_cls, axis = 1)
bbox_max_score_classes = np.argmax(y_cls, axis = 1)
# keep_idx is the alive bounding box after nms.
keep_idxs = single_class_non_max_suppression(y_bboxes,
                  bbox_max_scores,
                  conf_thresh = conf_thresh,
                  iou_thresh = iou_thresh, )
for idx in keep_idxs
    conf = float(bbox_max_scores[idx])
    class_id = bbox_max_score_classes[idx]
    bbox = y_bboxes[idx]
    # clip the coordinate, avoid the value exceed the image boundary.
    xmin = max(0, int(bbox[0] * width))
    ymin = max(0, int(bbox[1] * height))
    xmax = min(int(bbox[2] * width), width)
    ymax = min(int(bbox[3] * height), height)

    if draw_result
        if class_id == 0:
            color = (0, 255, 0)
            cv2.rectangle(image, (xmin, ymin), (xmax, ymax), color, 2)
            roiImg = image[ymin:ymax, xmin:xmax]
            cv2.imwrite(mask_path + "/" + str(int(time.time())) + '.jpg', roiImg)
# 保存人脸口罩矩形框区域
        else
            color = (255, 0, 0)
            cv2.rectangle(image, (xmin, ymin), (xmax, ymax), color, 2)
            roiImg = image[ymin:ymax, xmin:xmax]
            cv2.imwrite(nomask_path + "/" + str(int(time.time())) + '.jpg', roiImg)
# 保存人脸无口罩矩形框区域
        for idx in keep_idxs
            conf = float(bbox_max_scores[idx])
            class_id = bbox_max_score_classes[idx]
            bbox = y_bboxes[idx]
            # clip the coordinate, avoid the value exceed the image boundary.
            xmin = max(0, int(bbox[0] * width))
            ymin = max(0, int(bbox[1] * height))
            xmax = min(int(bbox[2] * width), width)
            ymax = min(int(bbox[3] * height), height)
```

```
                    if draw_result
                        if class_id == 0:
                            color = (0, 255, 0)
                            cv2.rectangle(image, (xmin, ymin), (xmax, ymax), color, 2)
                            roiImg = image[ymin + 120:ymax, xmin:xmax]
                        cv2.imwrite(cutmask_path + "/" + str(int(time.time())) + '.jpg', roiImg)
# 保存人脸无口罩下半部分矩形框区域
                        else
                            color = (255, 0, 0)
                            cv2.rectangle(image, (xmin, ymin), (xmax, ymax), color, 2)
                            roiImg = image[ymin + 120:ymax, xmin:xmax]
                            cv2.imwrite(cutmask_path + "/" + str(int(time.time())) + '.jpg', roiImg)
# 保存人脸有口罩下半部分矩形框区域
                        cv2.putText(image, "% s: % .2f" % (id2class[class_id], conf), (xmin + 2, ymin - 2),
                            cv2.FONT_HERSHEY_SIMPLEX, 0.8, color)
                    output_info.append([class_id, conf, xmin, ymin, xmax, ymax])
                if show_result
                    Image.fromarray(image).show()
    return output_info
```

9.5.3 完整实验结果

实验结果如图 9.23～图 9.25 所示。

图 9.23 检测有口罩人脸保存

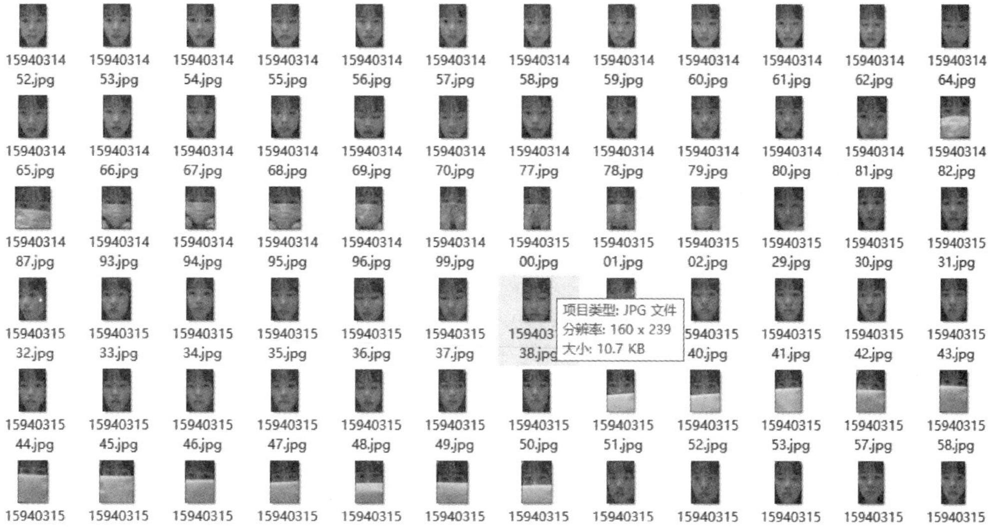

图 9.24　检测无口罩人脸保存

图 9.25　人脸戴口罩区域保存和上一帧还原

9.6　项目实战代码

```
# - * - coding:utf-8 - * -
import cv2
import time
import argparse
```

```python
import numpy as np
from PIL import Image
from keras.models import model_from_json
from utils.anchor_generator import generate_anchors
from utils.anchor_decode import decode_bbox
from utils.nms import single_class_non_max_suppression
from load_model.tensorflow_loader import load_tf_model, tf_inference

mask_path = "G:/xunleidownload/FaceMaskDetection - master -- Tensorflow2.x/img/mask/"
nomask_path = "G:/xunleidownload/FaceMaskDetection - master -- Tensorflow2.x/img/nomask/"
cutmask_path = "G:/xunleidownload/FaceMaskDetection - master -- Tensorflow2.x/img/cutmask/"
sess, graph = load_tf_model('models/face_mask_detection.pb')

# anchor configuration
feature_map_sizes = [[33, 33], [17, 17], [9, 9], [5, 5], [3, 3]]
anchor_sizes = [[0.04, 0.056], [0.08, 0.11], [0.16, 0.22], [0.32, 0.45], [0.64, 0.72]]
anchor_ratios = [[1, 0.62, 0.42]] * 5

# generate anchors
anchors = generate_anchors(feature_map_sizes, anchor_sizes, anchor_ratios)
# for inference , the batch size is 1, the model output shape is [1, N, 4],
    # so we expand dim for anchors to [1, anchor_num, 4]
anchors_exp = np.expand_dims(anchors, axis = 0)

id2class = {0: 'Mask', 1: 'NoMask'}

def inference(image,
        conf_thresh = 0.5,
        iou_thresh = 0.4,
        target_shape = (160, 160),
        draw_result = True,
        show_result = True):
    '''
    Main function of detection inference
    :param image: 3D numpy array of image
    :param conf_thresh: the min threshold of classification probabity
    :param iou_thresh: the IOU threshold of NMS
    :param target_shape: the model input size
    :param draw_result: whether to daw bounding box to the image
    :param show_result: whether to display the image
    :return:
    '''
    # image = np.copy(image)
    output_info = []
    height, width, _ = image.shape
    image_resized = cv2.resize(image, target_shape)
    image_np = image_resized / 255.0        % 归一化到 0~1
```

```
image_exp = np.expand_dims(image_np, axis = 0)
y_bboxes_output, y_cls_output = tf_inference(sess, graph, image_exp)

# remove the batch dimension, for batch is always 1 for inference.
y_bboxes = decode_bbox(anchors_exp, y_bboxes_output)[0]
y_cls = y_cls_output[0]
# To speed up, do single class NMS, not multiple classes NMS.
bbox_max_scores = np.max(y_cls, axis = 1)
bbox_max_score_classes = np.argmax(y_cls, axis = 1)

# keep_idx is the alive bounding box after nms.
keep_idxs = single_class_non_max_suppression(y_bboxes,
                          bbox_max_scores,
                          conf_thresh = conf_thresh,
                          iou_thresh = iou_thresh)
for idx in keep_idxs:
    conf = float(bbox_max_scores[idx])
    class_id = bbox_max_score_classes[idx]
    bbox = y_bboxes[idx]
    # clip the coordinate, avoid the value exceed the image boundary.
    xmin = max(0, int(bbox[0] * width))
    ymin = max(0, int(bbox[1] * height))
    xmax = min(int(bbox[2] * width), width)
    ymax = min(int(bbox[3] * height), height)

    if draw_result
        if class_id == 0
            color = (0, 255, 0)
            cv2.rectangle(image, (xmin, ymin), (xmax, ymax), color, 2)
            roiImg = image[ymin:ymax, xmin:xmax]
            cv2.imwrite(mask_path + "/" + str(int(time.time())) + '.jpg', roiImg)
% 保存人脸口罩矩形框区域
        else
            color = (255, 0, 0)
            cv2.rectangle(image, (xmin, ymin), (xmax, ymax), color, 2)
            roiImg = image[ymin:ymax, xmin:xmax]
            cv2.imwrite(nomask_path + "/" + str(int(time.time())) + '.jpg', roiImg)
% 保存人脸无口罩矩形框区域

        for idx in keep_idxs:
            conf = float(bbox_max_scores[idx])
            class_id = bbox_max_score_classes[idx]
            bbox = y_bboxes[idx]
            % clip the coordinate, avoid the value exceed the image boundary.
            xmin = max(0, int(bbox[0] * width))
            ymin = max(0, int(bbox[1] * height))
```

```
                    xmax = min(int(bbox[2] * width), width)
                    ymax = min(int(bbox[3] * height), height)
                    if draw_result
                        if class_id == 0
                            color = (0, 255, 0)
                            cv2.rectangle(image, (xmin, ymin), (xmax, ymax), color, 2)
                            roiImg = image[ymin + 120:ymax, xmin:xmax]
                            cv2.imwrite(cutmask_path + "/" + str(int(time.time())) + '.jpg', roiImg)
```
% 保存人脸无口罩下半部分矩形框区域
```
                        else
                            color = (255, 0, 0)
                            cv2.rectangle(image, (xmin, ymin), (xmax, ymax), color, 2)

                            roiImg = image[ymin + 120:ymax, xmin:xmax]
                            cv2.imwrite(cutmask_path + "/" + str(int(time.time())) + '.jpg', roiImg)
```
% 保存人脸有口罩下半部分矩形框区域
```
                    cv2.putText(image, "%s: %.2f" % (id2class[class_id], conf), (xmin + 2, ymin − 2),
                            cv2.FONT_HERSHEY_SIMPLEX, 0.8, color)
                output_info.append([class_id, conf, xmin, ymin, xmax, ymax])
        if show_result
            Image.fromarray(image).show()
        return output_info


def run_on_video(video_path, output_video_name, conf_thresh)
    cap = cv2.VideoCapture(video_path)            % 从文件读取视频
    height = cap.get(cv2.CAP_PROP_FRAME_HEIGHT)
    width = cap.get(cv2.CAP_PROP_FRAME_WIDTH)
    fps = cap.get(cv2.CAP_PROP_FPS)
    fourcc = cv2.VideoWriter_fourcc(* 'XVID')    % 使用 xvid 的编码
    total_frames = cap.get(cv2.CAP_PROP_FRAME_COUNT)
    if not cap.isOpened()
        raise ValueError("Video open failed.")
        return
    status = True
    idx = 0
    while status
        start_stamp = time.time()
        status, img_raw = cap.read()
        img_raw = cv2.cvtColor(img_raw, cv2.COLOR_BGR2RGB)
```
% 视频读入是灰度图,人脸保存是彩色图/人脸保存是灰度图,视频读入是彩色图
```
        read_frame_stamp = time.time()
        if (status):
            inference(img_raw,
                conf_thresh,
                iou_thresh = 0.5,
                target_shape = (260, 260),
```

```
                        draw_result = True,
                        show_result = False)
                cv2.imshow('image', img_raw[:, :, :: - 1])
                cv2.waitKey(1)
                inference_stamp = time.time()
                writer.write(img_raw)
                write_frame_stamp = time.time()
                idx += 1
                print("% d of % d" % (idx, total_frames))

                print("read_frame: % f, infer time: % f, write time: % f" % (read_frame_stamp -
                                    start_stamp, inference_stamp - read_frame_stamp,
                                    write_frame_stamp - inference_stamp))
        writer.release()
main
if __name__ == "__main__":
    i = 0
    parser = argparse.ArgumentParser(description = "Face Mask Detection")
    parser.add_argument('-- img - mode', type = int, default = 0, help = 'set 1 to run on image, 0
to run on video. ')
    parser.add_argument('-- img - path', type = str, help = 'path to your image. ')
    parser.add_argument('-- video - path', type = str, default = '0', help = 'path to your video,
'0' means to use camera. ')
    parser.add_argument('-- hdf5', type = str, help = 'keras hdf5 file')
    args = parser.parse_args()
    if args.img_mode:
        imgPath = args.img_path
        img = cv2.imread(imgPath)
        img = cv2.cvtColor(img, cv2.COLOR_BGR2RGB)
        inference(img, show_result = True, target_shape = (260, 260))
    else:
        i += 1
        video_path = args.video_path
        if args.video_path == '0':
            video_path = 'G:/xunleidownload/FaceMaskDetection - master -- Tensorflow2. x/me. mp4'
% 视频路径,为 0 时是打开摄像头
        run_on_video(video_path, '', conf_thresh = 0.5)
```

9.7　小结

深度学习框架的一些主要特征如下。

(1) 针对性能进行了优化。

(2) 易于理解和编码。

(3) 良好的社区支持。

（4）并行化进程以减少计算。

（5）自动计算渐变。

在机器学习的应用过程中,希望机器可以对已拥有的数据集进行学习,然后根据所获得的经验改善自身的性能。但是,现实情况中存在着大量的无标记数据,这些无标记数据会大大降低学习算法的准确性。仅仅通过人工添加标签是一件非常耗时且不切实际的事情,所以有必要对无标记数据的特征学习和自动标记技术进行深入的研究,这样有利于提高训练的精确度。在同一数据集下,训练的精确度是评价一个模型好坏的重要标准之一。通过扩大模型的规模可以提高训练的精确度,但是会减慢训练速度,所以需要在保证训练精度不变的前提下,在模型规模和训练速度之间找到折中方案,以达到提高训练速度的效果。深度学习框架的主要特征是针对算法性能优化了并行化进程以减少计算,易于理解和编码。该开源代码实现了人脸口罩检测和目标区域保存的目的,但根据实验过程和实验结果可知,虽然该算法的准确率已经很高,且可以实现多人口罩检测,但对于一些不稳定的帧仍然可能出现识别不准确的可能,应该考虑是否通过进一步的改善来使实验结果更加精确。

训练深度学习模型始终是一个难题。第一是因为局部极值的数量和结构的定性改变会增加训练模型的难度,其次是因为深度结构神经网络的非线性程度会使基于梯度的寻优方法的有效性减弱。很难使用一种方法达到最理想的效果,所以将尝试与其他方法相结合提高精确度。后续还需要继续优化深度学习在遮挡人脸识别中的应用,虽然预训练的特征提取可以能够检测出有无口罩,但是其中包含的信息不能完成遮挡人脸识别的所有任务,所以为了提取这些学习任务中合适的特征信息,未来需要提出新的学习策略。

参考文献

［1］ 叶舒然,张珍,王一伟,等.基于卷积神经网络的深度学习流场特征识别及应用进展［J/OL］.航空学报:1-19.(2021-01-05)［2021-01-07］.http://hkxb.buaa.edu.cn/CN/10.7527/S1000-6893.2020.24736.

［2］ 聂凯,曾科军,孟庆海.基于深度贝叶斯网络学习的不确定性建模方法［J/OL］.仿真系统学报:1-6.(2021-01-05)［2021-01-07］.http://kns.cnki.net/kcms/detail/11.3092.V.20210104.1625.008.html.

［3］ 贺宇哲,何宁,张人,等.面向深度学习目标检测模型训练不平衡研究［J/OL］.计算机工程与应用:1-11.(2020-12-31)［2021-01-07］.http://kns.cnki.net/kcms/detail/11.2127.TP.20201231.1451.023.html.

［4］ 彭骏,吉纲,张艳红,等.精准人脸识别及测温技术在疫情防控中的应用——普利商用精准识别技术典型案例［J］.软件导刊,2020,19(10):8-14.

［5］ FAROOQ J,BAZAZ M A. A deep learning algorithm for modeling and forecasting of COVID-19 in five worst affected states of India［J］. AEJ - Alexandria Engineering Journal,2020,60(1):587-596.

［6］ 刘洋,战荫伟.基于深度学习的小目标检测算法综述［J/OL］.计算机工程与应用:1-15.(2020-12-21)［2021.01.07］.http://kns.cnki.net/kcms/detail/11.2127.TP.20201221.1732.010.html.

［7］ 唐乃勇，蔡利，朱涛，等.基于深度学习的电力设备图像识别模型构建［J］.自动化与仪器仪表，2020(12)：54-57.

［8］ LEE S K，LEE H，JISEON B，et al. Prediction of tire pattern noise in early design stage based on convolutional neural network［J］. Applied Acoustics，2021，172(15).

［9］ 程叶群，王艳，范裕莹，等.基于卷积神经网络的轻量化目标检测网络［J/OL］.激光与光电子学进展：1-16.(2021-01-08). http：//kns. cnki. net/kcms/detail/31. 1690. TN. 20201229. 1435. 008. html.

［10］ EDUARDO P，OSCAR R，SEBASTIÁN V. Convolutional neural networks for the automatic diagnosis of melanoma：An extensive experimental study［J］. Medical Image Analysis，2021(67).

第 10 章

项目实战阶段三

10.1 超越深度学习

目前深度学习应用最为广泛的还是卷积神经网络。初始模型 LeNet 主要用于识别印刷体和手写体,该技术曾经被用于国外某些银行支票的识别系统中。LeNet 网络为研究其他的网络结构奠定了基础。但是 LeNet 网络的设计比较简单,无法处理复杂的数据。因此有学者在 LeNet 和 AlexNet 的基础上提出 VGGNet,用相对较小的卷积核增加卷积神经网络深度。VGGNet 删除了归一化层,并且因为卷积核的尺寸减小,参数量也减小了,但是由于 VGGNet 增加了深度,所以计算量很大。继 VGGNet 之后提出的 GoogleNet 也致力于研究更深的网络模型,通过 Inception 模块增加网络的宽度,这样的设计也有利于增添和修改,但是会导致侵占过多的计算资源,所以需要利用 1×1 的卷积核进行降维,减少参数的数量。

研究人员发现,网络层数的增加导致了特征信息在传递过程中出现了丢失或损耗,使得错误率提高,目前最为流行的卷积神经网络是残差网络,其核心思想是解决网络错误率提高的问题。与其他模型有很大差别,该网络模型是可以跨层连接的,学习输入输出之间的差别是整个网络的最核心部分,所以减少了学习的目标数量,也减小了学习的难度。

虽然深层神经网络在许多领域得到应用,并在大规模数据处理上取得了突破性的成功,但是遮挡人脸识别需要区分无遮挡区域和被遮挡区域,而深度网络的结构复杂并且涉及大量的超参数,这种复杂性使得在理论上分析深层结构变得极其困难。另一方面,为了在应用中获得更高的人脸识别精度,深度模型不得不持续地增加网络层数或者调整参数个数。因此需要新的高效增量学习系统。本章将重点介绍一个新的高效增量学习系统——宽度学习系统,并综合运用第 9 章和第 10 章的知识最终完成遮挡人脸识别。其中,对宽度学习算法与代码的深入解读可以参考了宽度学习算法创始人、欧洲科学院外籍院士陈俊龙教授发表的原文。

10.2　宽度学习的算法思想

10.2.1　宽度学习系统结构

宽度学习系统(Board Learning System,BLS)是一种不需要深度结构的高效增量学习系统,深层结构神经网络在许多领域得到应用,并在大规模数据处理上取得了突破性的成功。目前,最受欢迎的深度网络包括深度信任网络(Deep Belief Network,DBN)、深度玻尔兹曼机(Deep Boltzmann Machine,DBM)和卷积神经网络(Convolutional Neural Network,CNN)等。虽然深度网络结构非常强大,但大多数网络都被极度耗时的训练过程所困扰。其中最主要的原因是,上述深度网络的结构复杂并且涉及大量的超参数,这种复杂性使得理论分析深层结构变得极其困难。另一方面,为了在应用中获得更高的精度,深度模型不得不持续地增加网络层数或者调整参数个数。宽度学习系统提供了一种深度学习网络的替代方法,同时,如果网络需要扩展,BLS 模型可以通过增量学习高效重建,避免了大规模耗时的网络训练。从模型上来看,BLS 可以看成是随机向量函数链接神经网络的一个变种和推演算法。

由于滤波器和网络层中有大量的连接参数,因此深层结构和学习过程是一个耗时的训练过程。此外,如果结构不足以对系统进行建模,则会遇到完整的再培训过程。BLS 以平面网络的形式建立,其中原始输入被转移并放置为特征节点中的映射特征,在增强节点中对结构进行广义扩展。增量学习算法是为了在不需要再训练的情况下快速重构网络而开发的。

随机向量函数链接神经网络(Random Vector Functional-Link Neural Network,RVFLNN)有效地消除了训练过程过长的缺点,同时也保证了函数逼近的泛化能力。因此,RVFLNN 已经被用来解决不同领域的问题,包括函数建模和控制等。虽然 RVFLNN 显著提高了感知器的性能,但是在处理以大容量和时间多变性为本质特性的大数据时,这种网络并不能胜任。BLS 是基于将映射特征作为 RVFLNN 输入的思想设计的。此外,必要时,BLS 能够以有效和高效的方式更新系统。BLS 的设计思路是利用输入数据映射的特征作为网络的特征节点。如图 10.1 所示为 RVFLNN 模型。

RVFLNN 模型是 Yoh-Han Pao 教授在 1992 年提出来的一个浅层网络模型,其基本思路就是将原始的输入数据做一个简单的映射后,作为另一组输入,与原先的输入数据一起作为输入训练得到输出。BLS 利用这种浅层模型,将其变化成如图 10.2 所示的形式。

BLS 为了保证训练速度,设计了一个单层的网络,直接由输入层经过一个 W 矩阵映射到了输出层。当然 BLS 还用到了很多其他的概念,比如动态逐步更新算法、岭回归的伪逆求解、稀疏自编码以及 SVD 分解等。

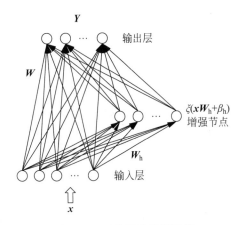

图 10.1　函数链接神经网络

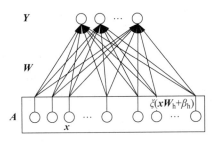

图 10.2　函数链接神经网络的另一种形式

10.2.2　网络权重求解过程

宽度学习网络权重的求解主要基于岭回归和伪逆算法实现。

岭回归理论：给定 BLS 的目标函数，该问题可利用岭回归理论求解，具体地，通过在矩阵 $[\boldsymbol{Z}\,|\,\boldsymbol{H}]^{\mathrm{T}}[\boldsymbol{Z}\,|\,\boldsymbol{H}]$ 或 $[\boldsymbol{Z}\,|\,\boldsymbol{H}][\boldsymbol{Z}\,|\,\boldsymbol{H}]^{\mathrm{T}}$ 的对角线上添加一个趋近于 0 的正数来计算广义 Moore-Penrose 逆的近似形式：

$$[\boldsymbol{Z}\,|\,\boldsymbol{H}]^{+}=\min_{\lambda\to0}(\lambda I+[\boldsymbol{Z}\,|\,\boldsymbol{H}][\boldsymbol{Z}\,|\,\boldsymbol{H}]^{\mathrm{T}})[\boldsymbol{Z}\,|\,\boldsymbol{H}]^{\mathrm{T}}$$

进而，解为：

$$\boldsymbol{W}^{O}=(\lambda I+[\boldsymbol{Z}\,|\,\boldsymbol{H}][\boldsymbol{Z}\,|\,\boldsymbol{H}]^{\mathrm{T}})[\boldsymbol{Z}\,|\,\boldsymbol{H}]^{\mathrm{T}}\boldsymbol{Y}$$

伪逆是 BLS 用于求解网络权重的方法，可以用不同的方法来计算这种广义逆，如正交投影法、正交法、迭代法等。直接的解决方案代价太高，特别是训练样本和输入模式受到高容量、高速度或高品质的影响。此外，伪逆是线性方程的最小二乘估计量，目的是达到训练误差最小的输出权，但对于泛化误差可能不正确，特别是对于条件不太好的问题。下面的最优问题是解决伪逆的另一种方法，伪逆的岭回归求解模型如下：

$$\underset{w}{\mathrm{argmin}}\|\boldsymbol{A}\boldsymbol{W}-\boldsymbol{Y}\|_{v}^{\delta_{1}}+\lambda\|\boldsymbol{W}\|_{u}^{\delta_{2}} \tag{10-1}$$

其中，u、v 表示的是一种范数正则化，当 $\sigma_{1}=\sigma_{2}=u=v=2$ 时，式(10-1)就是一个岭回归模型，它是凸的，具有较好的泛化性能。BLS 的网络参数 $\boldsymbol{W}$ 就是根据上式求解出来的。根据岭回归得到：

$$\boldsymbol{W}=(\lambda I+\boldsymbol{A}\boldsymbol{A}^{\mathrm{T}})^{-1}\boldsymbol{A}^{\mathrm{T}}\boldsymbol{Y} \tag{10-2}$$

矩阵的二范数伪逆为：

$$\boldsymbol{A}^{+}=\lim_{\lambda\to0}(\lambda I+\boldsymbol{A}\boldsymbol{A}^{\mathrm{T}})^{-1}\boldsymbol{A}^{\mathrm{T}} \tag{10-3}$$

该公式为后续需要用到的伪逆求解方法。

10.2.3 动态逐步更新算法

动态逐步更新算法是一种用于函数链接神经网络增量更新网络权重的算法,BLS的网络更新主要用到的也是这一方法。先将图 10.2 中的矩阵 A 表示为 $[X | \xi(XW_h + \beta_h)]$,这里的 A 是经过扩展后的输入矩阵。A_n 表示一个 $n \times m$ 的矩阵,则当新的节点增加如图 10.3 所示。

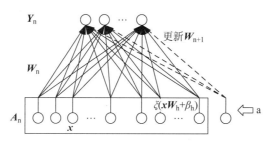

图 10.3 动态逐步更新算法模型

给定输入 X,普通的网络会把 X 乘上权重,加上偏差之后传入到下一个隐含层,但是,不只这样,RVFLNN 乘上一组随机的权重,加上随机的偏差之后传入到增强层(enhance layer),注意,这组权重在以后不会变了。传入增强层的数据经激活函数(也只有增强层有激活函数)得到 H。

之后,把原本的输入 X 和增强层的计算结果 H 合并成一个矩阵,称为 A,$A = [X | H]$,把 A 作为输入,乘上权重,加上偏差之后传到输出层。

用 $A_{n+1} = [A_n | a]$ 表示上述输入矩阵,A_{n+1} 的伪逆可以计算如下:

$$\begin{bmatrix} A_n^+ - d b^{\mathrm{T}} \\ b^{\mathrm{T}} \end{bmatrix} \tag{10-4}$$

其中,$d = A_n^+ a$。

$$b^{\mathrm{T}} = \begin{bmatrix} (c)^+ & c \neq 0 \\ (1 + d^{\mathrm{T}} d)^{-1} d^{\mathrm{T}} A_n^+ & c = 0 \end{bmatrix} \tag{10-5}$$

$$c = a - A_n d \tag{10-6}$$

新的权重 W 更新如下:

$$W_{n+1} = \begin{bmatrix} W_n - d b^{\mathrm{T}} Y_n \\ b^{\mathrm{T}} Y_n \end{bmatrix} \tag{10-7}$$

其中,W_{n+1} 和 W_n 分别是添加新的增强节点之后和之前的权重,仅通过计算相应添加节点的伪逆,就可以容易地更新权重。

　　除了上面两种方法,BLS 还会用到稀疏自编码和 SVD 分解。

　　监督学习任务,如分类,通常需要一个良好的特征表示输入,以实现好的性能。特征表示不仅是一种有效的数据表示方式,更重要的是捕获数据的特征。通常使用难以处理的数学推导或简单的随机初始化来生成一组随机特征填充。然而随机是不可预测的,需要指导的。为了克服随机性,稀疏自编码器可以作为一种重要的工具,将随机特征微调到稀疏和紧凑的特征。也就是说,稀疏特征学习模型可以探索基本特征。

　　从给定的训练数据中提取稀疏特征,可以用 X 来解决优化问题,如果设置:

$$\underset{\hat{\boldsymbol{W}}}{\arg\min}: \|\boldsymbol{Z}\hat{\boldsymbol{W}} - \boldsymbol{X}\|_2^2 + \lambda\|\hat{\boldsymbol{W}}\|_1 \tag{10-8}$$

其中,$\hat{\boldsymbol{W}}$ 是稀疏自编码器的解;$\boldsymbol{Z}$ 是给定线性方程的期望,$\boldsymbol{X}\hat{\boldsymbol{W}} = \boldsymbol{Z}$。

　　上述问题是凸的,因此其中的近似问题可以通过正交匹配追求、交替方向乘子法、快速迭代收缩阈值算法等方法求解。其中交替方向乘子法实际上是为优化问题中的一般分解方法和分散算法而设计的。此外,已经证明了许多先进的范数相关问题算法可以通过交替方向乘子法导出,如快速迭代收敛阈值算法。下面简要介绍典型方法。

　　首先,式(10-8)可以等效为下列的一般问题:

$$\underset{\boldsymbol{W}}{\arg\min}: f(\boldsymbol{\omega}) + g(\boldsymbol{\omega}), \quad \boldsymbol{\omega} \in R^n \tag{10-9}$$

其中,$f(\boldsymbol{\omega}) = \|\boldsymbol{Z}\boldsymbol{\omega} - \boldsymbol{x}\|_2^2$,$g(\boldsymbol{\omega}) = \lambda\|\boldsymbol{\omega}\|_1$,在交替方向乘子法模型中,上述问题可改写为:

$$\underset{\boldsymbol{W}}{\arg\min}: f(\boldsymbol{\omega}) + g(\boldsymbol{o}), \quad \text{s.t. } \boldsymbol{\omega} - \boldsymbol{o} = 0 \tag{10-10}$$

　　因此可以通过以下迭代步骤解决近端问题:

$$\begin{cases} \omega_{k+1} := (\boldsymbol{Z}^T\boldsymbol{Z} + \rho I)^{-1}(\boldsymbol{Z}^T x + \rho(o^k - u^k)) \\ o_{k+1} := S_{\frac{\lambda}{\rho}}(\omega_{k+1} + u_k) \\ u_{k+1} := u_k + (\omega_{k+1} - o_{k+1}) \end{cases} \tag{10-11}$$

这里 $\rho > 0$,S 是一种软触发器,定义为:

$$S_k(a) = \begin{cases} a - k, & a > k \\ 0, & |a| \leqslant k \\ a + k, & a < -k \end{cases} \tag{10-12}$$

　　在实际问题中,解决问题所遇到的矩阵往往都不是方阵,那么,怎么样来描述一个普通矩阵的重要特征呢? 奇异值分解提供了一种可以用于任意矩阵分解的方法。

　　对于一个矩阵 $\boldsymbol{A} \in F^{m \times n}$,可将其写为如下形式:

$$\boldsymbol{A} = \boldsymbol{U}\boldsymbol{\Lambda}\boldsymbol{V}^T \tag{10-13}$$

其中,$\boldsymbol{U} \in F^{m \times n}$ 是酉矩阵,也称为左奇异向量;$\boldsymbol{\Lambda} \in F^{m \times n}$ 为半正定对角矩阵;$\boldsymbol{V}^H \in F^{n \times n}$ 是 $\boldsymbol{V}$ 的共轭转置,称为右奇异向量。这样的分解就叫作奇异值分解,$\boldsymbol{\Lambda}$ 对角线上的元素 λi 即为原矩阵 $\boldsymbol{A}$ 的奇异值,奇异值一般按从小到大排列,即:

$$\lambda_1 \geqslant \lambda_2 \geqslant \cdots \geqslant \lambda_{\min(n,m)} \tag{10-14}$$

奇异值分解的推导可以从特征值分解开始。首先,对 n 阶对称方阵 $\boldsymbol{A}^{\mathrm{T}}\boldsymbol{A}$ 做特征值分解,得到:

$$\boldsymbol{A}^{\mathrm{T}}\boldsymbol{A} = \boldsymbol{V}\boldsymbol{\Lambda}\boldsymbol{V}^{\mathrm{T}} \tag{10-15}$$

通过特征值分解得到一组正交基 $\boldsymbol{V} = (v_1, v_2, \cdots, v_n)$,满足如下性质:

$$(\boldsymbol{A}^{\mathrm{T}}\boldsymbol{A})v_i = \lambda_i v_i \tag{10-16}$$

由于 $\boldsymbol{A}^{\mathrm{T}}\boldsymbol{A}$ 为对称矩阵,$\boldsymbol{v}_i$ 之间两两相互正交,所以有:

$$<\boldsymbol{Av}_i, \boldsymbol{Av}_j> = \boldsymbol{v}_i^{\mathrm{T}}(\boldsymbol{A}^{\mathrm{T}}\boldsymbol{A})\,\boldsymbol{v}_j = \boldsymbol{v}_i^{\mathrm{T}}\lambda_j\boldsymbol{v}_j = \lambda_j\boldsymbol{v}_i^{\mathrm{T}}\boldsymbol{v}_j = 0 \tag{10-17}$$

因为 $\mathrm{rank}(\boldsymbol{A}^{\mathrm{T}}\boldsymbol{A}) = \mathrm{rank}(\boldsymbol{A}) = r$,所以可以得到另一组正交基 $\boldsymbol{Av}_1, \boldsymbol{Av}_2, \cdots, \boldsymbol{Av}_r$,将其标准化有:

$$u_i = \frac{\boldsymbol{A}\,\boldsymbol{v}_i}{|\boldsymbol{A}\,\boldsymbol{v}_i|} = \frac{1}{\sqrt{\lambda}}\boldsymbol{A}\boldsymbol{v}_i \tag{10-18}$$

$$\boldsymbol{A}\boldsymbol{v}_i = \sqrt{\lambda}u_i = \delta_i u_i \tag{10-19}$$

注:

$$|\boldsymbol{A}\boldsymbol{v}_i|^2 = <\boldsymbol{Av}_i, \boldsymbol{Av}_j> = \lambda_i u_i^{\mathrm{T}}\boldsymbol{v}_i = \lambda_i \tag{10-20}$$

将向量组 $(u_1, u_2, \cdots, u_r)$ 扩充为 F^m 中的标准正交基 $(u_1, u_2, \cdots, u_r, \cdots, u_m)$,则:

$$\boldsymbol{AV} = \boldsymbol{A}(\boldsymbol{v}_1, \boldsymbol{v}_2, \cdots, \boldsymbol{v}_n) = (\boldsymbol{Av}_1, \boldsymbol{Av}_2, \cdots, \boldsymbol{Av}_r, 0, \cdots, 0)$$

$$= (\delta_1 u_1, \delta_2 u_2, \cdots, \delta_r u_r, 0, \cdots, 0) = \boldsymbol{U}\boldsymbol{\Lambda}$$

由此,可以得到奇异值分解的形式:

$$\boldsymbol{A} = \boldsymbol{U}\boldsymbol{\Lambda}\boldsymbol{V}^{\mathrm{T}} \tag{10-21}$$

对于较小维度的矩阵,可以从奇异值分解的推导中看出,奇异值 $\delta_i = \sqrt{\lambda_i}$。于是可以通过求解原矩阵的转置与其自身相乘得到的矩阵的特征值,再对该特征值求平方根的方法求得矩阵的奇异值。

高纬度的矩阵的奇异值的计算是一个难题,是一个 $\mathrm{O}(N^3)$ 的算法,随着规模的增长,计算的复杂度会呈现出 3 次方的扩大。

10.3 高效的增量学习模型

10.3.1 宽度学习系统的优势

BLS 源自 RVFLNN,无须耗时的训练过程且具有较强的函数逼近能力,图 10.4 给出了 RVFLNN 和 BLS 的结构。由图 10.4 可知,RVFLNN 由三部分组成,输入层、增强节点 (Enhancement Nodes,EN) 和输出层。其中,输出层同时连接输入层和增强节点。与

RVFLNN 相比,BLS 在输入数据映射到 EN 之前,首先映射到映射特征(Mapped Feature, MF),输出层同时连接 MF 和 EN,故 BLS 具有了两方面的优势。

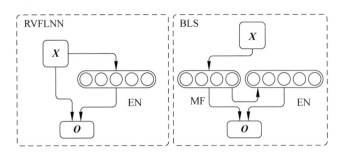

图 10.4 RVFLNN 和 BLS 结构示意图

(1)结构更加灵活且处理高维数据的能力更强。

(2)相比原始数据,稀疏特征更能挖掘数据的本征信息,故而 BLS 具有更强的泛化能力。

给定输入数据 $\boldsymbol{X}$,其先后映射到 MF 和 EN 中,其计算公式为:

$$\begin{cases} \boldsymbol{Z} = \boldsymbol{X}\boldsymbol{W}^{\mathrm{M}} \\ \boldsymbol{H} = \sigma(\boldsymbol{Z}\boldsymbol{W}^{\mathrm{E}}) \end{cases} \quad (10\text{-}22)$$

其中,$\boldsymbol{Z}$ 和 $\boldsymbol{H}$ 分别表示 MF 和 EN 的特征,$\boldsymbol{W}^{\mathrm{M}}$ 和 $\boldsymbol{W}^{\mathrm{E}}$ 分别为输入到 MF 和 MF 到 EN 的链接权重,$\sigma(\cdot)$ 为非线性函数。为增强 MF 中特征的表示能力,利用线性稀疏自动编码器对 $\boldsymbol{W}^{\mathrm{M}}$ 进行微调,仅 $\boldsymbol{W}^{\mathrm{E}}$ 为随机生成。输出层同时连接 MF 和 EN,其计算公式为:

$$\boldsymbol{O} = [\boldsymbol{Z} \mid \boldsymbol{H}]\boldsymbol{W}^{\mathrm{O}} \quad (10\text{-}23)$$

其中,$\boldsymbol{O}$ 为 BLS 的输出响应,$\boldsymbol{W}^{\mathrm{O}}$ 为输出层权重。进而,BLS 的目标函数为:

$$\min_{\boldsymbol{W}^{\mathrm{O}}} \| \boldsymbol{O} - \boldsymbol{Y} \|_2^2 + \lambda \| \boldsymbol{W}^{\mathrm{O}} \|_2^2 \quad (10\text{-}24)$$

其中,$\boldsymbol{Y}$ 为给定监督信息,式(10-24)中第一项为经验风险项,用以降低模型的输出与给定监督信息之间的误差;第二项为结构风险项,用以提高模型的泛化能力,降低过拟合的风险,λ 为该项系数。

10.3.2 宽度学习技术的核心

BLS 的输入矩阵 $\boldsymbol{A}$ 是由两部分组成的:映射节点和增强节点,映射节点记为 $\boldsymbol{Z}$,它由原数据矩阵经过线性映射和激活函数变换得到。

$$\boldsymbol{Z}_i = \varphi(\boldsymbol{X}\boldsymbol{W}_i + \boldsymbol{\beta}_i), \quad i = 1, 2, \cdots, n \quad (10\text{-}25)$$

这里的 $\boldsymbol{W}$、$\boldsymbol{\beta}$ 矩阵都是随机产生的,可以将 n 次映射变化得到的映射节点记为 $\boldsymbol{Z}_n = [Z_1, Z_2, \cdots, Z_n]$。同样的,增强节点是由映射节点经过线性映射和激活函数变换得到的:

$$\boldsymbol{H}_m \equiv \xi(\boldsymbol{Z}_n \boldsymbol{W}_{h_m} + \boldsymbol{\beta}_{h_m}) \quad (10\text{-}26)$$

因此,宽度学习的模型可以表示为如下线性形式:

$$\boldsymbol{Y} = [\boldsymbol{Z}_1, \boldsymbol{Z}_2, \cdots, \boldsymbol{Z}_n \mid \xi(\boldsymbol{Z}_n \boldsymbol{W}_{h_1} + \boldsymbol{\beta}_{h_1}), \cdots, \xi(\boldsymbol{Z}_n \boldsymbol{W}_{h_m} + \boldsymbol{\beta}_{h_m})]\boldsymbol{W}_m \tag{10-27}$$

$$= [\boldsymbol{Z}_1, \boldsymbol{Z}_2, \cdots, \boldsymbol{Z}_n \mid \boldsymbol{H}_1, \boldsymbol{H}_2, \cdots, \boldsymbol{H}_m]\boldsymbol{W}_m \tag{10-28}$$

$$= [\boldsymbol{Z}_n \mid \boldsymbol{H}_m]\boldsymbol{W}_m \tag{10-29}$$

图 10.5 展示了 BLS 的形式。

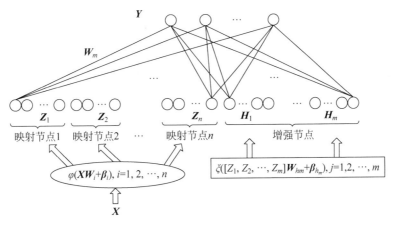

图 10.5 宽度学习网络结构图

宽度学习的核心就是求得特征节点和增强节点到目标值的伪逆。在这里,特征节点和增强节点相对应的是神经网络的输入,求得的逆矩阵相当于神经网络的权值。那么首先,需要建立输入数据到特征节点的映射。

首先,对 $\boldsymbol{H}'_1$ 进行 z 分数标准化,这里必须确保输入数据已经归一化到 0～1。接着,对 $\boldsymbol{H}'_1$ 进行增广,在训练集最后增加一列 1,使之变为 $\boldsymbol{H}_{1_{s \times (f+1)}}$ (其中 s 表示样本个数,f 表示特征数),这样做是为了在生成特征节点时可以直接通过矩阵运算增加偏置项。

假设训练集有 500 个样本,属性有 4 个,标签有 3 种。设定 10 组映射节点,10 组增强节点。每组都想要 100 个节点。这样映射节点就有 1000 个,增强节点也有 1000 个。那么原始的输入 $\boldsymbol{X}$ 仍然是 500×4 的矩阵。但是,要先把它变成 10 个 500×100 的矩阵,所以需要 10 个 4×100 的权重矩阵,这个权重是随机设定的。当得到 10 组 500×100 的映射节点的输入 $\boldsymbol{Z}$ 之后,还要得到增强节点的输入 $\boldsymbol{H}$。为此,还需要 10 组 100×100 的另一个随机权重(这个权重一般还要设置成正交的,可能是为了防止增强节点输入彼此之间的相关性)。之后,输入就是 $\boldsymbol{A} = [\boldsymbol{Z} \mid \boldsymbol{H}]$,大小为 500×2000。这两个随机权重都不再改变。输入到输出权重 $\boldsymbol{W}$ 的大小为 2000×3,同样由求伪逆得到。

10.3.3 高效增量学习机制

1. 增加节点

对于一些情况,BLS 直接训练后可能无法达到理想的性能,这时候可以考虑增加节点的个数,比如,增加 p 个增强节点,分别记为 $\boldsymbol{A}_m = [\boldsymbol{Z}_n \mid \boldsymbol{H}_m]$ 和 $\boldsymbol{A}_{m+1} = [\boldsymbol{A}_m \mid \xi(\boldsymbol{Z}_n \boldsymbol{W}_{h_{m+1}} + \boldsymbol{\beta}_{h_{m+1}})]$,根据之前提到的动态逐步更新算法,可以有:

$$
\begin{cases}
(\boldsymbol{A}_{m+1})^+ = \begin{bmatrix} (\boldsymbol{A}_m)^+ - \boldsymbol{D}\boldsymbol{B}^\mathrm{T} \\ \boldsymbol{B}^\mathrm{T} \end{bmatrix} \\
\boldsymbol{D} = (\boldsymbol{A}_m) + \xi(\boldsymbol{Z}_n \boldsymbol{W}_{h_{m+1}} + \boldsymbol{\beta}_{h_{m+1}}) \\
\boldsymbol{B}^\mathrm{T} = \begin{bmatrix} (\boldsymbol{C})^+ & C \neq 0 \\ (1 + \boldsymbol{D}^\mathrm{T} \boldsymbol{D})^{-1} \boldsymbol{D}^\mathrm{T} \boldsymbol{A}_n^+ & C = 0 \end{bmatrix} \\
\boldsymbol{C} = \xi(\boldsymbol{Z}_n \boldsymbol{W}_{h_{m+1}} + \boldsymbol{\beta}_{h_{m+1}}) - \boldsymbol{A}_m \boldsymbol{D}
\end{cases}
$$

新的权重 $\boldsymbol{W}$ 更新如下:

$$
\boldsymbol{W}_{n+1} = \begin{bmatrix} \boldsymbol{W}_n - \boldsymbol{D}\boldsymbol{B}_n \boldsymbol{Y}_n \\ \boldsymbol{B}^\mathrm{T} \boldsymbol{Y}_n \end{bmatrix} \tag{10-30}
$$

如图 10.6 所示,映射节点的增加相比于增强节点的增加要略显复杂一点,首先记增加的映射节点为 $\boldsymbol{Z}_{n+1} = \phi(\boldsymbol{X}\boldsymbol{W}_{e_{n+1}} + \boldsymbol{\beta}_{e_{n+1}})$,对应增加的增强节点不再使用之前的 $\boldsymbol{W}$,而是重新生成:

$$
\boldsymbol{H}\mid_{ex_m} = [\xi(\boldsymbol{Z}_{n+1} \boldsymbol{W}_{ex_1} + \boldsymbol{\beta}_{ex_1}), \cdots, \xi(\boldsymbol{Z}_{n+1} \boldsymbol{W}_{ex_m} + \boldsymbol{\beta}_{ex_m})] \tag{10-31}
$$

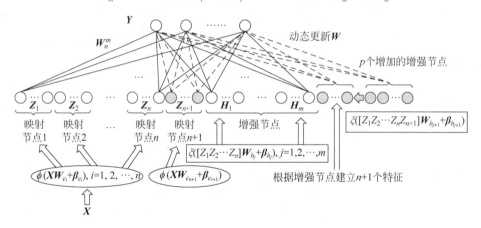

图 10.6 增强节点的增加和映射节点的增加

2. 增加输入数据

输入数据的增加是 BLS 最重要的增量形式,记新增加的样本为 $\boldsymbol{X}_a$,$\boldsymbol{A}_n^m$ 表示 n 组映射节点 m 组增强节点的初始输入矩阵,那么对应于增加的数据的输入矩阵可以表示为:

$$
\boldsymbol{A}_x = [\phi(\boldsymbol{X}_a \boldsymbol{W}_{e_1} + \boldsymbol{\beta}_{e_1}), \cdots, \phi(\boldsymbol{X}_a \boldsymbol{W}_{e_n} + \boldsymbol{\beta}_{e_n}) \mid
$$

$$
\xi(\boldsymbol{Z}_x^n \boldsymbol{W}_{h_1} + \boldsymbol{\beta}_{h_1}), \cdots, \xi(\boldsymbol{Z}_x^n \boldsymbol{W}_{h_m} + \boldsymbol{\beta}_{h_m})] \tag{10-32}
$$

式(10-32)中的参数用的是初始网络中产生的参数,因此,更新后的输入矩阵为:

$$^{x}\boldsymbol{A}_{n}^{m} = \begin{bmatrix} \boldsymbol{A}_{n}^{m} \\ \boldsymbol{A}_{x}^{\mathrm{T}} \end{bmatrix} \tag{10-33}$$

关于 BLS 输入数据增加如图 10.7 所示。

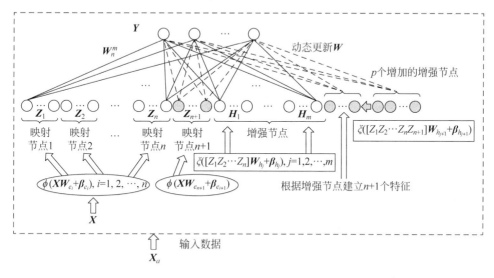

图 10.7 BLS 输入数据增加

关联伪逆更新算法推导如下:

$$\begin{cases} (^{x}\boldsymbol{A}_{n}^{m})^{+} = \left[(\boldsymbol{A}_{n}^{m})^{+} - \boldsymbol{B}\boldsymbol{D}^{\mathrm{T}} \mid \boldsymbol{B} \right] \\ \boldsymbol{D}^{\mathrm{T}} = \boldsymbol{A}_{x}^{\mathrm{T}} \boldsymbol{A}_{n}^{m+} \\ \boldsymbol{B}^{\mathrm{T}} = \begin{cases} (\boldsymbol{C})^{+} & \boldsymbol{C} \neq 0 \\ (1 + \boldsymbol{D}^{\mathrm{T}}\boldsymbol{D})^{-1} (\boldsymbol{A}_{n}^{m})^{+} \boldsymbol{D} & \boldsymbol{C} = 0 \end{cases} \\ \boldsymbol{C} = \boldsymbol{A}_{x}^{\mathrm{T}} - \boldsymbol{D}^{\mathrm{T}} \boldsymbol{A}_{n}^{m} \end{cases} \tag{10-34}$$

网络权重 $\boldsymbol{W}$ 的更新公式为:

$$^{x}\boldsymbol{W}_{n}^{m} = \boldsymbol{W}_{n}^{m} + (\boldsymbol{Y}_{a}^{\mathrm{T}} - \boldsymbol{A}_{x}^{\mathrm{T}}\boldsymbol{W}_{n}^{m})\boldsymbol{B} \tag{10-35}$$

3. 增量学习算法

下面分三种情况对增量学习算法进行简单介绍:EN 增量、MF 增量和输入数据增量。

(1) EN 增量。如图 10.8 所示,当既定 BLS 无法到达目标精度时,最直接的方法是在网络结构中添加额外的增强节点。对于因新增节点而增加的连接权重,可以根据既定的权重计算得到,而无须对全部网络参数进行重新训练。

(2) MF 增量。考虑这样一种常见的情况,由于网络节点个数过少,进而导致了特征表示能力不足。在这种情况下,深度学习常用的解决方法为:首先增加网络的复杂程度,如增

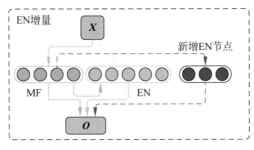

图 10.8　EN 增量的 BLS 示意图

加节点个数、增加网络层数、增加卷积核个数等；然后对整体网络进行重新训练。但这种方法不可避免地会因重新训练而耗费大量的时间，而 BLS 则可以避免这一种情况。如图 10.9 所示，当 MF 中的节点增加时，无须对既定的 BLS 中参数进行重新训练。

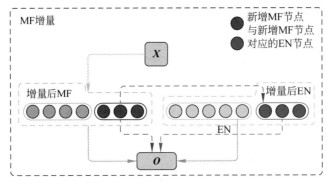

图 10.9　MF 增量的 BLS 示意图

（3）输入增量。当有新增加的训练样本，既定的 BLS 需要进行相应的参数更新，如图 10.10 所示。相对于"深度"结构来说，"宽度"结构由于没有层与层之间的耦合而非常简洁。同样，由于没有多层连接，宽度网络亦不需要利用梯度下降来更新权值，所以计算速度大大优于深度学习。在网络精度达不到要求时，可以通过增加网络的"宽度"来提升精度，而

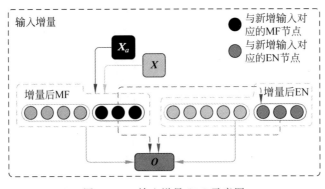

图 10.10　输入增量 BLS 示意图

增加宽度所增加的计算量和深度网络增加层数相比,可以说是微乎其微。

10.4 宽度学习代码解读及调试

10.4.1 基础代码及调试

本次实验设计的核心就是求得特征节点和增强节点到目标值的伪逆以及求得特征节点和增强节点相对应的神经网络的输入,求得逆矩阵相当于神经网络的权值。算法使用了相应的激活函数,例如传递函数、线性整流函数、矩阵伪逆函数、双曲正切函数等,程序不仅要实现各个模块的任务,还要计算出相应的训练精确度、训练时间、测试精确度和测试时间,并对增加的增强节点和映射节点的运算结果进行分析和比较,最后,得到结论:宽度学习系统在增加增强节点和映射节点之后精确度和学习速度方面都有更好的表现力。

按照实验目的,所设计的 Python 程序需要实现的功能大致如下所述。

1. 定义输出训练测试准确率的函数

```
def show_accuracy(predictLabel, Label)
count = 0
label_1 = np.zeros(Label.shape[0])
predlabel = []
label_1 = Label.argmax(axis = 1)
predlabel = predictLabel.argmax(axis = 1)
for j in list(range(Label.shape[0]))
    if label_1[j] == predlabel[j]
        count += 1
return (round(count / len(Label), 5))
```

2. 使用相应的激活函数

```
def tansig(x)
    return (2 / (1 + np.exp( - 2 * x))) - 1
def sigmoid(data)
    return 1.0 / (1 + np.exp( - data))
def linear(data)
    return data
def tanh(data)
    return (np.exp(data) - np.exp( - data)) / (np.exp(data) + np.exp( - data))
def relu(data)
    return np.maximum(data, 0)
def pinv(A, reg)
    return np.mat(reg * np.eye(A.shape[1]) + A.T.dot(A)).I.dot(A.T)
```

3. 实现参数压缩和参数稀疏化

```
# 参数压缩
def shrinkage(a, b):
    z = np.maximum(a - b, 0) - np.maximum(-a - b, 0)
    return z
# 参数稀疏化
def sparse_bls(A, b):
    lam = 0.001
    itrs = 50
    AA = A.T.dot(A)
    m = A.shape[1]
    n = b.shape[1]
    x1 = np.zeros([m, n])
    wk = x1
    ok = x1
    uk = x1
    L1 = np.mat(AA + np.eye(m)).I
        4)
    L2 = (L1.dot(A.T)).dot(b)
    for i in range(itrs):
        ck = L2 + np.dot(L1, (ok - uk))
        ok = shrinkage(ck + uk, lam)
        uk = uk + ck - ok
        wk = ok
    return wk
```

4. 生成每个窗口的权重系数和存储每个窗口的系数化权重

```
weightOfEachWindow = 2 * random.randn(train_x.shape[1] + 1, N1) - 1;
                                            # 生成每个窗口的权重系数
# WeightOfEachWindow([],[],i) = weightOfEachWindow;    # 存储每个窗口的权重系数
FeatureOfEachWindow = np.dot(FeatureOfInputDataWithBias, weightOfEachWindow)
                                            # 生成每个窗口的特征
# 压缩每个窗口特征到[-1,1]
scaler1 = preprocessing.MinMaxScaler(feature_range = (0, 1)).fit(FeatureOfEachWindow)
FeatureOfEachWindowAfterPreprocess = scaler1.transform(FeatureOfEachWindow)
# 通过稀疏化计算映射层每个窗口内的最终权重
betaOfEachWindow = sparse_bls(FeatureOfEachWindowAfterPreprocess, FeatureOfInputDataWithBias).T
```

5. 定义 BLS 函数，同时设计强化层节点 BLS 函数

```
def BLS(train_x, train_y, test_x, test_y, s, c, N1, N2, N3):
    u = 0
    L = 0
    train_x = preprocessing.scale(train_x, axis = 1) # ,with_mean = '0')    # 处理数据
    FeatureOfInputDataWithBias = np.hstack([train_x, 0.1 * np.ones((train_x.shape[0], 1))])
```

```
OutputOfFeatureMappingLayer = np.zeros([train_x.shape[0], N2 * N1])
BetalOfEachWindow = []

distOfMaxAndMin = []
minOfEachWindow = []
ymin = 0
ymax = 1
train_acc_all = np.zeros([1, L + 1])
test_acc = np.zeros([1, L + 1])
train_time = np.zeros([1, L + 1])
test_time = np.zeros([1, L + 1])
time_start = time.time()    # 计时开始
for i in range(N2):
    random.seed(i)
            weightOfEachWindow = 2 * random.randn(train_x.shape[1] + 1, N1) - 1;
        # 生成每个窗口的权重系数,最后一行为偏差
    WeightOfEachWindow([],[],i) = weightOfEachWindow;    # 存储每个窗口的权重系数
    FeatureOfEachWindow = np.dot(FeatureOfInputDataWithBias, weightOfEachWindow)
# 生成每个窗口的特征
        # 压缩每个窗口特征到[-1,1]
    scaler1 = preprocessing.MinMaxScaler(feature_range = (0, 1)).fit(FeatureOfEachWindow)
    FeatureOfEachWindowAfterPreprocess = scaler1.transform(FeatureOfEachWindow)
        # 通过稀疏化计算映射层每个窗口内的最终权重
    betaOfEachWindow = sparse_bls(FeatureOfEachWindowAfterPreprocess,
FeatureOfInputDataWithBias).T
        # 存储每个窗口的系数化权重
    BetalOfEachWindow.append(betaOfEachWindow)
        # 每个窗口的输出 T1
    outputOfEachWindow = np.dot(FeatureOfInputDataWithBias, betaOfEachWindow)
print ( ' Featurenodesinwindow: max: ', np. max ( outputOfEachWindow ), ' min: ', np. min
(outputOfEachWindow))
    distOfMaxAndMin.append(np.max(outputOfEachWindow,axis = 0) - np.min(outputOfEachWindow,
axis = 0))
    minOfEachWindow.append(np.min(outputOfEachWindow, axis = 0))
    outputOfEachWindow = (outputOfEachWindow - minOfEachWindow[i])/ distOfMaxAndMin[i]
    OutputOfFeatureMappingLayer[:, N1 * i:N1 * (i + 1)] = outputOfEachWindow
    del outputOfEachWindow
    del FeatureOfEachWindow
    del weightOfEachWindow

# 生成强化层
# 以下为映射层输出加偏置(强化层输入)
InputOfEnhanceLayerWithBias = np.hstack(
    [OutputOfFeatureMappingLayer,0.1 * np.ones((OutputOfFeatureMappingLayer.shape[0], 1))])
# 生成强化层权重
if N1 * N2 > = N3:
    random.seed(67797325)
```

```
        dim = N1 * N2 + 1
        temp_matric = stats.ortho_group(dim)
        weightOfEnhanceLayer = temp_matric[:,0:N3]
        weightOfEnhanceLayer = LA.orth(2 * random.randn(N2 * N1 + 1, N3)) - 1
    else
        random.seed(67797325)

        weightOfEnhanceLayer = LA.orth(2 * random.randn(N2 * N1 + 1, N3).T - 1).T
    tempOfOutputOfEnhanceLayer = np.dot(InputOfEnhanceLayerWithBias, weightOfEnhanceLayer)
print ( ' Enhancenodes: max: ', np. max ( tempOfOutputOfEnhanceLayer ), ' min: ', np. min
(tempOfOutputOfEnhanceLayer))
    parameterOfShrink = s / np.max(tempOfOutputOfEnhanceLayer)
    OutputOfEnhanceLayer = tansig(tempOfOutputOfEnhanceLayer * parameterOfShrink)
    # 生成最终输入
    InputOfOutputLayer = np.hstack([OutputOfFeatureMappingLayer, OutputOfEnhanceLayer])
    pinvOfInput = pinv(InputOfOutputLayer, c)
    OutputWeight = np.dot(pinvOfInput, train_y)    # 全局伪逆
    time_end = time.time()                         # 训练完成
    trainTime = time_end - time_start
    # 训练输出
    OutputOfTrain = np.dot(InputOfOutputLayer, OutputWeight)
    trainAcc = show_accuracy(OutputOfTrain, train_y)
    print('Training accurate is', trainAcc * 100, '%')
    print('Training time is ', trainTime, 's')
    train_acc_all[0][0] = trainAcc
    train_time[0][0] = trainTime
    # 测试过程
        test_x = preprocessing.scale(test_x,axis=1) # ,with_mean = True,with_std = True)
        # 处理数据 x = (x - mean(x))/std(x) x 属于[-1,1]
    FeatureOfInputDataWithBiasTest = np.hstack([test_x, 0.1 * np.ones((test_x.shape[0], 1))])
    OutputOfFeatureMappingLayerTest = np.zeros([test_x.shape[0], N2 * N1])
    time_start = time.time()                       # 测试计时开始
    # 映射层
    for i in range(N2):
        outputOfEachWindowTest = np.dot(FeatureOfInputDataWithBiasTest, Beta1OfEachWindow[i])
        OutputOfFeatureMappingLayerTest[:, N1 * i:N1 * (i + 1)] = (ymax - ymin) * (
outputOfEachWindowTest - minOfEachWindow[i]) / distOfMaxAndMin[i] - ymin
    # 强化层
    InputOfEnhanceLayerWithBiasTest = np.hstack(
        [OutputOfFeatureMappingLayerTest, 0.1 * np.ones((OutputOfFeatureMappingLayerTest.
shape[0], 1))])
    tempOfOutputOfEnhanceLayerTest = np.dot(InputOfEnhanceLayerWithBiasTest, weightOfEnhanceLayer)
    # 强化层输出
    OutputOfEnhanceLayerTest = tansig(tempOfOutputOfEnhanceLayerTest * parameterOfShrink)
    # 最终层输入
    InputOfOutputLayerTest = np.hstack([OutputOfFeatureMappingLayerTest, OutputOfEnhanceLayerTest])
    # 最终测试输出
```

```
OutputOfTest = np.dot(InputOfOutputLayerTest, OutputWeight)
time_end = time.time()    # 训练完成
testTime = time_end - time_start
testAcc = show_accuracy(OutputOfTest, test_y)
print('Testing accurate is', testAcc * 100, '%')
print('Testing time is ', testTime, 's')
test_acc[0][0] = testAcc
test_time[0][0] = testTime

return test_acc, test_time, train_acc_all, train_time
```

```
'''
# %增加强化层节点版 --- BLS
# %参数列表:
# %s ------ 收敛系数
# %c ------ 正则化系数
# %N1 ----- 映射层每个窗口内节点数
# %N2 ----- 映射层窗口数
# %N3 ----- 强化层节点数
# %l ------ 步数
# %M ----- 步长
'''
```

6. 定义强化层节点的函数并设计步长

```
def BLS_AddEnhanceNodes(train_x, train_y, test_x, test_y, s, c, N1, N2, N3, L, M)
    # 生成映射层
    '''
    两个参数最重要,1)y;2)Beta1OfEachWindow
    '''
    u = 0
    ymax = 1        # 数据收缩上限
    ymin = 0        # 数据收缩下限
    train_x = preprocessing.scale(train_x, axis=1)    # 处理数据
    FeatureOfInputDataWithBias = np.hstack([train_x, 0.1 * np.ones((train_x.shape[0], 1))])
    OutputOfFeatureMappingLayer = np.zeros([train_x.shape[0], N2 * N1])
    Beta1OfEachWindow = np.zeros([N2,train_x.shape[1] + 1,N1])

        distOfMaxAndMin = []
    minOfEachWindow = []
    train_acc = np.zeros([1, L + 1])
    test_acc = np.zeros([1, L + 1])
    train_time = np.zeros([1, L + 1])
    test_time = np.zeros([1, L + 1])
    time_start = time.time()                          # 计时开始
    Beta1OfEachWindow = []
    for i in range(N2):
```

```
        random.seed(i + u)
        weightOfEachWindow = 2 * random.randn(train_x.shape[1] + 1, N1) - 1;
# 生成每个窗口的权重系数,最后一行为偏差
        WeightOfEachWindow([],[],i) = weightOfEachWindow;        # 存储每个窗口的权重系数
        FeatureOfEachWindow = np.dot(FeatureOfInputDataWithBias, weightOfEachWindow)
                                                        # 生成每个窗口的特征
        # 压缩每个窗口特征到[-1,1]
        scaler1 = preprocessing.MinMaxScaler(feature_range = (0, 1)).fit(FeatureOfEachWindow)
        FeatureOfEachWindowAfterPreprocess = scaler1.transform(FeatureOfEachWindow)
        # 通过稀疏化计算映射层每个窗口内的最终权重
        betaOfEachWindow = sparse_bls(FeatureOfEachWindowAfterPreprocess,
FeatureOfInputDataWithBias).T
        Beta1OfEachWindow.append(betaOfEachWindow)
        outputOfEachWindow = np.dot(FeatureOfInputDataWithBias, betaOfEachWindow)
        distOfMaxAndMin.append(np.max(outputOfEachWindow, axis = 0) - np.min(outputOfEachWindow,
axis = 0))
        minOfEachWindow.append(np.min(outputOfEachWindow, axis = 0))
        outputOfEachWindow = (outputOfEachWindow - minOfEachWindow[i]) / distOfMaxAndMin[i]
        OutputOfFeatureMappingLayer[:, N1 * i:N1 * (i + 1)] = outputOfEachWindow
        del outputOfEachWindow
        del FeatureOfEachWindow
        del weightOfEachWindow


        # 生成强化层
    # 以下为映射层输出加偏置(强化层输入)
    InputOfEnhanceLayerWithBias = np.hstack(
    [OutputOfFeatureMappingLayer,0.1 * np.ones((OutputOfFeatureMappingLayer.shape[0], 1))])
    # 生成强化层权重
    if N1 * N2 >= N3
        random.seed(67797325)
        weightOfEnhanceLayer = LA.orth(2 * random.randn(N2 * N1 + 1, N3) - 1)
    else
        random.seed(67797325)
        weightOfEnhanceLayer = LA.orth(2 * random.randn(N2 * N1 + 1, N3).T - 1).T

    tempOfOutputOfEnhanceLayer = np.dot(InputOfEnhanceLayerWithBias, weightOfEnhanceLayer)
    parameterOfShrink = s / np.max(tempOfOutputOfEnhanceLayer)
    OutputOfEnhanceLayer = tansig(tempOfOutputOfEnhanceLayer * parameterOfShrink)

    # 生成最终输入
    InputOfOutputLayer = np.hstack([OutputOfFeatureMappingLayer, OutputOfEnhanceLayer])
    pinvOfInput = pinv(InputOfOutputLayer, c)
    OutputWeight = pinvOfInput.dot(train_y)                      # 全局伪逆
    time_end = time.time()                                      # 训练完成
    trainTime = time_end - time_start
    # 训练输出
    OutputOfTrain = np.dot(InputOfOutputLayer, OutputWeight)
```

```
    trainAcc = show_accuracy(OutputOfTrain, train_y)
    print('Training accurate is', trainAcc * 100, '%')
    print('Training time is ', trainTime, 's')
    train_acc[0][0] = trainAcc
    train_time[0][0] = trainTime
    # 测试过程
    test_x = preprocessing.scale(test_x, axis = 1) # 处理数据 x = (x - mean(x))/std(x) x 属
于[-1,1]
    FeatureOfInputDataWithBiasTest = np.hstack([test_x, 0.1 * np.ones((test_x.shape[0], 1))])
    OutputOfFeatureMappingLayerTest = np.zeros([test_x.shape[0], N2 * N1])
    time_start = time.time()                           # 测试计时开始
    # 映射层
    for i in range(N2):
        outputOfEachWindowTest = np.dot(FeatureOfInputDataWithBiasTest, Beta1OfEachWindow[i])
        OutputOfFeatureMappingLayerTest[:, N1 * i:N1 * (i + 1)] = (ymax - ymin) * (
                outputOfEachWindowTest - minOfEachWindow[i]) / distOfMaxAndMin[i] - ymin
    # 强化层
    InputOfEnhanceLayerWithBiasTest = np.hstack(
        [OutputOfFeatureMappingLayerTest, 0.1 * np.ones((OutputOfFeatureMappingLayerTest.
shape[0], 1))])


        tempOfOutputOfEnhanceLayerTest = np.dot(InputOfEnhanceLayerWithBiasTest, weightOfEnhanceLayer)
    # 强化层输出
    OutputOfEnhanceLayerTest = tansig(tempOfOutputOfEnhanceLayerTest * parameterOfShrink)
    # 最终层输入
    InputOfOutputLayerTest = np.hstack([OutputOfFeatureMappingLayerTest, OutputOfEnhanceLayerTest])
    # 最终测试输出
    OutputOfTest = np.dot(InputOfOutputLayerTest, OutputWeight)
    time_end = time.time()                             # 训练完成
    testTime = time_end - time_start
    testAcc = show_accuracy(OutputOfTest, test_y)
    print('Testing accurate is', testAcc * 100, '%')
    print('Testing time is ', testTime, 's')
    test_acc[0][0] = testAcc
    test_time[0][0] = testTime
    '''
        增量增加强化节点
    '''
    parameterOfShrinkAdd = []
    for e in list(range(L))
        time_start = time.time()
        if N1 * N2 >= M
            random.seed(e)
            weightOfEnhanceLayerAdd = LA.orth(2 * random.randn(N2 * N1 + 1, M) - 1)
        else
            random.seed(e)
            weightOfEnhanceLayerAdd = LA.orth(2 * random.randn(N2 * N1 + 1, M).T - 1).T
```

```
        WeightOfEnhanceLayerAdd[e, :, :] = weightOfEnhanceLayerAdd
        weightOfEnhanceLayerAdd = weightOfEnhanceLayer[:, N3 + e * M:N3 + (e + 1) * M]
        tempOfOutputOfEnhanceLayerAdd = np.dot(InputOfEnhanceLayerWithBias, weightOfEnhanceLayerAdd)
        parameterOfShrinkAdd.append(s / np.max(tempOfOutputOfEnhanceLayerAdd))
        OutputOfEnhanceLayerAdd = tansig(tempOfOutputOfEnhanceLayerAdd * parameterOfShrinkAdd[e])
        tempOfLastLayerInput = np.hstack([InputOfOutputLayer, OutputOfEnhanceLayerAdd])
        D = pinvOfInput.dot(OutputOfEnhanceLayerAdd)
        C = OutputOfEnhanceLayerAdd - InputOfOutputLayer.dot(D)
        if C.all() == 0
            w = D.shape[1]
            B = np.mat(np.eye(w) - np.dot(D.T, D)).I.dot(np.dot(D.T, pinvOfInput))
                else
            B = pinv(C, c)
        pinvOfInput = np.vstack([(pinvOfInput - D.dot(B)), B])
        OutputWeightEnd = pinvOfInput.dot(train_y)
        InputOfOutputLayer = tempOfLastLayerInput
        Training_time = time.time() - time_start
        train_time[0][e + 1] = Training_time
        OutputOfTrain1 = InputOfOutputLayer.dot(OutputWeightEnd)
        TrainingAccuracy = show_accuracy(OutputOfTrain1, train_y)
        train_acc[0][e + 1] = TrainingAccuracy
        print('Incremental Training Accuracy is :', TrainingAccuracy * 100, ' %')

        # 增量增加节点的测试过程
        time_start = time.time()
        OutputOfEnhanceLayerAddTest = tansig(
            InputOfEnhanceLayerWithBiasTest.dot(weightOfEnhanceLayerAdd) * parameterOfShrinkAdd[e]);
        InputOfOutputLayerTest = np.hstack([InputOfOutputLayerTest, OutputOfEnhanceLayerAddTest])

        OutputOfTest1 = InputOfOutputLayerTest.dot(OutputWeightEnd)
        TestingAcc = show_accuracy(OutputOfTest1, test_y)

        Test_time = time.time() - time_start
        test_time[0][e + 1] = Test_time
        test_acc[0][e + 1] = TestingAcc
        print('Incremental Testing Accuracy is : ', TestingAcc * 100, ' %');

    return test_acc, test_time, train_acc, train_time
'''
# % 增加强化层节点版 --- BLS
# % 参数列表:
# % s ------ 收敛系数
# % c ------ 正则化系数
# % N1 ----- 映射层每个窗口内节点数
# % N2 ----- 映射层窗口数
```

```
# % N3 ----- 强化层节点数
# % L ----- 步数
# % M1 ----- 增加映射节点数
# % M2 ----- 与增加映射节点对应的强化节点数
# % M3 ----- 新增加的强化节点
'''
```

7. 定义强化层节点函数并加入新的节点

```python
def BLS_AddFeatureEnhanceNodes(train_x, train_y, test_x, test_y, s, c, N1, N2, N3, L, M1, M2, M3):
    # 生成映射层
    '''
    # 两个参数最重要,1)y;2)Beta1OfEachWindow
    '''
    u = 0
    ymax = 1
    ymin = 0
    train_x = preprocessing.scale(train_x, axis = 1)
    FeatureOfInputDataWithBias = np.hstack([train_x, 0.1 * np.ones((train_x.shape[0], 1))])
    OutputOfFeatureMappingLayer = np.zeros([train_x.shape[0], N2 * N1])
    Beta1OfEachWindow = np.zeros([N2,train_x.shape[1] + 1,N1]) # # # # # # # # # # # #
# # # # # # # # # # # # # # # #
    Beta1OfEachWindow2 = np.zeros([L,train_x.shape[1] + 1,M1])
    Beta1OfEachWindow = list()
    distOfMaxAndMin = []
    minOfEachWindow = []
    train_acc = np.zeros([1, L + 1])
    test_acc = np.zeros([1, L + 1])
    train_time = np.zeros([1, L + 1])
    test_time = np.zeros([1, L + 1])
    time_start = time.time()        # 计时开始
    for i in range(N2):
        random.seed(i + u)
        weightOfEachWindow = 2 * random.randn(train_x.shape[1] + 1, N1) - 1;
# 生成每个窗口的权重系数,最后一行为偏差
        #WeightOfEachWindow([],[],i) = weightOfEachWindow;    # 存储每个窗口的权重系数
        FeatureOfEachWindow = np.dot(FeatureOfInputDataWithBias, weightOfEachWindow)
# 生成每个窗口的特征
        # 压缩每个窗口特征到[-1,1]
        scaler1 = preprocessing.MinMaxScaler(feature_range = (-1, 1)).fit(FeatureOfEachWindow)
        FeatureOfEachWindowAfterPreprocess = scaler1.transform(FeatureOfEachWindow)
        # 通过稀疏化计算映射层每个窗口内的最终权重
        betaOfEachWindow = sparse_bls(FeatureOfEachWindowAfterPreprocess,
FeatureOfInputDataWithBias).T
        Beta1OfEachWindow.append(betaOfEachWindow)
        outputOfEachWindow = np.dot(FeatureOfInputDataWithBias, betaOfEachWindow)
```

```python
        distOfMaxAndMin.append(np.max(outputOfEachWindow, axis = 0) - np.min(outputOfEachWindow,
    axis = 0))
        minOfEachWindow.append(np.mean(outputOfEachWindow, axis = 0))
        outputOfEachWindow = (outputOfEachWindow - minOfEachWindow[i]) / distOfMaxAndMin[i]
        OutputOfFeatureMappingLayer[:, N1 * i:N1 * (i + 1)] = outputOfEachWindow
        del outputOfEachWindow
        del FeatureOfEachWindow
        del weightOfEachWindow

    # 生成强化层
    # 以下为映射层输出加偏置(强化层输入)
    InputOfEnhanceLayerWithBias = np.hstack(
        [OutputOfFeatureMappingLayer, 0.1 * np.ones((OutputOfFeatureMappingLayer.shape[0], 1))])
    # 生成强化层权重
    if N1 * N2 >= N3
        random.seed(67797325)
        weightOfEnhanceLayer = LA.orth(2 * random.randn(N2 * N1 + 1, N3) - 1)
    else
        random.seed(67797325)
        weightOfEnhanceLayer = LA.orth(2 * random.randn(N2 * N1 + 1, N3).T - 1).T

    tempOfOutputOfEnhanceLayer = np.dot(InputOfEnhanceLayerWithBias, weightOfEnhanceLayer)
    parameterOfShrink = s / np.max(tempOfOutputOfEnhanceLayer)
    OutputOfEnhanceLayer = tansig(tempOfOutputOfEnhanceLayer * parameterOfShrink)

    # 生成最终输入
    InputOfOutputLayerTrain = np.hstack([OutputOfFeatureMappingLayer, OutputOfEnhanceLayer])
    pinvOfInput = pinv(InputOfOutputLayerTrain, c)
    OutputWeight = pinvOfInput.dot(train_y)        # 全局伪逆
    time_end = time.time()                         # 训练完成
    trainTime = time_end - time_start

    # 训练输出
    OutputOfTrain = np.dot(InputOfOutputLayerTrain, OutputWeight)
    trainAcc = show_accuracy(OutputOfTrain, train_y)
    print('Training accurate is', trainAcc * 100, '%')
    print('Training time is ', trainTime, 's')


    train_acc[0][0] = trainAcc
    train_time[0][0] = trainTime
    # 测试过程
    test_x = preprocessing.scale(test_x, axis = 1)
    # 处理数据 x = (x - mean(x))/std(x) x 属于[-1,1]
    FeatureOfInputDataWithBiasTest = np.hstack([test_x, 0.1 * np.ones((test_x.shape[0], 1))])
    OutputOfFeatureMappingLayerTest = np.zeros([test_x.shape[0], N2 * N1])
```

```
    time_start = time.time()                    # 测试计时开始
    # 映射层
    for i in range(N2):
        outputOfEachWindowTest = np.dot(FeatureOfInputDataWithBiasTest, Beta1OfEachWindow[i])
        OutputOfFeatureMappingLayerTest[:, N1 * i:N1 * (i + 1)] = (ymax - ymin) * (
                outputOfEachWindowTest - minOfEachWindow[i])/ distOfMaxAndMin[i] - ymin
    # 强化层
    InputOfEnhanceLayerWithBiasTest = np.hstack(
        [OutputOfFeatureMappingLayerTest, 0.1 * np.ones((OutputOfFeatureMappingLayerTest.
shape[0], 1))])
    tempOfOutputOfEnhanceLayerTest = np.dot(InputOfEnhanceLayerWithBiasTest, weightOfEnhanceLayer)
    # 强化层输出
    OutputOfEnhanceLayerTest = tansig(tempOfOutputOfEnhanceLayerTest * parameterOfShrink)
    # 最终层输入
    InputOfOutputLayerTest = np.hstack([OutputOfFeatureMappingLayerTest, OutputOfEnhanceLayerTest])
    # 最终测试输出
    OutputOfTest = np.dot(InputOfOutputLayerTest, OutputWeight)
    time_end = time.time()                       # 训练完成
    testTime = time_end - time_start
    testAcc = show_accuracy(OutputOfTest, test_y)
    print('Testing accurate is', testAcc * 100, '%')
    print('Testing time is ', testTime, 's')
    test_acc[0][0] = testAcc
    test_time[0][0] = testTime
    '''
        增加映射和强化节点
    '''
    WeightOfNewFeature2 = list()
    WeightOfNewFeature3 = list()

    for e in list(range(L)):
        time_start = time.time()
        random.seed(e + N2 + u)
        weightOfNewMapping = 2 * random.random([train_x.shape[1] + 1, M1]) - 1
        NewMappingOutput = FeatureOfInputDataWithBias.dot(weightOfNewMapping)
        FeatureOfEachWindow = np.dot(FeatureOfInputDataWithBias, weightOfEachWindow)
# 生成每个窗口的特征
        # 压缩每个窗口特征到[-1,1]
        scaler2 = preprocessing.MinMaxScaler(feature_range=(-1, 1)).fit(NewMappingOutput)
        FeatureOfEachWindowAfterPreprocess = scaler2.transform(NewMappingOutput)
        betaOfNewWindow = sparse_bls(FeatureOfEachWindowAfterPreprocess, FeatureOfInputDataWithBias).T
        Beta1OfEachWindow.append(betaOfNewWindow)

        TempOfFeatureOutput = FeatureOfInputDataWithBias.dot(betaOfNewWindow)
        distOfMaxAndMin.append(np.max(TempOfFeatureOutput, axis=0) - np.min(TempOfFeatureOutput,
axis=0))
        minOfEachWindow.append(np.mean(TempOfFeatureOutput, axis=0))
```

```
        outputOfNewWindow = ( TempOfFeatureOutput - minOfEachWindow [ N2 + e ]) /
distOfMaxAndMin[N2 + e]
        # 新的映射层整体输出
        OutputOfFeatureMappingLayer = np.hstack([OutputOfFeatureMappingLayer, outputOfNewWindow])
        # 新增加映射窗口的输出带偏置
        NewInputOfEnhanceLayerWithBias = np.hstack ([outputOfNewWindow, 0.1 * np.ones
((outputOfNewWindow.shape[0], 1))])
        # 新映射窗口对应的强化层节点,M2 列
        if M1 >= M2
            random.seed(67797325)
            RelateEnhanceWeightOfNewFeatureNodes = LA.orth(2 * random.random([M1 + 1, M2]) - 1)
        else
            random.seed(67797325)
            RelateEnhanceWeightOfNewFeatureNodes = LA.orth(2 * random.random([M1 + 1, M2]).T - 1).T
        WeightOfNewFeature2.append(RelateEnhanceWeightOfNewFeatureNodes)
        tempOfNewFeatureEhanceNodes = NewInputOfEnhanceLayerWithBias.dot
(RelateEnhanceWeightOfNewFeatureNodes)
        parameter1 = s / np.max(tempOfNewFeatureEhanceNodes)

        # 与新增的特征映射节点对应的强化节点输出
        outputOfNewFeatureEhanceNodes = tansig(tempOfNewFeatureEhanceNodes * parameter1)
        if N2 * N1 + e * M1 >= M3
            random.seed(67797325 + e)
            weightOfNewEnhanceNodes = LA.orth(2 * random.randn(N2 * N1 +(e + 1) * M1 + 1, M3) - 1)
        else
            random.seed(67797325 + e)
            weightOfNewEnhanceNodes = LA.orth(2 * random.randn(N2 * N1 + (e + 1) * M1 +
1, M3).T - 1).T
        WeightOfNewFeature3.append(weightOfNewEnhanceNodes)
        # 整体映射层输出带偏置
        InputOfEnhanceLayerWithBias = np.hstack(
            [OutputOfFeatureMappingLayer, 0.1 * np.ones((OutputOfFeatureMappingLayer.shape
[0], 1))])

        tempOfNewEnhanceNodes = InputOfEnhanceLayerWithBias.dot(weightOfNewEnhanceNodes)
        parameter2 = s / np.max(tempOfNewEnhanceNodes)
        OutputOfNewEnhanceNodes = tansig(tempOfNewEnhanceNodes * parameter2);
        OutputOfTotalNewAddNodes = np.hstack(
[outputOfNewWindow, outputOfNewFeatureEhanceNodes, OutputOfNewEnhanceNodes])
        tempOfInputOfLastLayes = np.hstack([InputOfOutputLayerTrain, OutputOfTotalNewAddNodes])
        D = pinvOfInput.dot(OutputOfTotalNewAddNodes)
        C = OutputOfTotalNewAddNodes - InputOfOutputLayerTrain.dot(D)

        if C.all() == 0
            w = D.shape[1]
            B = (np.eye(w) - D.T.dot(D)).I.dot(D.T.dot(pinvOfInput))
        else
```

```
        B = pinv(C, c)
    pinvOfInput = np.vstack([(pinvOfInput - D.dot(B)), B])
    OutputWeight = pinvOfInput.dot(train_y)
    InputOfOutputLayerTrain = tempOfInputOfLastLayes

    time_end = time.time()
    Train_time = time_end - time_start
    train_time[0][e + 1] = Train_time
    predictLabel = InputOfOutputLayerTrain.dot(OutputWeight)

        TrainingAccuracy = show_accuracy(predictLabel, train_y)
    train_acc[0][e + 1] = TrainingAccuracy
    print('Incremental Training Accuracy is :', TrainingAccuracy * 100, ' %')

    # 测试过程
    # 先生成新映射窗口输出
    time_start = time.time()
    WeightOfNewMapping = Beta1OfEachWindow[N2 + e]

    outputOfNewWindowTest = FeatureOfInputDataWithBiasTest.dot(WeightOfNewMapping)
    # TT1
    outputOfNewWindowTest = (ymax - ymin) * (outputOfNewWindowTest - minOfEachWindow[N2 + e]) /
distOfMaxAndMin[N2 + e] - ymin
    # 整体映射层输出
        OutputOfFeatureMappingLayerTest = np.hstack([OutputOfFeatureMappingLayerTest,
outputOfNewWindowTest])
    # HH2
    InputOfEnhanceLayerWithBiasTest = np.hstack(
        [OutputOfFeatureMappingLayerTest,0.1 * np.ones([OutputOfFeatureMappingLayerTest.shape
[0], 1])])
    # hh2
    NewInputOfEnhanceLayerWithBiasTest = np.hstack(
        [outputOfNewWindowTest,0.1 * np.ones([outputOfNewWindowTest.shape[0], 1])])

    weightOfRelateNewEnhanceNodes = WeightOfNewFeature2[e]
    # tt22
    OutputOfRelateEnhanceNodes = tansig(
        NewInputOfEnhanceLayerWithBiasTest.dot(weightOfRelateNewEnhanceNodes) * parameter1)
    weightOfNewEnhanceNodes = WeightOfNewFeature3[e]
    # tt2
    OutputOfNewEnhanceNodes = tansig(InputOfEnhanceLayerWithBiasTest.dot
(weightOfNewEnhanceNodes) * parameter2)
    InputOfOutputLayerTest = np.hstack(
        [InputOfOutputLayerTest,outputOfNewWindowTest,    OutputOfRelateEnhanceNodes,
OutputOfNewEnhanceNodes])

    predictLabel = InputOfOutputLayerTest.dot(OutputWeight)
```

```
        TestingAccuracy = show_accuracy(predictLabel, test_y)
        time_end = time.time()
        Testing_time = time_end - time_start
        test_time[0][e + 1] = Testing_time;
        test_acc[0][e + 1] = TestingAccuracy;
        print('Testing Accuracy is : ', TestingAccuracy * 100, ' %');
    return test_acc, test_time, train_acc, train_time
```

8. 定义宽度学习系统训练输出的函数并实现相应值的调用

```
def bls_train_input(train_x, train_y, train_xf, train_yf, test_x, test_y, s, C, N1, N2, N3, l, m):
    #  % Incremental Learning Process of the proposed broad learning system: for
    #  % increment of input patterns
    #  % Input:
    #  % --- train_x,test_x : the training data and learning data in the begining of
    #  % the incremental learning
    #  % --- train_y,test_y : the label
    #  % --- train_yf,train_xf: the whold training samples of the learning system
    #  % --- We: the randomly generated coefficients of feature nodes
    #  % --- wh:the randomly generated coefficients of enhancement nodes
    #  % ---- s: the shrinkage parameter for enhancement nodes
    #  % ---- C: the regularization parameter for sparse regualarization
    #  % ---- N1: the number of feature nodes per window
    #  % ---- N2: the number of windows of feature nodes
    #  % ---- N3: the number of enhancements nodes
    #  % --- m:number of added input patterns per increment step
    #  % --- l: steps of incremental learning
    #
    #  % output:
    #  % --------- Testing_time1:Accumulative Testing Times
    #  % --------- Training_time1:Accumulative Training Time
    u = 0  # random seed
    ymin = 0
    ymax = 1
    train_err = np.zeros([1, l + 1])
    test_err = np.zeros([1, l + 1])
    train_time = np.zeros([1, l + 1])
    test_time = np.zeros([1, l + 1])
    minOfEachWindow = []
    distMaxAndMin = []

        beta11 = list()
    Wh = list()
    '''
    feature nodes
    '''
```

```
time_start = time.time()
train_x = preprocessing.scale(train_x, axis = 1)
H1 = np.hstack([train_x, .1 * np.ones([train_x.shape[0], 1])])
y = np.zeros([train_x.shape[0], N2 * N1]);
for i in range(N2)
    random.seed(i + u)
    we = 2 * random.randn(train_x.shape[1] + 1, N1) - 1
    A1 = H1.dot(we)
    scaler2 = preprocessing.MinMaxScaler(feature_range = (-1, 1)).fit(A1)
    A1 = scaler2.transform(A1)
    beta1 = sparse_bls(A1, H1).T
    beta11.append(beta1)
    T1 = H1.dot(beta1)
    minOfEachWindow.append(T1.min(axis = 0))
    distMaxAndMin.append(T1.max(axis = 0) - T1.min(axis = 0))
    T1 = (T1 - minOfEachWindow[i]) / distMaxAndMin[i]
    y[:, N1 * i:N1 * (i + 1)] = T1

'''
enhancement nodes
'''
H2 = np.hstack([y, 0.1 * np.ones([y.shape[0], 1])])
if N1 * N2 >= N3
    random.seed(67797325)
    wh = LA.orth(2 * random.randn(N2 * N1 + 1, N3) - 1)
else
    random.seed(67797325)
    wh = LA.orth(2 * random.randn(N2 * N1 + 1, N3).T - 1).T
Wh.append(wh)
T2 = H2.dot(wh)
parameter = s / np.max(T2)
T2 = tansig(T2 * parameter);
T3 = np.hstack([y, T2])
beta = pinv(T3, C)
beta2 = beta.dot(train_y)
Training_time = time.time() - time_start

    train_time[0][0] = Training_time;
print('Training has been finished!');
print('The Total Training Time is : ', Training_time, 'seconds');
xx = T3.dot(beta2)
'''
Training Accuracy
'''
TrainingAccuracy = show_accuracy(xx, train_y)
print('Training Accuracy is : ', TrainingAccuracy * 100, ' %')
train_err[0][0] = TrainingAccuracy;
```

```python
'''
Testing Process
'''
time_start = time.time()
test_x = preprocessing.scale(test_x,'axis = 1)
HH1 = np.hstack([test_x, 0.1 * np.ones([test_x.shape[0], 1])])
yy1 = np.zeros([test_x.shape[0], N2 * N1]);
for i in range(N2):
    beta1 = beta11[i]
    TT1 = HH1.dot(beta1)
    TT1 = (ymax - ymin) * (TT1 - minOfEachWindow[i]) / distMaxAndMin[i] - ymin
    yy1[:, N1 * i:N1 * (i + 1)] = TT1
HH2 = np.hstack([yy1, 0.1 * np.ones([yy1.shape[0], 1])]);
TT2 = tansig(HH2.dot(wh) * parameter)
TT3 = np.hstack([yy1, TT2])

'''
testing accuracy
'''
x = TT3.dot(beta2)
TestingAccuracy = show_accuracy(x, test_y)
Testing_time = time.time() - time_start
test_time[0][0] = Testing_time
test_err[0][0] = TestingAccuracy;
print('Testing has been finished!');
print('The Total Testing Time is : ', Testing_time, ' seconds');
print('Testing Accuracy is : ', TestingAccuracy * 100, ' % ');

'''
incremental training steps
'''

    for e in range(1):
        time_start = time.time()
        '''
WARNING: If data comes from a single dataset, the following 'train_xx' and 'train_y1' should be reset!
        '''
        # train_xx = preprocessing.scale(train_xf[(10000 + (e) * m):(10000 + (e + 1) * m),:],
axis = 1)
        # train_y1 = train_yf[0:10000 + (e + 1) * m, :]
        if (test_x.shape[0] + (e + 1) * m) > train_xf.shape[0]:
            break
        train_xx = preprocessing.scale(train_xf[(test_x.shape[0] + (e) * m):(test_x.shape
[0] + (e + 1) * m), :], axis = 1)
        train_y1 = train_yf[0:test_x.shape[0] + (e + 1) * m, :]
        Hx1 = np.hstack([train_xx, 0.1 * np.ones([train_xx.shape[0], 1])])
```

```
        yx = np.zeros([train_xx.shape[0], N1 * N2])
        for i in range(N2):
            beta1 = beta11[i]
            Tx1 = Hx1.dot(beta1)
            Tx1 = (ymax - ymin) * (Tx1 - minOfEachWindow[i]) / distMaxAndMin[i] - ymin
            yx[:, N1 * i:N1 * (i + 1)] = Tx1

    Hx2 = np.hstack([yx, 0.1 * np.ones([yx.shape[0], 1])]);
    wh = Wh[0]
    t2 = tansig(Hx2.dot(wh) * parameter);
    t2 = np.hstack([yx, t2])
    betat = pinv(t2, C)
    beta = np.hstack([beta, betat])
    beta2 = beta.dot(train_y1)
    T3 = np.vstack([T3, t2])
    Training_time = time.time() - time_start
    train_time[0][e + 1] = Training_time
    xx = T3.dot(beta2)
    TrainingAccuracy = show_accuracy(xx, train_y1)
    train_err[0][e + 1] = TrainingAccuracy
    print('Training Accuracy is : ', TrainingAccuracy * 100, ' % ');
    '''
    incremental testing steps
    '''
    time_start = time.time()

        x = TT3.dot(beta2)
    TestingAccuracy = show_accuracy(x, test_y)
    Testing_time = time.time() - time_start
    test_time[0][e + 1] = Testing_time
    test_err[0][e + 1] = TestingAccuracy;
    print('Testing has been finished!')
    print('The Total Testing Time is : ', Testing_time, ' seconds')
    print('Testing Accuracy is : ', TestingAccuracy * 100, ' % ')
return test_err, test_time, train_err, train_time
```

9. 定义宽度学习系统增强层训练输出函数并调用相应值

```
def bls_train_inputenhance(train_x, train_y, train_xf, train_yf, test_x, test_y, s, C, N1,
N2, N3, l, m, m2):
    #
    # % Incremental Learning Process of the proposed broad learning system: for
    # % increment of input patterns
    # % Input:
    # % --- train_x,test_x : the training data and learning data in the begining of
    # % the incremental learning
    # % --- train_y,test_y : the label
```

```python
# % --- train_yf,train_xf: the whole training samples of the learning system
# % --- We: the randomly generated coefficients of feature nodes
# % --- wh:the randomly generated coefficients of enhancement nodes
# % ---- s: the shrinkage parameter for enhancement nodes
# % ---- C: the regularization parameter for sparse regualarization
# % ---- N1: the number of feature nodes per window
# % ---- N2: the number of windows of feature nodes
# % ---- N3: the number of enhancements nodes
# % --- m:number of added input patterns per incremental step
# % ---- m2:number of added enhancement nodes per incremental step
# % ---- l: steps of incremental learning
#
# % output:
# % --------- Testing_time1:Accumulative Testing Times
# % --------- Training_time1:Accumulative Training Time
u = 0
ymax = 1
ymin = 0
train_err = np.zeros([1, l + 1])
test_err = np.zeros([1, l + 1])
train_time = np.zeros([1, l + 1])
test_time = np.zeros([1, l + 1])

    l2 = []
'''feature nodes'''
time_start = time.time()
train_x = preprocessing.scale(train_x, axis = 1)
H1 = np.hstack([train_x, 0.1 * np.ones([train_x.shape[0], 1])])
y = np.zeros([train_x.shape[0], N2 * N1])
beta11 = list()
minOfEachWindow = []
distMaxAndMin = []
for i in range(N2):
    random.seed(i + u)
    we = 2 * random.randn(train_x.shape[1] + 1, N1) - 1
    A1 = H1.dot(we)
    scaler2 = preprocessing.MinMaxScaler(feature_range = (-1, 1)).fit(A1)
    A1 = scaler2.transform(A1)
    beta1 = sparse_bls(A1, H1).T
    beta11.append(beta1)
    T1 = H1.dot(beta1)
    minOfEachWindow.append(T1.min(axis = 0))
    distMaxAndMin.append(T1.max(axis = 0) - T1.min(axis = 0))
    T1 = (ymax - ymin) * (T1 - minOfEachWindow[i]) / distMaxAndMin[i] - ymin
    y[:, N1 * i:N1 * (i + 1)] = T1
'''
enhancement nodes % % % % % % % % % % % % % % % % % % % % % % % % % % % % % % %
```

```
'''
H2 = np.hstack([y, 0.1 * np.ones([y.shape[0], 1])]);
Wh = list()
if N1 * N2 >= N3
    random.seed(67797325)
    wh = LA.orth(2 * random.randn(N2 * N1 + 1, N3) - 1)
else
    random.seed(67797325)
    wh = LA.orth(2 * random.randn(N2 * N1 + 1, N3).T - 1).T
Wh.append(wh)
T2 = H2.dot(wh)
l2.append(s / np.max(T2))
T2 = tansig(T2 * l2[0])
T3 = np.hstack([y, T2])
beta = pinv(T3, C)
beta2 = beta.dot(train_y)
Training_time = time.time() - time_start

    train_time[0][0] = Training_time
print('Training has been finished!')
print('The Total Training Time is : ', Training_time, 'seconds')
'''
% % % % % % % % % % % % % % % % %Training Accuracy% % % % % % % % % % % %
'''
xx = T3.dot(beta2)

TrainingAccuracy = show_accuracy(xx, train_y)
print('Training Accuracy is : ', TrainingAccuracy * 100, ' %')
train_err[0][0] = TrainingAccuracy
'''
% % % % % % % % % % % % % % % % % % % % % % %Testing Process% % % % % % % % %
'''
time_start = time.time()
test_x = preprocessing.scale(test_x, axis=1)
HH1 = np.hstack([test_x, 0.1 * np.ones([test_x.shape[0], 1])])

yy1 = np.zeros([test_x.shape[0], N2 * N1])

for i in range(N2):
    beta1 = beta11[i]
    TT1 = HH1.dot(beta1)
    TT1 = (ymax - ymin) * (TT1 - minOfEachWindow[i]) / distMaxAndMin[i] - ymin
    yy1[:, N1 * i:N1 * (i + 1)] = TT1

HH2 = np.hstack([yy1, 0.1 * np.ones([yy1.shape[0], 1])])
TT2 = tansig(HH2.dot(wh) * l2[0])
TT3 = np.hstack([yy1, TT2])
```

```python
    x = TT3.dot(beta2)
    TestingAccuracy = show_accuracy(x, test_y)
    '''
    %%%%%%%%%%%%%%%%%%%%%testingaccuracy%%%%%%%%%%%%%%%%%%%%
    '''
    Testing_time = time.time() - time_start
    test_time[0][0] = Testing_time
    test_err[0][0] = TestingAccuracy
    print('Testing has been finished!');

        print('The Total Testing Time is : ', Testing_time, 'seconds')
    print('Testing Accuracy is : ', TestingAccuracy * 100, ' %')
    '''
    %% incremental training steps %%
    '''


for e in range(1):
    time_start = time.time()
    '''
WARNING: If data comes from a single dataset, the following 'train_xx' and 'train_y1' should
be reset!
    '''
    train_xx = preprocessing.scale(train_xf[(10000 + (e) * m):(10000 + (e + 1) * m),:],
axis = 1)
    train_y1 = train_yf[0:10000 + (e + 1) * m, :]
    if (test_x.shape[0] + (e + 1) * m) > train_xf.shape[0]:
        break
    train_xx = preprocessing.scale(train_xf[(test_x.shape[0] + (e) * m):(test_x.shape
[0] + (e + 1) * m), :], axis = 1)
    train_y1 = train_yf[0:test_x.shape[0] + (e + 1) * m, :]
    Hx1 = np.hstack([train_xx, 0.1 * np.ones([train_xx.shape[0], 1])])
    yx = np.zeros([train_xx.shape[0], N1 * N2])
    for i in range(N2):
        beta1 = beta11[i]
        Tx1 = Hx1.dot(beta1)
        Tx1 = (ymax - ymin) * (Tx1 - minOfEachWindow[i])/distMaxAndMin[i] - ymin
        yx[:, N1 * i:N1 * (i + 1)] = Tx1
    Hx2 = np.hstack([yx, 0.1 * np.ones([yx.shape[0], 1])])
    tx22 = np.zeros([Hx2.shape[0], 0])
    for o in range(e + 1):
        wh = Wh[o]
        tx2 = Hx2.dot(wh)
        tx2 = tansig(tx2 * l2[o])
        tx22 = np.hstack([tx22, tx2])

    tx2x = np.hstack([yx, tx22])
    betat = pinv(tx2x, C)
```

```
        beta = np.hstack([beta, betat])
        T3 = np.vstack([T3, tx2x])
        y = np.vstack([y, yx])
        H2 = np.hstack([y, 0.1 * np.ones([y.shape[0], 1])])

        if N1 * N2 >= m2
            # random.seed(100 + e)
            wh1 = LA.orth(2 * random.randn(N2 * N1 + 1, m2) - 1)
        else
            # random.seed(100 + e)
            wh1 = LA.orth(2 * random.randn(N2 * N1 + 1, m2).T - 1).T
        Wh.append(wh1)
        t2 = H2.dot(wh1)
        l2.append(s / np.max(t2))
        t2 = tansig(t2 * l2[e + 1])
        T3_temp = np.hstack([T3, t2])
        d = beta.dot(t2)
        c = t2 - T3.dot(d)
        if c.all() == 0
            w = d.shape[1]
            b = np.mat(np.eye(w) + d.T.dot(d)).I.dot(d.T.dot(beta))
        else
            b = pinv(c, C)
        beta = np.vstack([(beta - d.dot(b)), b])
        beta2 = beta.dot(train_y1)
        T3 = T3_temp
        Training_time = time.time() - time_start
        train_time[0][e + 1] = Training_time;
        xx = T3.dot(beta2)
        TrainingAccuracy = show_accuracy(xx, train_y1)
        train_err[0][e + 1] = TrainingAccuracy
        print('Training Accuracy is : ', TrainingAccuracy * 100, ' % ')
# % % % % % % % % % % % % % % incrementaltestingsteps % % % % % % % % % % % % % % % % % %
        time_start = time.time()
        wh = Wh[e + 1]
        tt2 = tansig(HH2.dot(wh) * l2[e + 1])
        TT3 = np.hstack([TT3, tt2])
        x = TT3.dot(beta2)
        TestingAccuracy = show_accuracy(x, test_y)
        Testing_time = time.time() - time_start
        test_time[0][e + 1] = Testing_time
        test_err[0][e + 1] = TestingAccuracy;
        print('Testing has been finished!');
        print('The Total Testing Time is : ', Testing_time, ' seconds');
        print('Testing Accuracy is : ', TestingAccuracy * 100, ' % ');
    return test_err, test_time, train_err, train_time
```

10．实验结果

显示实验结果如图 10.11～图 10.15 所示。

```
------------------BLS_BASE--------------------------
Training accurate is 100.0 %
Training time is  4.43174409866333 s
Testing accurate is 100.0 %
Testing time is  0.078112840650246582 s
```

图 10.11　不含增量的 BLS 实验结果

```
------------------BLS_ENHANCE-----------------------
Training accurate is 100.0 %
Training time is  3.7214059829711914 s
Testing accurate is 100.0 %
Testing time is  0.06847119331359863 s
Incremental Training Accuracy is : 100.0  %
Incremental Testing Accuracy is :  100.0  %
Incremental Training Accuracy is : 100.0  %
Incremental Testing Accuracy is :  100.0  %
Incremental Training Accuracy is : 100.0  %
Incremental Testing Accuracy is :  100.0  %
Incremental Training Accuracy is : 100.0  %
Incremental Testing Accuracy is :  100.0  %
Incremental Training Accuracy is : 100.0  %
Incremental Testing Accuracy is :  100.0  %
```

图 10.12　添加增量的 BLS 学习系统实验结果

```
------------------BLS_FEATURE&ENHANCE----------------
Training accurate is 100.0 %
Training time is  3.909703493118286 s
Testing accurate is 100.0 %
Testing time is  0.088845252990072266 s
Incremental Training Accuracy is : 100.0  %
Testing Accuracy is :  100.0  %
Incremental Training Accuracy is : 100.0  %
Testing Accuracy is :  100.0  %
Incremental Training Accuracy is : 100.0  %
Testing Accuracy is :  100.0  %
Incremental Training Accuracy is : 100.0  %
Testing Accuracy is :  100.0  %
Incremental Training Accuracy is : 100.0  %
Testing Accuracy is :  100.0  %
```

图 10.13　BLS 特征和增量

```
------------------BLS_INPUT------------------------
Training has been finished!
The Total Training Time is : 0.2356109619140625  seconds
Training Accuracy is : 100.0 %
Testing has been finished!
The Total Testing Time is : 0.9509608745574951  seconds
Testing Accuracy is : 0.0 %
```

图 10.14 BLS 输入

```
------------------BLS_INPUT&ENHANCE------------------
Training has been finished!
The Total Training Time is : 0.21870803833007812  seconds
Training Accuracy is : 100.0 %
Testing has been finished!
The Total Testing Time is : 0.991863489151001  seconds
Testing Accuracy is : 0.0 %
```

图 10.15 BLS 输入和增量

10.4.2 实验结果分析

不含增量学习的 BLS 与 RVFLNN 是极为相似的,此时的 BLS 不再将原始数据直接输入到网络中,而是经过一番处理,得到 mapping nodes,之后,mapping nodes 的输入数据就是之前 RVFLNN 的输入数据。mapping nodes 不是只有一组,它可以有很多组,同时,BLS 的实验结果如图 10.11 所示,可以与添加节点之后的增量宽度学习系统进行比较,添加节点之后训练速度更快了。增量学习的 BLS:通过增加增强节点和映射节点实现了在准确率方面的改善,宽度学习是增加节点而不是增加层数,提高了训练速度,同时也为深度学习网络找到了替换方法。

在实际应用中,样本可能有上百万个,特征也可能成千上万,一般计算一个矩阵的逆就很难实现。BLS 提出的解决办法是计算不含增量的伪逆,使用的是岭回归,这样可以避免直接计算一个巨大的矩阵的伪逆,只有在更新权重时才使用伪逆计算,和最初的伪逆计算的计算量相比就少得多了。本文中的宽度学习算法还有待提高,根据数据集的不同,增强节点和相应数值也会发生相应变化,那么求得伪逆就更加复杂,如何利用其中增加的映射节点数和增加映射节点对应的强化节点数来更好地实现算法是现阶段需要解决的问题。

10.4.3 遮挡人脸识别平台开发

1. 实现思路

在人脸检测 Dlib 库 68 个特征点的基础上,结合积累的特征检测算法进一步研究,对人脸关键点定位与检测,通过调节阈值判断是否存在下半部分特征点被遮挡,算法克服复杂光照、人脸姿态变化、不同距离人脸尺度等难题,同时利用损失函数权重策略和数据增强等方法解决白天和夜晚戴口罩数据不均衡问题以及戴口罩类型多样化问题,能在各类场景图像中对人脸进行口罩佩戴情况的快速、准确检测与提示,如图 10.16 所示。

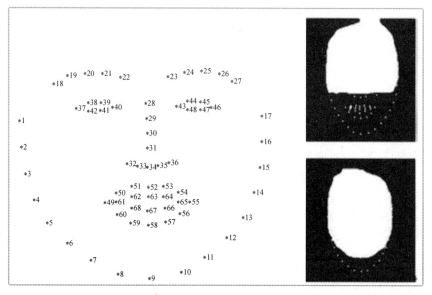

图 10.16　人脸 68 个特征点及遮挡后部分特征点缺失

2. 算法验证

其中设计难点有:①当戴上口罩时,因鼻子、嘴巴等五官信息被遮挡,人脸面部可用于辨别的特征信息就会大幅减少;②脸部轮廓等可辨别信息在物理分布上发生较大变化,按照传统思路训练出的人脸识别模型精度会出现大幅下降,甚至导致识别失败;③口罩遮挡的人脸数据非常缺乏,缺乏公开的可用于训练的数据集;④业界没有稳定且高效的针对口罩的人脸识别算法。

假设对 A 每隔一定时间抓取一次图像,这个时间间隔必须保证不会遗漏任何目标的通过,并且能够在连续的采样图上观察到目标通过的基本过程,同时考虑到系统的实时处理所需要的运行时间,这里取为 0.1s。按照理想化的假设,人目标的头部信息主要是头发,而黑色头发在人群中有很高的比例。设图像在坐标(x,y)处的像素灰度为 $f(x,y)$,使用加权法对整个图像范围的灰度进行计算并取平均。

$$x = \left(\sum_{j=1}^{N}\sum_{i=1}^{M} i \cdot w_{ij}\right) / \left(\sum_{j=1}^{N}\sum_{i=1}^{M} \cdot w_{ij}\right), \quad y = \left(\sum_{i=1}^{M}\sum_{j=1}^{N} j \cdot w_{ij}\right) / \left(\sum_{i=1}^{M}\sum_{j=1}^{N} \cdot w_{ij}\right)$$

$$\tag{10-36}$$

$$g(x,y) = \left(\sum_{i}\sum_{j} f(i,j)w_{ij}\right) / \left(\sum_{i}\sum_{j} w_{ij}\right) \tag{10-37}$$

其中,M,N 分别表示采样图的行列值,x,y 表示最终的横纵坐标,$g(x,y)$ 表示一个加权后的平均灰度,w_{ij} 表示 $f(i,j)$ 对应的权值。假设对黑色灰度取很高的权值,对其他灰度按照其靠近黑色的程度取较小的权值,那么这样计算下来,必定使得横纵坐标 x,y 非常靠近黑色区域或在黑色区域之内。这就是用加权灰度寻找目标点的基本思路,在这里,把目标点称为"质点",它反映了图像中低灰度区域的重心。容易想到,如果有几个黑色头发的人目标在这个图里或者有其他灰度较低的干扰目标存在,那么质点很可能并不处于任何一个低灰度区域之内,如图 10.17 所示。

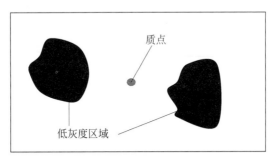

图 10.17　质点并不处于某个低灰度区域之内

于是,以这个图的质点为原点,建立一个直角坐标系。在它的各个象限分别用式(10-36)和式(10-37)进行质点判断,直到所找到的质点已经处于某个低灰度区域之内,并且该区域的面积不小于一个阈值时,结束计算,这里把这个面积阈值称为目标判断值。

3. 计算步骤

(1) 以整个图的质点为原点建立直角坐标。

(2) 在垂直坐标两边寻找质点,然后在水平坐标两边寻找质点,若找到的质点满足后续条件则结束,否则转(3)。

(3) 在 4 个象限分别寻找质点,若找到质点满足条件则结束,否则,对于不满足条件的质点,若它所在的象限面积不小于一个规定值(规定为不小于目标判断值的 2 倍),继续建立直角坐标,转(2),否则转(4)。

(4) 结束所有寻找,返回所有质点的灰度值和坐标。

把这时候的质点称为"目标质点",目标质点的数目就是待测目标的数目,如图 10.18所示。

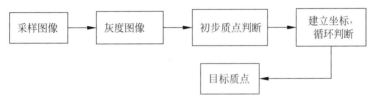

图 10.18　目标检测流程

但是,对于实时运算,对每个灰度值取不同的权值使得这一过程的计算量偏大,于是可以用阶段量化的方法,设置几个门限,大于相应的门限值则取同样的权值。但是,进行整个视图范围的灰度计算受背景等因素干扰的可能性大大增加。考虑限制 A 摄像头的抓取范围,只保留一个宽度等于标准成人头部长度 λ(从俯视角度,前额至后脑)取 1.5 倍的值,长度接近场景入口宽度的矩形条,如图 10.19 所示。

图 10.19　A 摄像头的抓取范围

这样一来,就大大减少了计算范围。图中上边界和下边界的另一个好处是,可以判断目标是进入还是离开场景,当采样图中发现某个"目标质点"越来越靠近边界时,则给出一个目标进入或消失的信号,并且当前待测目标数减 1。

由于 A 摄像头的抓取间隔时间很短,不妨认为在系统对目标进行判断之后,目标仍未离开图 10.19 的矩形区域。那么,根据减少系统实时处理数据量和不可重复计数要求,制定如下的控制准则:

(1) 若顶部检测目标数大于侧面检测目标数,以侧面检测目标数为准。

(2) 若顶部检测目标数为 0,将 B、C 置于无效状态。

(3) 若顶部检测目标数小于侧面检测目标数,以顶部检测目标数为准。

(4) 顶部检测始终开启。

(5) 若顶部采样图中不存在新目标,将 B、C 置于无效状态;否则同步开启 B、C 采样侧面图。

(6) 在侧面图未获取有效目标区域的情况下,间隔 0.2s 继续取 3 幅侧面采样图进行判断,若仍未检测到有效区域,视为假目标。

(7) 由此,得到一个控制框如图 10.20 所示。

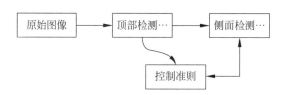

图 10.20　计数系统的控制部分

值得注意的是,尽管使用了 3 个摄像头采样图像数据,但是对于 3 个以上的多目标识别仍然困难。这是因为,摄像头取图的范围十分有限,在 3 个以上的目标同时通过入口场景时,中间目标存在严重的被遮蔽干扰,两侧摄像头无法保证得到中间目标完整的侧面信息。另外,在多数条件下,过于宽阔的场景入口给硬件安排也带来了不便,允许2个以内目标同时进入即可适用于大多数应用场合(比如公共车门口,可以观察到几乎没有3个人同时进入的情形),而引入多个目标在大大增加数据处理量的同时,引入了更多的变动因素,人为地调高了系统的设计复杂度,增加了误报和漏报风险,是没有必要的。因此,本文主要讨论2个以下的目标进入情景,从理论方向保证了系统的计数精度。

4. 实现效果

在第9章基础上,调用人脸识别系统,最终实现了遮挡人脸识别,实现效果如图10.21所示。

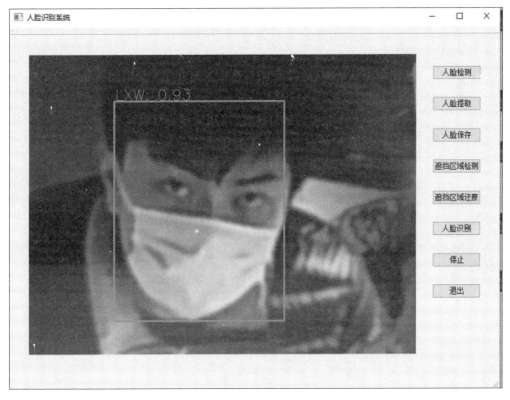

图 10.21 遮挡人脸识别平台实验结果

参考文献

[1] CHEN C L P,LIU Z. Broad Learning System: An Effective and Efficient Incremental Learning System Without the Need for Deep Architecture[J]. IEEE Transactions on Neural Networks & Learning Systems,2018,29(99): 10-24.

［2］ 谢润山,王士同.基于函数链神经网络的深度分类器[J].南京航空航天大学学报,2020,52(05)：736-745.

［3］ 杨悦,王士同.随机特征映射的四层神经网络及其增量学习[J/OL].计算机科学与探索：1-17.(2020-07-30)[2021-01-08].http://kns.cnki.net/kcms/detail/11.5602.TP.20200702.1721.010.html.

［4］ 梁涛.鲁棒宽度学习系统及其网络结构稀疏[D].北京：中国矿业大学,2020.

［5］ 李想.基于深度与宽度神经网络显著性检测方法研究[D].上海：上海师范大学,2020.

［6］ 杨雷超.基于宽度学习网络的人脸识别[D].秦皇岛：燕山大学,2020.

［7］ 黄平强.宽度神经网络模型设计方法研究[D].武汉：武汉科技大学,2020.

［8］ 李仁杰.基于多尺度模糊宽度学习的显著性检测[D].上海：上海师范大学,2020.

［9］ 贾贺姿.基于宽度学习和深度集成的图像分类[D].西安：西安电子科技大学,2019.

［10］ 赵进.稀疏深度学习理论与应用[D].西安：西安电子科技大学,2019.

后 记

完成一本人工智能实战进阶指南引导类书籍，是长期以来的夙愿。在大学期间首次接触到智能算法和建模思想，同时，有幸读到《李·艾柯卡自传》和《比尔·盖茨传》，对伟人的膜拜使我深信其所预见的未来，这是笔者人工智能生涯的启蒙阶段。研究生期间接触到小波变换技术和复杂的泛函分析理论，然后在博士期间开始用这些算法、技术和建模思想做数据挖掘。博士毕业后，才开始专注于人工智能的研究与应用。这期间，笔者走过很多弯路。期望这本《人工智能实战进阶导引》能帮助读者避开这些弯路。

当今世界，人工智能技术已经成为核心竞争力和世纪机遇。全球范围内，人工智能技术竞争已趋于白热化，正在成为一系列卡脖子技术的突破口。2017 年以来，"人工智能"这一关键词已经连续五年出现在国务院政府工作报告中。迄今为止，我国大部分高校已经完成人工智能学院及其相关专业建设。新的时代形势下，各行业对人工智能技术的需求也日益高涨。拥有人工智能技术的人才在岗位竞聘过程中占据明显优势，也容易获得更高的薪资。在此背景下，也特别需要一本人工智能实战进阶指南引导类书籍，以帮助零基础的初学者在较短时间内完成入门、探索与实战的进阶过程，快速提升其行业竞争力。本书旨在为零基础的初学者提供最有效的帮助。笔者团队从初学者的视角完成了书籍各章节的架构和撰写。如果您已经拥有人工智能专业知识并有部分编程基础，请绕行或者跳过人工智能项目入门阶段和探索阶段，直接进入人工智能项目实战阶段。缺少人工智能专业知识的读者，可以从本书中获得必要的人工智能专业知识。没有编程基础的读者，看完本书后也将具备一定的编程基础。事实上，笔者团队在修改和调试相关开源代码之前规划的前 8 章内容，正是综合考虑了不同读者的需求。

本书完整重现了笔者团队在完成遮挡人脸识别项目期间的探索与尝试。这些探索与尝试所呈现的人工智能实战进阶过程并非最完美的，然而却是笔者团队亲身体验且真实有效的。本书立足于人工智能领域最具挑战性的世界难题——遮挡人脸识别，所展示的进阶过程也许无法体现人工智能实战进阶的通用法则，但是，笔者相信，读者通过认真阅读本书，将可以获得触类旁通的能力。同时，笔者也很喜欢交朋友。读者在其他人工智能项目实战进阶过程中，有任何疑惑，都欢迎与笔者交流！

在完成本书的过程中，笔者参阅了大量英文文献，尝试将人工智能算法思想和数学建模过程以最通俗易懂的方式呈现给读者。通过阅读本书，读者无须人工智能专业知识，也无须编程基础，便可以在较短时间内完成人工智能项目的入门、探索、实战等三阶段的真实体验。笔者真诚地期望这本书能让您获得快乐，并成为您开启人工智能生涯的快捷方式。

王文峰

2022.01.26

图 书 资 源 支 持

感谢您一直以来对清华大学出版社图书的支持和爱护。为了配合本书的使用，本书提供配套的资源，有需求的读者请扫描下方的"书圈"微信公众号二维码，在图书专区下载，也可以拨打电话或发送电子邮件咨询。

如果您在使用本书的过程中遇到了什么问题，或者有相关图书出版计划，也请您发邮件告诉我们，以便我们更好地为您服务。

我们的联系方式：

地　　址：北京市海淀区双清路学研大厦 A 座 714

邮　　编：100084

电　　话：010-83470236　010-83470237

资源下载：http://www.tup.com.cn

客服邮箱：tupjsj@vip.163.com

QQ：2301891038（请写明您的单位和姓名）

用微信扫一扫右边的二维码,即可关注清华大学出版社公众号。

教学资源・教学样书・新书信息

人工智能科学与技术
人工智能|电子通信|自动控制

资料下载・样书申请

书圈